MATLAB 开发实例系列图书

MATLAB N 个实用技巧
——MATLAB 中文论坛精华总结
（第 2 版）

刘焕进　李　鹏　王　辉　王海洋　编著

本书程序源代码下载

北京航空航天大学出版社

内 容 简 介

《MATLAB N 个实用技巧（第 2 版）》在第 1 版的基础上，参考广大读者和网友提出的意见和建议，并结合 MATLAB 软件的较新版本进行了修订。

本书遵循由浅入深的写作思路，首先介绍了 MATLAB 的安装、启动与配置等方面的技巧；接着，介绍了与基础知识相关的应用技巧，如：基本数据结构的使用、MATLAB 程序的调试和编译，等；接下来，深入介绍了绘图基本操作，尤其是论文中图片的绘制技巧；接下来，又介绍了 MATLAB 中的文件操作技巧，如：在 MATLAB 中创建 Microsoft Word 和 Excel 文档等；接下来，还介绍了图形用户界面（GUI）开发高级技巧，如：不同 GUI 程序之间数据的相互访问、定时收发邮件、定时拍照等；最后，介绍了 MATLAB 与 VB、C++、MySQL、LabView 等的混合编程技巧。

本书可以作为 MATLAB 爱好者的学习资料和答疑手册使用，还可作为相关专业的高校师生及科研人员的参考书。

图书在版编目(CIP)数据

MATLAB N 个实用技巧：MATLAB 中文论坛精华总结 / 刘焕进等编著. -- 2 版. -- 北京：北京航空航天大学出版社，2016.8
　ISBN 978 - 7 - 5124 - 2225 - 4

Ⅰ. ①M… Ⅱ. ①刘… Ⅲ. ①计算机辅助计算—Matlab 软件 Ⅳ. ①TP391.75

中国版本图书馆 CIP 数据核字(2016)第 200979 号

版权所有，侵权必究。

MATLAB N 个实用技巧
——MATLAB 中文论坛精华总结
（第 2 版）

刘焕进　李　鹏　王　辉　王海洋　编著
责任编辑　陈守平

*

北京航空航天大学出版社出版发行

北京市海淀区学院路 37 号（邮编 100191）　http://www.buaapress.com.cn
发行部电话：(010)82317024　传真：(010)82328026
读者信箱：goodtextbook@126.com　邮购电话：(010)82316936
北京兴华昌盛印刷有限公司印装　各地书店经销

*

开本：787×1 092　1/16　印张：24　字数：630 千字
2016 年 10 月第 2 版　2016 年 10 月第 1 次印刷　印数：4 000 册
ISBN 978 - 7 - 5124 - 2225 - 4　定价：55.00 元

若本书有倒页、脱页、缺页等印装质量问题，请与本社发行部联系调换。联系电话：(010)82317024

第 2 版前言

《MATLAB N 个实用技巧——MATLAB 中文论坛精华总结》于 2011 年 4 月出版,迄今已有 5 年多的时间了。自该书出版以来,全国各地的读者对其给予了较高的关注,并通过 MATLAB 中文论坛、京东网、当当网、亚马逊网、作者的邮箱等对该书提出了许多宝贵意见和建议。从读者反馈的信息来看,大部分读者对书中的内容给予了肯定和认可,认为书中的技巧很实用,能让读者少走很多弯路,能解决不少让人头疼的问题。读者对该书的评价真正契合了我们的编写初衷。此外,也有部分读者提出该书的内容稍显凌乱、不够系统,有些技巧的实用性不强。我们非常重视读者提出的意见,在图书再版时针对读者意见对书的内容进行了修订和完善。

第 2 版的主要改进之处:

① 本书第 1 版在案例讲解时,使用的是 MATLAB R2008a 版本。这几年来,MATLAB 软件的功能越来越强大,操作界面也越来越直观和人性化,对中文字符的支持也大大加强。从 R2014a 版本开始,MATLAB 软件的操作界面相比之前的版本有了很大不同,例如:用户可以切换中英文操作界面;在编程时对对象的操作方法也有了很大不同,等。因此,第 2 版在介绍技巧时,将在 MATLAB R2014a 版本下进行。

② 去掉了一些读者所反映的实用性不强的技巧,例如定义和使用全局变量,绘图操作基本方法,在界面上显示数学公式和特殊字符,为绘制的图形添加图例,将常用 CAD 模型导入 MATLAB 中进行仿真,等。

③ 由于 MATLAB/Simulink 对中文字符的支持越来越好,之前由于中文字符而引起的问题将不复存在。因此,删除了"解决 Simulink 模型打不开的问题"这一技巧。

④ 增加了一些实用性强的新技巧,例如中英文界面的切换,用 MATLAB 绘制等高线,视频文件的读取与操作,图像特效集锦,图片尺寸和子图规划,坐标控制和字符设置,图例设置,图片输出,常用统计图形的绘制,登录新浪微博,等。

对于其他技巧,也根据 MATLAB 软件的最新版本进行了全面的修订和完善。

本书由山东省计算中心的刘焕进、山东大学的李鹏、恒生电子股份有限公司的王辉、中科院计算所的王海洋负责编写和修订。其中,李鹏负责技巧 3、5、6、25、29、37、38、39、44、46、53、54、62、63、64、65、66、71、83、94、97、100 以及技巧 8、24 部分内容的编写;王辉负责技巧 26、33、42、72、81、84、85、86、87、88、95、98、99 以及技巧 24、57、96 部分内容的编写;王海洋负责技巧 1、2、7、22、23、40、43、45、58、59、60、61、67、70、93 以及技巧 96 部分内容的编写;刘焕进负责书中其余技巧的编写,并负责全书的统稿。

在本书的编写和修订过程中,北京航空航天大学出版社的陈守平编辑给予了大力支持和鼓励,并提出了很多宝贵的意见和建议。在此,谨向陈守平编辑表示由衷的感谢和敬意!

本书的修订还得到了作者所在单位的领导、同事以及朋友们的大力支持和帮助,在此一并表示衷心的感谢!

衷心感谢广大读者和网友对本书提出的宝贵意见和建议,你们的肯定和批评都是我们前进的动力。

此外，还要感谢我们的父母、兄弟姐妹和我们的爱人，正是他（她）一直不离不弃地在背后默默支持、鼓励和付出，才使得我们有充足的时间和精力投入到书稿的编写中，在此向他（她）们致以最崇高的敬意！他们是：刘衍琦、刘昕宁、邵培华、刘明明、张涛、薛晨、张先、曲海洋、李忠民、王伟、张仁杰、王志强、刘国强、毛朝晖、王剑、高超、刘焕强、张洋、刘静、王伟明。

本书为读者免费提供程序源代码，以二维码的形式印在扉页及第 2 版前言后，请扫描二维码下载。读者也可以通过网址 http://pan.baidu.com/s/1nuR63St 从"百度云"下载全部资料。

由于作者水平所限，书中错误和不妥之处恳请广大读者和专家批评指正。

作者的联系方式：

刘焕进：liuhuanjinliu@qq.com

李鹏：409851157@qq.com

王辉：hehaiwanghui@163.com

王海洋：343618146@qq.com

本书交流平台：http://www.ilovematlab.cn/forum-178-1.html。

作　者
2016 年 7 月

程序源代码下载说明

二维码使用提示：手机安装有"百度云"App 的用户可以扫描并保存到云盘中；未安装"百度云"App 的用户建议使用 QQ 浏览器直接下载文件；ios 系统的手机在扫描前需要打开 QQ 浏览器，单击"设置"，将"浏览器 UA 标识"一栏更改为 Android；Android 等其他系统手机可直接扫描、下载。

配套资料下载或与本书相关的其他问题，请咨询理工图书分社，电话：(010)82317036、(010)82317037。

第1版前言

编写目的

MATLAB作为当今世界上应用最为广泛的高性能计算和可视化软件,具有非常强大的科学计算、数值分析、图形显示、系统分析和建模等功能,在信号处理、图像处理、通信工程、自动控制等领域得到了广泛应用。

目前,市面上已有不少介绍MATLAB的书籍。这些书籍有的侧重于讲述MATLAB的总体功能,如《MATLAB从入门到精通》《MATLAB宝典》,等;有的侧重于讲述某一个功能模块的知识,如《MATLAB与C/C++混合编程》《MATLAB/Simulink建模与仿真》等;有的侧重于讲述MATLAB在某一专业领域的应用,如《MATLAB时频分析技术及其应用》《MATLAB 2007图像处理技术与应用》,等。

但是,读者在使用MATLAB解决实际问题时,会遇到各种各样的问题,这些问题可能涉及MATLAB的方方面面,如MATLAB基本语法、数据可视化、图形用户界面设计、文件输入/输出、MATLAB工具箱、Simulink仿真、MATLAB与其他编程语言混合编程等。读者最希望能在最短的时间内、以最好的效果来解决所遇到的问题,而不是再在众多的MATLAB资料中查阅相关知识点,并调试所编写的代码。本书正是基于此目的来编写的。

本书特点

书中所有技巧均取材于MATLAB中文论坛,是对论坛会员所提常见问题的提炼、汇总。本书在编写时力求所选技巧的一般性和通用性,尽量不涉及较深的专业知识(如图像处理、信号处理、神经网络等)。因此,本书适合于各个专业的读者使用。

学习任何一门编程语言,模仿都是非常重要的一步。对于本书所选的所有技巧,书中都详细地给出了技巧的用途以及实现该技巧所用到的MATLAB知识点,并详细介绍了技巧的实现步骤,方便读者学习和模仿。此外,书中每一个案例都给出了完整的代码,所给出的代码简洁、高效,便于用户直接重用这些代码来解决自己的问题。

此外,本书的作者将会对读者提供"有问必答"服务。读者在阅读此书的过程中,有任何疑问,都可以随时在该书的在线交流版块向作者提问,本书作者会在第一时间回答读者的提问。

本书主要内容

本书并不仅仅将所有技巧简单地罗列,而是分门别类,并遵循由浅入深的原则进行编排。本书的主要内容如下:

第1章 安装、启动和配置。本章主要介绍MATLAB软件的相关操作,包括MATLAB软件的安装方法和步骤、MATLAB软件的快速启动、内存的优化配置、工具箱的添加、中文字体的设置与显示、工作路径的设置与修改、编译器的安装与配置、中文Simulink模型的打开等相关问题和技巧。

第2章 基础知识。本章主要介绍MATLAB编程的相关基础知识,包括MATLAB基础语法、图形窗口及控件的操作方法、数组和矩阵的操作、字符串的操作、判断函数的使用、全

局变量的使用、动画的制作和保存、典型控件的使用、GUI开发基本方法、MATLAB程序的调试和编译等相关问题和技巧。

第3章 绘图操作技巧。本章主要介绍MATLAB绘图和可视化操作技巧,包括绘图操作基本方法、坐标轴对象的操作、色图矩阵的控制、隐函数的绘图等相关问题和技巧。

第4章 文件操作技巧。本章主要介绍在MATLAB程序中读写其他文件的技巧,包括创建和删除文件或文件夹、在MATLAB程序中创建Microsoft Word、Microsoft Excel文档,读写MAT文件、Excel文件、文本文件,向同一文件中追加存储数据等相关问题和技巧。

第5章 论文发表专用技巧。本章主要介绍读者在发表论文时所遇到的利用MATLAB进行科学计算以及数据可视化方面的技巧,包括将运行结果导出为高质量的图片、在界面上显示数学公式及特殊符号、为图形添加图例说明、控制数据的显示精度及运算精度等相关问题和技巧。

第6章 程序自动化运行技巧。本章主要介绍MATLAB程序自动化运行方面的技巧,包括定时器的使用、定时发送邮件和短信、监控拍照以及程序暂停、终止等相关问题和技巧。

第7章 GUI高级技巧。本章主要介绍利用MATLAB进行图形用户界面开发的高级技巧,包括句柄结构的使用、同一MATLAB程序内或不同MATLAB程序之间的数据传递、控件的动态创建、图像的放大和裁剪、标签页的制作、不同坐标轴中的点的坐标变换、在GUI中控制Simulink仿真过程等相关问题和技巧。

第8章 MATLAB与其他语言混合编程。本章主要介绍MATLAB与其他编程语言之间的混合编程技巧,包括MATLAB与VB、C++、C♯、LabVIEW等的混合编程;MATLAB与Access、MySQL数据库的混合编程;将常用的CAD模型导入MATLAB进行仿真等相关问题和技巧。

读者对象

本书所选的技巧既涉及MATLAB的基础知识,也涉及MATLAB的高级应用。本书在写作过程中力求通俗易懂,所选案例具有很强的代表性和通用性。因此,无论对于MATLAB的初学者还是具有一定基础的高级用户,本书都是一本难得的参考用书。同时,本书也适合作为广大高校师生和科研工作人员的参考用书。

致　谢

本书由刘焕进、王辉、李鹏、刘衍琦负责编写。在编写过程中,得到了合肥工业大学、山东大学、河海大学以及大连理工大学有关师生的热心帮助和大力支持;MATLAB中文论坛创始人张延亮(math)博士对本书的编写进行了全程指导;MATLAB中文论坛的会员也对本书的编写表示了极大的关注和支持。此外,北京航空航天大学出版社的编辑们在本书的编写和校对过程中付出了辛勤的劳动,并提出了大量宝贵的意见,在此一并表示衷心的感谢。

由于编写时间仓促,加之作者学识所限,书中如有错误和疏漏之处,恳请广大读者和各位专家的批评指正。本书勘误网址:http://www.iLoveMatlab.cn/thread-114467-1-1.html。

编著者

2010年2月

目 录

第1章 安装、启动和配置 ………………………………………………………………………… 1
1.1 技巧1:MATLAB 的安装 ……………………………………………………………………… 1
1.2 技巧2:MATLAB 的启动 ……………………………………………………………………… 9
1.3 技巧3:内存的优化配置 ……………………………………………………………………… 12
1.4 技巧4:工具箱的添加 ………………………………………………………………………… 17
1.5 技巧5:中英文界面的切换 …………………………………………………………………… 20
1.6 技巧6:工作路径的设置与修改 ……………………………………………………………… 21
1.7 技巧7:MATLAB 自带的 MEX 和 VR 编译器的安装与配置 ……………………………… 26

第2章 基础知识 …………………………………………………………………………………… 29
2.1 技巧8:操作图形窗口及其控件的方法 ……………………………………………………… 29
2.2 技巧9:定义回调函数需遵循的语法规则 …………………………………………………… 33
2.3 技巧10:元胞数组(cell array)的使用方法 ………………………………………………… 35
2.4 技巧11:结构数组(struct array)的使用方法 ……………………………………………… 39
2.5 技巧12:矩阵(matrix)的常用操作方法 …………………………………………………… 43
2.6 技巧13:字符串的操作方法 ………………………………………………………………… 47
2.7 技巧14:判断函数的使用方法 ……………………………………………………………… 51
2.8 技巧15:varargin、varargout、nargin 和 nargout 的使用方法 …………………………… 58
2.9 技巧16:执行字符串中包含的 MATLAB 表达式 ………………………………………… 61
2.10 技巧17:实现函数 M 文件与基本工作空间中变量的相互调用 ………………………… 64
2.11 技巧18:调用外部程序打开指定文件 …………………………………………………… 67
2.12 技巧19:在 MATLAB 程序中操作系统剪贴板 ………………………………………… 70
2.13 技巧20:计算程序运行所需的时间 ……………………………………………………… 72
2.14 技巧21:动画的制作和保存 ……………………………………………………………… 74
2.15 技巧22:根据离散点拟合椭圆方程 ……………………………………………………… 78
2.16 技巧23:MATLAB 中类的定义及使用 ………………………………………………… 80
2.17 技巧24:给控件、菜单、工具栏定义快捷键 ……………………………………………… 83
2.18 技巧25:MATLAB 程序的调试(Debug) ……………………………………………… 89
2.19 技巧26:在 MATLAB 程序中使用提示音 ……………………………………………… 94
2.20 技巧27:将 MATLAB 程序编译成可执行文件 ………………………………………… 98
2.21 技巧28:Pop-up Menu 和 Listbox 控件的使用方法 …………………………………… 103
2.22 技巧29:Button Group 和 Panel 控件的使用方法 …………………………………… 106
2.23 技巧30:使用 Static Text、Edit Text 和 Listbox 控件实现多行显示 ………………… 113
2.24 技巧31:Uitable 控件的使用方法 ……………………………………………………… 116
2.25 技巧32:滑动条(Slider)的使用方法 …………………………………………………… 119
2.26 技巧33:进度条(Waitbar)的使用方法 ………………………………………………… 122

- 2.27 技巧 34：在 MATLAB 程序中响应鼠标的操作 ········· 127
- 2.28 技巧 35：在 MATLAB 程序中响应键盘的操作 ········· 130
- 2.29 技巧 36：MATLAB 图形用户界面开发基本方法 ········· 131
- 2.30 技巧 37：MATLAB Notebook 的使用方法 ········· 136
- 2.31 技巧 38：符号函数、内联函数和匿名函数的操作方法 ········· 143

第 3 章　绘图操作技巧 ········· 148

- 3.1 技巧 39：用 contour 函数绘制等高线图 ········· 148
- 3.2 技巧 40：利用 annotation 命令实现图形的标注 ········· 151
- 3.3 技巧 41：坐标轴对象的 ButtonDownFcn 回调函数的调用 ········· 152
- 3.4 技巧 42：坐标轴对象使用 subplot 后句柄失效的解决方法 ········· 154
- 3.5 技巧 43：高维（四维）数据可视化技术 ········· 158
- 3.6 技巧 44：图片的色图（colormap）控制 ········· 161
- 3.7 技巧 45：更改坐标轴的背景及原点位置 ········· 164
- 3.8 技巧 46：MATLAB 中隐函数的绘图方法 ········· 168

第 4 章　文件操作技巧 ········· 170

- 4.1 技巧 47：通过 MATLAB 程序创建和删除文件或文件夹 ········· 170
- 4.2 技巧 48：对文件的路径名、扩展名等各部分信息的操作 ········· 172
- 4.3 技巧 49：取得指定文件夹下的所有文件 ········· 173
- 4.4 技巧 50：通过 MATLAB 程序复制或移动文件/文件夹 ········· 175
- 4.5 技巧 51：向同一个数据文件（.txt 或.mat）中追加存储数据 ········· 178
- 4.6 技巧 52：读/写 Microsoft Excel 文件 ········· 180
- 4.7 技巧 53：在 MATLAB 程序中创建 Microsoft Excel 文档 ········· 184
- 4.8 技巧 54：在 MATLAB 程序中创建 Microsoft Word 文档 ········· 188
- 4.9 技巧 55：MAT 文件的操作技巧 ········· 192
- 4.10 技巧 56：在 MATLAB 中读/写文本文件（.txt 文件） ········· 195
- 4.11 技巧 57：打开/保存文件对话框的使用方法 ········· 199
- 4.12 技巧 58：动画图片内容修改 ········· 204
- 4.13 技巧 59：在 MATLAB 中制作电子相册 ········· 206
- 4.14 技巧 60：视频文件的读取与制作 ········· 209
- 4.15 技巧 61：图像特效集锦 ········· 212

第 5 章　论文中的图片绘制技巧 ········· 215

- 5.1 技巧 62：图片尺寸和子图规划 ········· 215
- 5.2 技巧 63：坐标控制和字符设置 ········· 217
- 5.3 技巧 64：图例设置 ········· 223
- 5.4 技巧 65：图片输出 ········· 226
- 5.5 技巧 66：常用统计图形的绘制 ········· 228
- 5.6 技巧 67：导出运行矩阵为 Latex 表格 ········· 235
- 5.7 技巧 68：控制数据的显示精度和参与运算的精度 ········· 237

第 6 章　程序自动化运行技巧 ········· 240

- 6.1 技巧 69：在 MATLAB 程序中使用定时器 ········· 240

6.2	技巧 70：利用 MATLAB 程序定时发送邮件和短信	243
6.3	技巧 71：定时使用摄像头拍照	246
6.4	技巧 72：实现程序的暂停、继续、终止功能	251

第 7 章　GUI 高级技巧　257

7.1	技巧 73：在 MATLAB 程序中使用句柄结构	257
7.2	技巧 74：同一 MATLAB 程序内不同控件或函数之间的数据传递	260
7.3	技巧 75：不同 MATLAB 程序之间的数据传递	264
7.4	技巧 76：多个 MATLAB 程序之间数据的双向传递	268
7.5	技巧 77：在一个程序中操作另一个程序中的控件或对象	270
7.6	技巧 78：在界面上动态创建控件	273
7.7	技巧 79：屏幕上的点在不同坐标轴中的坐标变换	275
7.8	技巧 80：给放大的图像加上滚动条以方便浏览	279
7.9	技巧 81：图像的定点放大和按任意形状裁剪	280
7.10	技巧 82：取得数据游标指示的数值以及改变其显示格式	285
7.11	技巧 83：改变 GUI 左上角 logo 的方法	288
7.12	技巧 84：GUI 工具按钮与下拉菜单的组合	289
7.13	技巧 85：在 GUI 中制作标签页	293
7.14	技巧 86：在界面上实现树形浏览文件的功能	299
7.15	技巧 87：实现 GUI 控件的双击和单击事件	304
7.16	技巧 88：使用鼠标拖放改变坐标轴中的图形大小	308
7.17	技巧 89：修改菜单、列表框或弹出菜单等各条目的字体和颜色	311
7.18	技巧 90：在 GUI 中控制 Simulink 仿真过程及结果显示	313
7.19	技巧 91：在 GUI 中启动和停止 Simulink 仿真	316
7.20	技巧 92：编程实现图像的缩放和移动功能	320
7.21	技巧 93：登录新浪微博	322

第 8 章　MATLAB 与其他语言混合编程　325

8.1	技巧 94：在 MATLAB 中制作 COM 组件	325
8.2	技巧 95：MATLAB 与 VB 混合编程	328
8.3	技巧 96：MATLAB 与 C++混合编程	333
8.4	技巧 97：在 MATLAB 程序中使用动态链接库文件	341
8.5	技巧 98：MATLAB 与 Access 数据库混合编程	346
8.6	技巧 99：MATLAB 与 MySQL 数据库混合编程	357
8.7	技巧 100：MATLAB 与 LabVIEW 混合编程	363
8.8	技巧 101：MATLAB 与 C#混合编程	368

参考文献　374

第 1 章 安装、启动和配置

1.1 技巧1:MATLAB 的安装

1.1.1 技巧用途

MATLAB 作为当今世界上应用最为广泛的数学软件,具有非常强大的数值计算、数据分析处理、系统分析、图形显示、符号运算等功能,已在生物工程、图像处理、语音处理、控制论等领域得到广泛应用。

本节以在 Microsoft Windows XP Professional(32 位/Service Pack 3)操作系统上安装 MATLAB R2014a 为例,详细介绍其安装步骤。其他版本的 MATLAB 软件的安装可参考相应的随机文档。

1.1.2 技巧实现

1. 安装步骤

在安装 MATLAB 某一个版本的软件之前,用户必须首先取得 MathWorks 公司提供的安装许可文件(license file)和文件安装许可密钥(file installation key)。文件安装许可密钥用来安装 MATLAB 软件,安装许可文件用来激活 MATLAB 软件。已经安装的 MATLAB 软件必须激活后才能使用。

第1步:使用光盘自启动安装程序或者双击安装文件中的 setup.exe 文件启动安装程序,弹出欢迎窗口,如图 1.1-1 所示。该窗口的"选择安装方法"下有两个选项:"使用 Math-

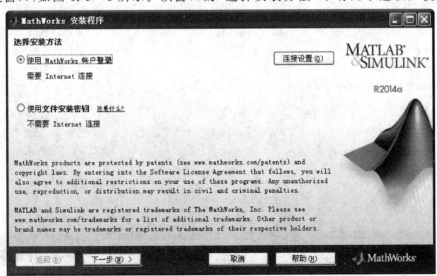

图 1.1-1 欢迎窗口

Works账户登录(需要Internet连接)"和"使用文件安装密钥(不需要Internet连接)"。在这里我们选择手动安装的方式,然后单击"下一步(N)"按钮继续安装。

第2步:系统弹出"许可协议"窗口,如图1.1-2所示。用户需仔细阅读软件的许可协议,选择"是(Y)"表示接收许可协议条款,然后单击"下一步(N)"按钮继续安装。

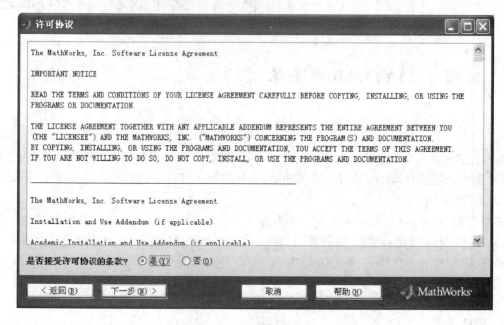

图1.1-2 "许可协议"窗口

第3步:系统弹出"文件安装密钥"窗口,如图1.1-3所示。选中"我已有我的许可证的文件安装密钥"单选按钮,在编辑框中输入安装许可密钥,然后单击"下一步(N)"按钮继续安装。

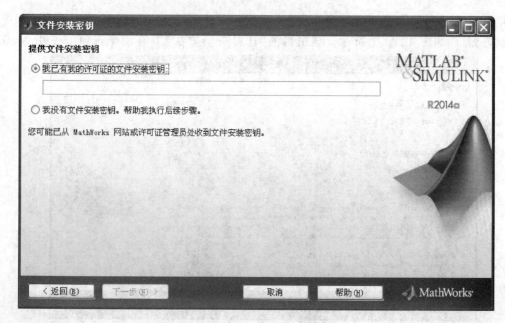

图1.1-3 软件安装许可密钥窗口

第4步：系统弹出"文件夹选择"窗口，如图1.1-4所示。在窗口的"输入安装文件夹的完整路径"下方的输入框中输入MATLAB软件要安装的完整路径名称，或者单击右侧的"浏览(R)"按钮，选择相关的文件夹，如图1.1-5所示。在"选择文件夹"窗口中选择完整的安装路径，如"D:\MyMatlab2014\MATLAB2014 Software"，然后单击"选择"按钮，选择的完整的路径名称将显示在"文件夹选择"窗口的输入框中，如图1.1-4所示。

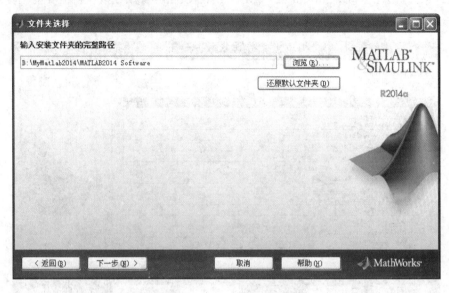

图1.1-4 "文件夹选择"窗口

图1.1-5 "选择文件夹"窗口

在图1.1-4所示的"文件夹选择"窗口中，用户还可以单击"还原默认文件夹(D)"按钮，将安装路径设置为MATLAB软件默认的安装路径。MATLAB软件默认的安装路径为"C:\Program Files\MATLAB\R2014a"。

单击"下一步(N)"按钮继续安装。

注意：全部安装 MATLAB 所带的产品需要 18GB 左右的空间，请确保安装路径所在的磁盘空间满足要求。

第 5 步：系统弹出"产品选择"窗口，如图 1.1-6 所示。用户可以在列表框中选择要安装的组件，如 MATLAB 8.3、Simulink 8.3、MATLAB Compiler 5.1 以及所需要的工具箱等。

选择完要安装的产品后，单击"下一步(N)"按钮继续安装。

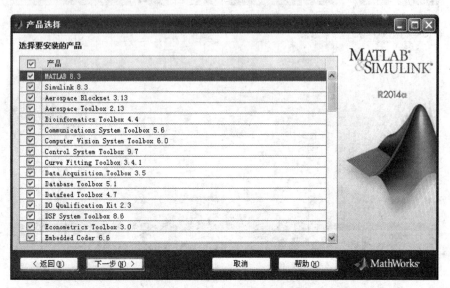

图 1.1-6　安装"产品选择"窗口

第 6 步：系统弹出"安装选项"窗口，如图 1.1-7 所示。用户可以选择需要的安装选项：将快捷方式添加到桌面和/或将快捷方式添加到"开始"菜单中的"程序"文件夹。

设置完成后，单击"下一步(N)"按钮继续安装。

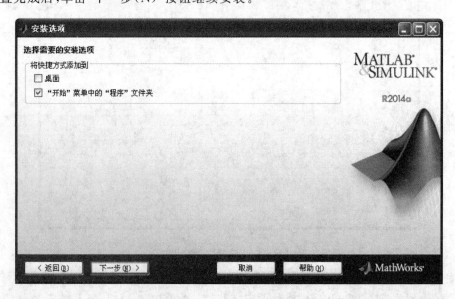

图 1.1-7　"安装选项"窗口

第 7 步：系统弹出"确认"窗口，确定用户的安装设置，如图 1.1-8 所示。如果列表中所列内容是用户预期的安装内容，则单击"安装(N)"按钮开始安装软件；否则，用户可以单击"＜返回(B)"按钮返回先前的安装步骤来重新设置。

在确认所有的安装信息都正确后，单击"安装(N)"按钮开始安装。

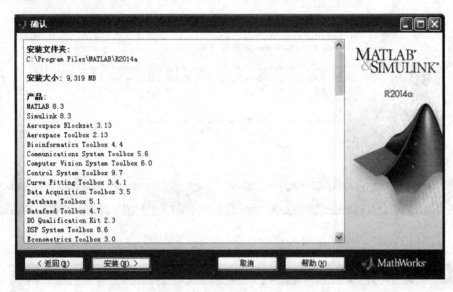

图 1.1-8 "确认"窗口

第 8 步：开始安装，并弹出进度窗口，提示软件的安装进度，直至安装结束，如图 1.1-9 所示。在安装的过程中，用户可以单击"暂停(P)"按钮以便暂停软件的安装，这时"暂停(P)"按钮的标题会变为"恢复(R)"。单击"恢复(R)"按钮可以继续安装。

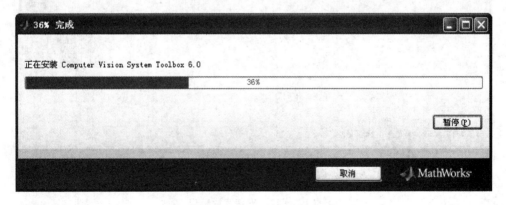

图 1.1-9 安装进度窗口

第 9 步：安装完成后，系统弹出产品配置提示窗口，如图 1.1-10 所示。

第 10 步：MATLAB 软件安装完成后，必须首先激活 MATLAB 软件，然后才能使用。因此，在安装完成窗口中，用户需要选择"激活 MATLAB"项，如图 1.1-11 所示，然后，单击"下一步(N)"按钮进行激活。

第 11 步：在 MathWorks 软件激活窗口（见图 1.1-12）中，用户可以选择"使用 Internet 自动激活（推荐）"，也可以选择"不使用 Internet 手动激活"（如果用户的计算机内有软件的许可文件）。

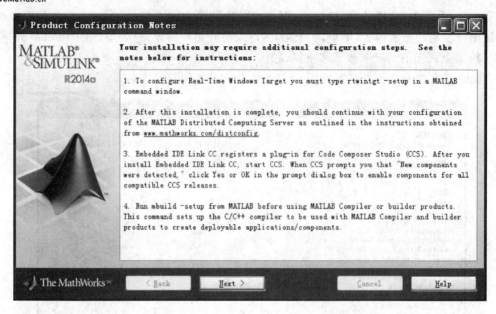

图 1.1-10　产品配置提示窗口

图 1.1-11　安装完成窗口

　　如果用户手头有 Internet 连接，已经注册了 MathWorks 公司的账户，并且有随购买的软件而带的激活码，建议用户选择"使用 Internet 自动激活（推荐）"来自动激活软件。

　　如果用户手头没有 Internet 连接，并且有随购买的软件而带的授权许可文件，则可以选择"不使用 Internet 手动激活"来激活 MATLAB 安装程序。

　　在这里，选择手动激活方式，单击"下一步(N)"按钮来激活软件。

　　第 12 步：系统弹出"离线激活"窗口，如图 1.1-13 所示。选中"输入许可证文件的完整路径(包括文件名)"单选按钮，并单击"浏览(R)"按钮来查找保存在用户计算机中的许可文件，然后单击"下一步(N)"按钮来激活软件。

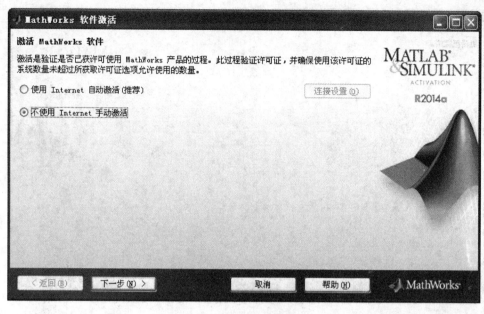

图 1.1-12 欢迎激活窗口

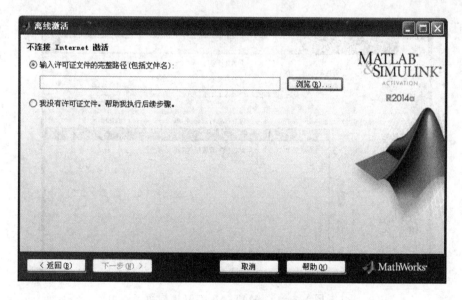

图 1.1-13 "离线激活"窗口

第 13 步：系统弹出"激活完成"窗口，完成软件激活，如图 1.1-14 所示。单击"完成(N)"按钮，MATLAB 软件即安装完成。

第 14 步：软件安装完成后，可从桌面或"开始"→"程序"中启动 MATLAB。启动后的界面如图 1.1-15 所示。

2. 其他问题

用户在安装完 MATLAB 软件后，可以调用 MATLAB 命令来获取软件安装的相关信息。

① 查看 MATLAB 软件的安装路径。

用户可以调用 matlabroot 命令来获取 MATLAB 软件的安装路径。

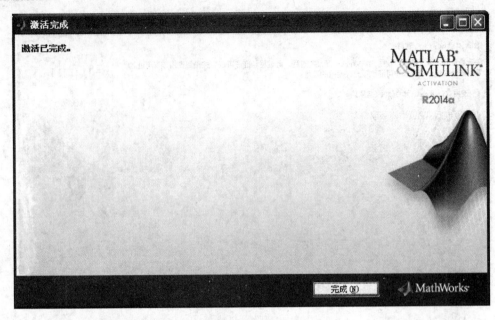

图 1.1-14 "激活完成"窗口

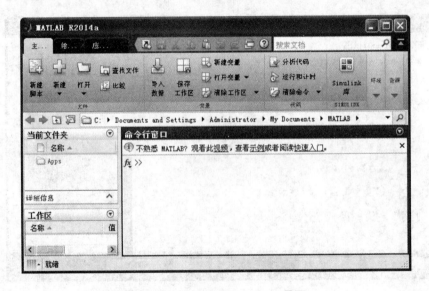

图 1.1-15 MATLAB R2014a 界面

```
% 调用matlabroot命令返回MATLAB的安装路径
>> rd = matlabroot
rd =
D:\MyMatlab2014\MATLAB2014 Softwar\R2014a
```

② 利用 matlabroot 来显示 MATLAB 安装路径,代码如下:

```
% 调用fullfile来显示完整路径
>> fullfile(matlabroot,'toolbox','matlab','general')
ans =
D:\MyMatlab2014\MATLAB2014 Softwar\R2014a\toolbox\matlab\general
```

③ 将 MATLAB 的安装目录设置为当前目录，代码如下：

```
% 将当前目录切换到 MATLAB 安装目录上
cd(matlabroot);
```

④ 在 MATLAB 搜索路径上添加文件夹，代码如下：

```
addpath([matlabroot '/toolbox/local/myfiles'])
```

1.2 技巧2：MATLAB 的启动

1.2.1 技巧用途

MATLAB 软件由一系列工具组成，这些工具能方便用户使用 MATLAB 提供的函数和文件。其中许多工具采用的是图形用户界面，包括 MATLAB 桌面和命令窗口、历史命令窗口、编辑器、调试器、路径搜索和用于用户浏览帮助文件的浏览器等。随着 MATLAB 的商业化以及软件本身的不断升级，MATLAB 的用户界面也越来越精致，更加接近 Windows 的标准界面，人机交互性更强，操作更简单。

但是 MATLAB 软件本身含有很多工具箱，而且在运行过程中占用的内存量也很可观。为了节省资源，可以适当地屏蔽掉一些功能，使其不随 MATLAB 一起启动，从而达到节约资源、加速启动的目的。此外，用户也可以定义一些默认设置（如默认的窗口颜色、字体大小等），在 MATLAB 启动时自动加载这些设置，免去用户每次都需要手动设置的麻烦。

1.2.2 技巧实现

1. 启动时加载用户自定义设置

当 MATLAB 启动时，会自动执行 matlabrc.m 文件。matlabrc.m 文件一般在{matlab 根目录}\tootlbox\local 目录下，用户可以在命令窗口中输入"which matlabrc.m"来查看其所在的目录。

如果 MATLAB 检测到在当前目录下存在 startup.m 文件，MATLAB 会自动调用、运行该文件。startup.m 是用户自定义的命令文件，文件中的代码由用户根据需要自行添加。在这个文件中，用户可以添加自己预先定义的内容和设置。

在命令窗口中使用命令 which 可以查看 matlabrc.m 文件所在的位置：

```
>> which matlabrc.m
D:\Program Files\MATLAB\R2014a\toolbox\local\matlabrc.m
```

打开 matlabrc.m 文件，可以看到如下的语句，用来检测 startup.m 文件是否存在，如果该文件存在，则执行该文件：

```
% 如果 startup.m 文件存在，则执行该文件
% Execute startup M-file, if it exists.
if (exist('startup','file') == 2) ||...
        (exist('startup','file') == 6)
    startup
end
```

【例1.2-1】 启动MATLAB,显示欢迎信息,并去除figure窗口上默认的工具条。

创建M文件,命名为startup.m,在其中添加下列语句,并保存到MATLAB工作目录中(如D:\work):

```
% 显示欢迎信息
disp('Welcome to MATLAB!');
% 关闭figure窗口上默认的MATLAB标准工具条
set(0,'defaultfiguretoolbar','none')
```

启动MATLAB,则在命令窗口中显示"Welcome to MATLAB!"信息,如图1.2-1所示。再输入gcf命令,可见弹出的figure窗口中不带MATLAB标准工具条,如图1.2-2所示。

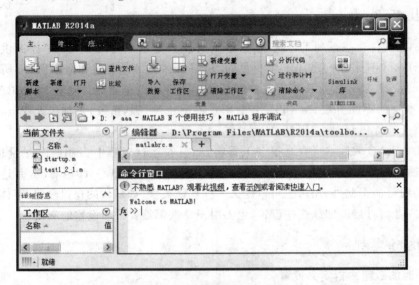

图1.2-1 启动界面

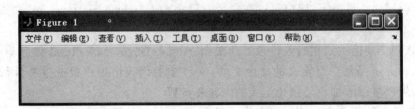

图1.2-2 不带MATLAB工具条的窗口

2. MATLAB的快速启动

MATLAB的快速启动方法有如下三种:

(1) 在运行命令框中输入启动命令

单击计算机任务栏中的"开始"→"运行",弹出"运行"对话框,在其中输入"matlab.exe -nojvm",如图1.2-3所示。在启动MATLAB时将禁用Java虚拟机(JVM)。启动后的MATLAB界面如

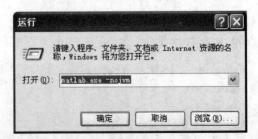

图1.2-3 MATLAB快速启动命令输入对话框

图 1.2-4 所示。

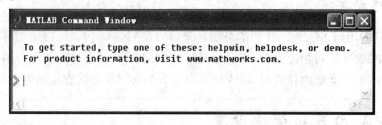

图 1.2-4　不启动 JVM 的 MATLAB 界面

（2）在 DOS 窗口中输入启动命令

单击计算机任务栏中的"开始"→"运行"，弹出"运行"对话框，在其中输入"cmd"后进入 MS-DOS 窗口，然后输入命令"matlab.exe -nojvm"，如图 1.2-5 所示，启动 MATLAB 时将不启用 Java 虚拟机。

图 1.2-5　MATLAB 快速启动 DOS 命令输入界面

（3）在 MATLAB 软件的快捷方式中加入启动命令

① 右击桌面上的 MATLAB 快捷方式，在快捷菜单中选择"属性"，弹出 MATLAB R2014a 属性对话框。

② 在"快捷方式"标签页中的"目标"栏中添加 -nojvm，如图 1.2-6 所示。

③ 单击"确定"或"应用"按钮。

图 1.2-6　MATLAB 快速启动快捷方式设置对话框

1.2.3 技巧扩展

如果用户只需用到 MATLAB 的部分工具箱,可以通过修改 pathdef.m 文件将一般不用的工具箱注释掉;这样既可加速启动,又可缩短运行 M 脚本时自动搜索文件所用的时间,切实提高 MATLAB 效率,降低内存消耗,减少处理海量数据时产生的内存溢出等问题。

1.3 技巧3:内存的优化配置

1.3.1 技巧用途

在使用 MATLAB 处理大规模数据或图像时,MATLAB 可能会给出"Out of Memory"的提示信息。这是由于系统分配给 MATLAB 的内存已经使用完毕,程序的中间变量没有足够空间供它们存储。发生这一类问题的原因主要有两点:一是用户编写程序所采用算法本身的问题,比如为提高计算效率而牺牲存储空间;另外一点就是系统配置方面的问题,这包括计算机本身的硬件配置以及 MATLAB 与系统间的匹配。

本节将介绍用户如何手工配置可供 MATLAB 开销的内存,以提高其运行速度和效率。

1.3.2 技巧实现

1. MATLAB 可开销内存空间的查询——memory 函数

memory 函数用于显示内存信息,只对 Windows 系统有效,其调用格式如下:

- `memory`
- `userview = memory`
- `[userview,sysview] = memory`

其中,直接使用 memory 函数,返回如下 4 项内容,如图 1.3-1 所示。

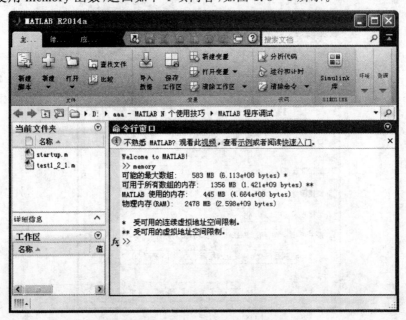

图 1.3-1 memory 函数的返回结果

① 可能的最大数组；
② 可用于所有数组的内存；
③ MATLAB 使用的内存；
④ 物理内存(RAM)。

其中，前两项均与计算机的物理内存相关，如果用户使用的是 32/64 位系统，那么上述第二项内容也会与计算机的虚拟内存相关。

memory 的第二种调用方式，返回的只是用户信息，如图 1.3-2 所示。第三种调用方式，将用户信息和系统信息分开给出，如图 1.3-3 所示。这些信息分别为：
① 用户信息：以上 4 项中的前 3 项；
② 系统信息：虚拟地址空间、系统内存和物理内存(PhysicalMemory)。

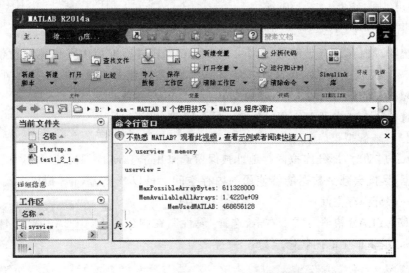

图 1.3-2　memory 函数的返回内存配置的用户信息

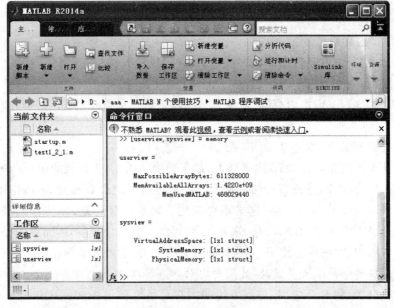

图 1.3-3　memory 函数的返回内存配置的用户信息和系统信息

在这里,只关心如下两项内容:
① 可能的最大数组(MaxPossibleArrayBytes);
② 可用于所有数组的内存(MemAvailableAllArrays)。

它们直接关系到用户在使用 MATLAB 时所能创建的单个数组的最大值或者用户所有数据所能拥有的最大内存数量。

如果在命令窗口输入 memory,将会出现形如下面的运行结果(针对 32 位系统):

```
可能的最大数组:        583 MB (6.113e+08 bytes) *
可用于所有数组的内存:   1356 MB (1.422e+09 bytes) **
MATLAB 使用的内存:    447 MB (4.682e+08 bytes)
物理内存(RAM):       2478 MB (2.598e+09 bytes)
 *  受可用的连续虚拟地址空间限制
 ** 受可用的虚拟地址空间限制
```

说明系统物理内存还有足够的空间可供 MATLAB 进程虚拟内存地址映射使用。增加 MATLAB 进程虚拟内存,可以有效地增大 MATLAB 所能建立的最大数组或者 MATLAB 工作空间中同时存在的数据的总大小,避免 Out of Memory 情况的出现。

可以通过以下方法提高 MATLAB 软件可开销的内存空间:

(1) 禁止 Java 虚拟机启动

MATLAB 启动时,部分虚拟内存地址被保留起来用于 Java 虚拟机使用,这部分地址不能用来保存数据,因此会减少数据能够使用的内存空间。可以禁止 Java 虚拟机启动,这样可以有效地节省一部分内存空间。

在桌面 MATLAB 快捷方式上右击,选择"属性",在弹出的 MATLAB R2014a 属性对话框中,将"目标"编辑框中的内容修改为:

```
"MATLABROOT\bin\matlab.exe -nojvm"
```

还有其他的禁止 Java 虚拟机自启动方法,在 1.2 节中已经有很详细的讲解,这里不再赘述。

(2) 增加虚拟内存数量

右击桌面上的"我的电脑",在弹出的菜单中选择"属性",在"系统属性"对话框中选择"高级"选项卡(见图 1.3-4),在其中的"性能"区域单击"设置"按钮,出现"性能选项"对话框。选择其中的"高级"标签,在"虚拟内存"区域单击"更改"按钮即可更改系统的虚拟内存数量(见图 1.3-5)。

(3) 打开系统 3GB 开关(对于 32 位系统)

当前主流计算机内存均在 4GB 或者以上,对于仍然使用 32 位系统的用户而言,系统实际所能识别的内存仅为 3GB,造成资源的浪费。这时可通过系统设置打开 3GB 开关,具体打开方式可参考网络或者相关书籍资料,这里不再赘述。**需要注意的是**,即使打开了 3GB 开关,32 位系统也只能支持最高 4GB 的内存,这是 32 位寻址空间所决定的,因而对于经常操作大规模数据或图像的用户,本书推荐使用 64 位计算机并安装 64 位操作系统。

由于总内存只是一种系统设置,因此用户可对其进行修改。在 Windows XP 中,用户可以"反转"3GB 切换开关,将某个应用/进程可用的内存总量增加到 3GB。3GB 切换开关对于内存密集型程序特别有用。

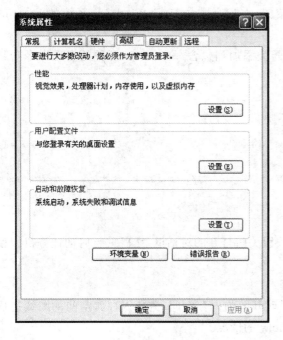
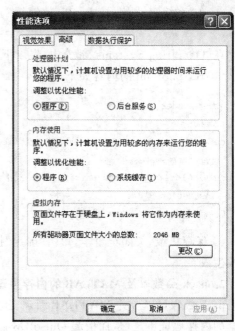

图1.3-4 "系统属性"对话框　　　　图1.3-5 "性能选项"对话框

① 右击桌面上"我的电脑",在弹出的菜单中选择"属性",将出现"系统属性"对话框,如图1.3-4所示。

② 单击"高级"标签,在"启动和故障恢复"区域中单击"设置",将出现"启动和故障恢复"对话框,如图1.3-6所示。

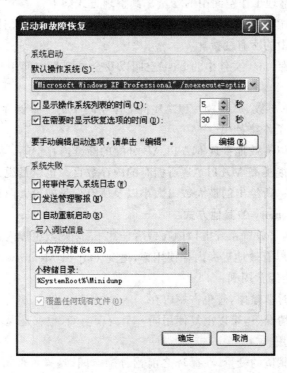

图1.3-6 "启动和故障恢复"对话框

③ 在"系统启动"区域中，单击"编辑"按钮，在记事本中打开 Windows 系统的 boot.ini 文件。

在[Operating Systems]部分中，将以下开关添加到包含/fastdetect 开关的启动命令行结尾：/3GB。boot.ini 的内容如下：

```
[boot loader]
timeout = 5
default = multi(0)disk(0)rdisk(0)partition(1)\WINDOWS
[operating systems]
multi(0)disk(0)rdisk(0)partition(1)\WINDOWS = "Microsoft Windows XP Professional" /noexecute = optin /fastdetect/3GB
C:\wubildr.mbr = "Ubuntu"
```

④ 保存更改，关闭记事本，单击"确定"按钮关闭打开的对话框，然后重新启动计算机以使更改生效。

2. pack 函数以及 MATLAB 的内存整理

pack 函数可以合并 MATLAB 新建变量时开辟的内存空间，避免因存储空间的断续造成连续的内存地址不足，从而引起 Out of Memory 的情况。

pack 函数的调用格式如下：

- **pack**
- **pack filename**
- **pack('filename')**

其中，pack('filename')的使用方式为 pack filename 命令方式的函数用法。直接使用 pack 命令，MATLAB 将自动整理工作空间中的变量。其整理方式如下：

① 保存 base 空间以及全局变量空间中驻留的变量至一个.mat 文件。
② 清空工作空间中的所有变量。
③ 重新载入所保存.mat 文件中的 base 空间以及全局变量空间中驻留的变量，并删除所保存的.mat 文件。

如果使用 filename 参数，那么 MATLAB 将工作空间中的变量保存到 filename.mat 文件中，该文件保存在当前工作路径中。

使用 pack 函数可以有效地整理 MATLAB 分配的断续内存空间，为比较大的变量腾出连续内存地址，但是并不能提高 MATLAB 所拥有的内存数目。也就是说，使用 pack 函数之后，再次使用 memory 函数，所给出的最大数组大小以及所有变量的最大内存消耗并不能增加。

3. 解决 Out of Memory 的其他方式

除了上面介绍的通过设置系统虚拟内存或者使用 pack 函数整理内存之外，编程时如果能够注意一些事项，也可以有效地提高内存使用率，避免 Out of Memory 的出现。具体来讲，下面几种方法在编程中会经常用到：

① 不用的变量及时清除掉，避免占用内存。
② 在条件允许的情况下，可以重复使用同一个内存空间，也就是说，对不用的变量重新赋值，作为新的变量来使用。
③ 循环体中需要赋值的变量，在循环之前预分配空间，这样不但可以给变量分配连续的内存，还可以有效地提高循环速度。

④ 牺牲效率,减少内存消耗。在很多情况下,一些算法是以增加内存的消耗为代价来提高计算效率的,如果内存资源不足的话,应尽量避免这一类算法的使用。

1.4 技巧4:工具箱的添加

1.4.1 技巧用途

MATLAB工具箱是MATLAB功能的进一步扩展,是Mathworks公司与第三方在MATLAB主程序包提供的强大的数值运算的基础上,针对具体的工程问题提供的特殊的函数集合。使用特定的工具箱可以帮助用户解决特殊的工程问题,使用户可以方便、快捷地使用复杂的计算公式,避免了用户自己编写复杂的算法程序。

MATLAB工具箱实际上就是基于MATLAB软件而开发的一组实用的函数M文件或Simulink仿真模型。随着MATLAB功能的不断扩展,工具箱将会越来越多,因此,用户很有必要了解如何向MATLAB中添加新的工具箱。

1.4.2 技巧实现

对于新工具箱的添加,分为以下几种情况:

1. 添加MATLAB安装软件中所带的工具箱

如果工具箱文件存在于MATLAB安装软件中,用户只需要重新执行安装程序,并勾选需要安装的工具箱,重新安装即可。

重新启动MATLAB R2014a的安装程序,在"产品选择"对话框中,用户可以重新勾选"Aerospace Blockset 3.13"和"Aerospace Toolbox 2.13"工具箱,然后单击"下一步(N)"按钮重新添加即可,如图1.4-1所示。

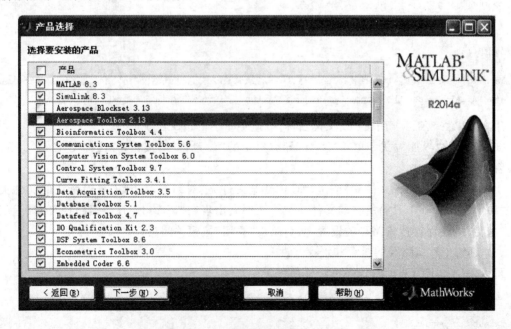

图1.4-1 重新选中工具箱并安装

2. 添加单独下载的工具箱

用户可以通过网络下载自己需要的 MATLAB 工具箱,然后把这些工具箱添加到本机的 MATLAB 环境中,就可以利用这些工具箱提供的函数来解决自己的问题了。

下面以从网站上下载的 MATLAB 的 dfp(digital filter package)工具箱为例来说明工具箱的安装步骤。

(1) 将 dfp 工具箱复制到本地计算机的某个目录中

例如:将 dfp 工具箱复制到 MATLAB 安装文件夹下的目录"D:\Program Files\MATLAB\R2014a\toolbox\"中。

【注】 要添加的 dfp 工具箱包含一个文件夹"dfp",其中包含有子文件夹 codgen、doc、uitools 等,同时还包含很多 M 文件 arrow.m、d_append.m、d_codgen.m 等,用户需要把整个文件夹 dfp 都复制到 D:\Program Files\MATLAB\R2014a\toolbox\目录下。

(2) 将工具箱所在的文件夹及其子文件夹添加到 MATLAB 的搜索路径中

可以使用命令行方式和图形用户界面方式,将工具箱文件夹添加到 MATLAB 的搜索路径中。

① 命令行方式。首先用户需要调用 genpath 函数来取得包含工具箱所在的文件夹及其子文件夹的名称的字符串,然后调用 addpath 命令来添加,例如:

```
% 取得工具箱所在的完整的路径
>> rd = toolboxdir('dfp')
rd =
D:\Program Files\MATLAB\R2014a\toolbox\dfp
% 产生包含工具箱所在的文件夹及其子文件夹的名称的字符串
>> p = genpath(rd);
% 将工具箱所在的文件夹及其子文件夹添加到 MATLAB 的搜索路径中
>> addpath(p)
```

如果要添加的工具箱中存在与 MATLAB 已有文件重名的文件,则 MATLAB 会给出如下警告信息:

```
Warning: Function D:\Program Files\MATLAB\R2014a\toolbox\dfp\uitools\ishandle.m has the same
name as a MATLAB builtin. We suggest you rename the function to avoid a potential name conflict.
```

用户可以修改工具箱中的 M 文件名称,以避免重名的情况出现。

② 图形用户界面方式。单击"主页"导航栏中的"设置路径"按钮,弹出如图 1.4-2 所示的设置搜索路径窗口。

单击"添加并包含子文件夹"按钮,弹出"浏览文件夹"对话框,找到工具箱所在的文件夹,单击"确定"按钮,则工具箱所在的文件夹及子文件夹出现在"MATLAB 搜索路径"的最上端。单击"保存"按钮保存搜索路径的设置,然后单击"关闭"按钮关闭窗口。

(3) 更新工具箱路径的缓存和缓存文件

可以采用如下的两种方式来更新缓存和缓存文件:

① 调用命令 rehash。

```
rehash toolboxcache
```

② 单击"主页"导航栏中的"预设"按钮,弹出"预设项"窗口,如图 1.4-3 所示。选中左侧

图 1.4-2 设置搜索路径窗口

的"常规"选项,勾选右侧的"启用工具箱路径缓存"复选框,单击"更新工具箱路径缓存"按钮,将工具箱路径的缓存更新。

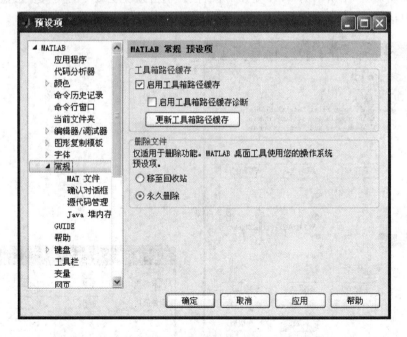

图 1.4-3 更新工具箱路径缓存

(4) 验证工具箱是否安装成功

通过调用 which 命令来查看工具箱是否安装成功。which 命令能定位文件或函数,如果

which 命令能返回工具箱中的某一 M 文件的完整路径,则表明工具箱安装成功,该工具箱就可以使用了。

```
% 定位 dfp 工具箱中的 d_disply 文件
>> which d_disply.m
D:\Program Files\MATLAB\R2014a\toolbox\dfp\d_disply.m
```

1.5 技巧5:中英文界面的切换

1.5.1 技巧用途

购买或升级汉化 MATLAB 软件的用户可自行切换中英文软件界面,以方便使用。

1.5.2 技巧实现

在 MATLAB R2013b 之前,MATLAB 的操作界面为英文。从 MATLAB R2014a 开始,MATLAB 的操作界面支持中文和英文。在中文操作系统中,MATLAB R2014a 操作界面默认为中文。如果用户习惯用英文版的界面,可以通过设置以下环境变量来实现:MWLOCALE_TRANSLATED=OFF。

环境变量的设置方法如下:

首先关闭 MATLAB 软件。打开如图 1.3-4 所示的"系统属性"对话框,单击"环境变量"按钮,弹出如图 1.5-1 所示的"环境变量"对话框。单击系统变量下的"新建"按钮,弹出"新建系统变量"对话框,如图 1.5-2 所示。

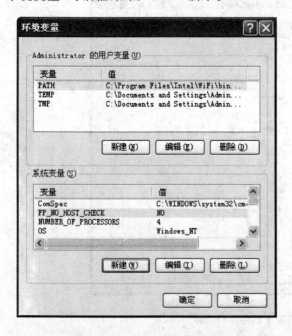

图 1.5-1 "环境变量"对话框

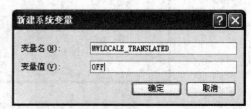

图 1.5-2 "新建系统变量"对话框

在"新建系统变量"对话框中,变量名为 MWLOCALE_TRANSLATED,将变量值设为 OFF,再单击"确定"按钮关闭所有对话框。所得到的 MATLAB 软件的英文操作界面如图 1.5-3 所示。

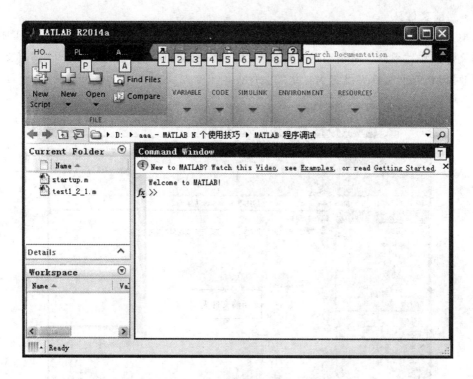

图 1.5-3 MATLAB 软件英文操作界面

打开 MATLAB 软件后,如果长按键盘上的 Alt 键,则 MATLAB 软件的导航栏上将出现如图 1.5-3 所示的 H、P、A、1、2、3、4、5、6、7、8、9、D 等符号,这些是对应的栏目的快捷按键提示,按下键盘上的 H、P、A、1、2、3、4、5、6、7、8、9、D 等键后,即可打开对应的选项。

如果用户想切换到中文操作界面,将环境变量 MWLOCALE_TRANSLATED 的值设置为 ON 即可。

1.6 技巧6:工作路径的设置与修改

1.6.1 技巧用途

随功能的逐步增加和完善,MATLAB 的安装路径下包含了数目繁多的文件;另外,随用户程序的开发又出现了大量的用户文件。对 MATLAB 来说,如何对这些文件进行合理的组织和管理关系到程序能否正确运行。MATLAB 具有严谨的目录结构,可通过搜索路径来完成文件的搜寻,且用户可以将自定义目录添加至搜索路径。此外,MATLAB 的工作路径还包括当前目录和启动目录,其中当前目录即为 MATLAB 当前工作时的位置,启动目录为 MATLAB 启动时默认的工作位置。本节将逐一讲解上述三种路径的设置与修改方法。

1.6.2 技巧实现

1. 当前文件夹和搜索路径设置技巧

(1) 当前文件夹

当前文件夹是指 MATLAB 运行时的工作文件夹。图 1.6-1 所示是 MATLAB R2014a 的当前文件夹设置界面。单击当前文件夹栏目上的 按钮，打开"浏览文件夹"对话框，可以将当前文件夹设置为指定的文件夹。

图 1.6-1 MATLAB 界面上的当前文件夹设置栏

单击当前文件夹所在的路径如"D:\aaa-MATLAB N 个使用技巧\MATLAB 程序调试"中的每一个文件夹后面的黑色箭头▶，可弹出当前文件夹下的所有子文件夹，如图 1.6-2 所示，用户可以方便地选择某一子文件夹作为当前文件夹。

此外，用户还可以通过 cd 函数来设置当前文件夹。cd 函数的使用方法为：

```
% 返回当前文件夹
>> cd
D:\aaa - MATLAB N个使用技巧\MATLAB 程序调试
% 设置当前文件夹
>> cd('D:\aaa - MATLAB N个使用技巧\MATLAB 程序调试')
% 将当前文件夹的上一级文件夹设置为当前文件夹
>> cd('..')
```

(2) 搜索路径

MATLAB 通过搜索路径方便地组织和管理 MATLAB 文件。如果想调用不在 MATLAB 当前文件夹下的文件，则需要将这些文件保存到 MATLAB 的搜索路径下，这样 MATLAB 就可以运行或者调用这些文件了。

可以通过 path 函数或者使用"设置路径"对话框查看 MATLAB 的搜索路径内容：

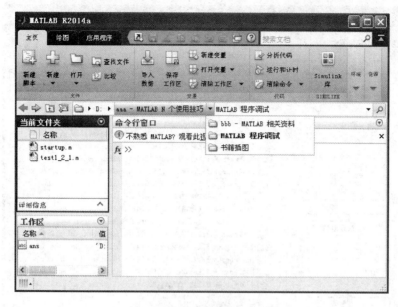

图 1.6-2　更改当前文件夹

```
% 返回搜索路径内容
>> path

        MATLABPATH
    C:\Documents and Settings\Administrator\My Documents\MATLAB
    D:\Program Files\MATLAB\R2014a\toolbox\matlab\testframework
    D:\Program Files\MATLAB\R2014a\toolbox\matlabxl\matlabxl
......
% 从"设置路径"对话框中查看搜索路径内容
>> pathtool;
```

"设置路径"对话框如图 1.6-3 所示。

为了合理地管理用户自定义的目录和文件，可以将用户目录纳入搜索路径之下。搜索路径的设置方式有以下几种：

① 在当前文件夹窗口中右击需要设置为搜索路径的文件夹，弹出如图 1.6-4 所示的菜单，选择"添加到路径"，在弹出的菜单中选择"选定的文件夹"或者"选定的文件夹和子文件夹"。前者只将所选的文件夹添加到搜索路径中，后者将所选文件夹以及该文件夹下的所有子文件夹一并添加到搜索路径中。

② 使用 path 函数，方法如下：

```
% 将指定的路径添加到搜索路径的最后位置
path(path, 'd:\Program Files\MATLAB\R2014a\work\MATLAB_100');
% 将指定的路径添加到搜索路径的最前位置
path('d:\Program Files\MATLAB\R2008a\work\MATLAB_100', path);
```

③ 使用"设置路径"窗口，如图 1.6-3 所示。

单击"浏览文件夹"图标，弹出"浏览文件夹"对话框，如图 1.6-5 所示。选择需要添加到搜索路径中的文件夹，单击"确定"按钮。

或者单击图 1.6-3 中的"添加并包含子文件夹"，可以将所选的文件夹及其所包含的子文

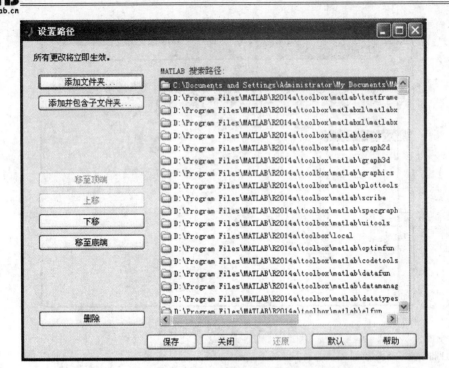

图 1.6-3 "设置路径"窗口

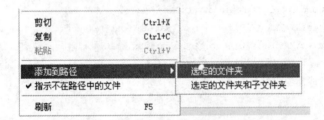

图 1.6-4 从当前目录下设置搜索路径

图 1.6-5 "浏览文件夹"对话框

件夹都添加到搜索路径中。最后单击"保存"按钮来保存搜索路径的内容。如果要将搜索路径设置为 MATLAB 的默认值,可以单击"默认"按钮,然后单击"保存"按钮更新。

④ 直接修改 pathdef.m 文件修改搜索路径。

MATLAB 正是使用 pathdef.m 文件存放搜索路径信息的。使用前面介绍的各种方法,系统会将搜索路径信息保存到该文件中,因此直接修改该文件的内容也可以达到修改搜索路径的目的。这种方法一般不使用,因为路径的输入比较麻烦而且容易出错。

2. 启动目录的设置技巧

启动目录是指 MATLAB 启动时的当前目录。一般将启动目录设置成用户习惯使用的目录。MATLAB 默认的启动目录为 C 盘用户文档中的 MATLAB 文件夹,例如 C:\Documents and Settings\Administrator\My Documents\MATLAB。使用默认的启动目录会有一些好处,比如当更新 MATLAB 版本时,新版本的 MATLAB 会直接将该目录作为启动目录,用户可以在不做任何更改的情况下继续正常运行用户文件;另外,由于系统对使用该计算机的所有用户都提供一个 My Documents 文件夹,彼此之间不能互相访问,具有良好的保密性。

启动目录的设置方法有:

(1) 使用 MATLAB 属性设置

右击 MATLAB 软件的桌面快捷方式,在弹出的菜单中选择"属性",在属性对话框的"起始位置"栏输入用户习惯使用的启动目录,如图 1.6-6 所示。

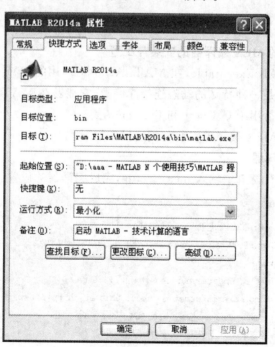

图 1.6-6 在快捷方式中设置启动目录

(2) 使用 userpath 函数

userpath 函数可用于返回 MATLAB 搜索路径的最顶目录。因此可以通过 userpath 的设置来修改启动目录。方法如下:

```
% 设置该目录为启动目录
userpath('D:\Program Files\MATLAB\R2014a\work');
```

如果此时使用 path 函数或者从"设置路径"窗口中查看 MATLAB 搜索路径，会发现搜索路径的最上面一个已经变为所设置的 userpath 目录，而不再是默认的启动目录位置。这是和按(1)中的方法设置启动目录的区别，在(1)中设置好启动目录之后，搜索路径的顶层位置仍然是默认的启动目录位置。

如果要将启动目录返回默认位置，可以使用：

```
% 设置启动目录为默认位置
userpath('reset');
```

1.7 技巧7：MATLAB 自带的 MEX 和 VR 编译器的安装与配置

1.7.1 技巧用途

MATLAB 作为当今世界上应用最为广泛的数学软件，具有数值运算功能强大、图形处理能力强大、程序环境高级但简单、工具箱丰富等特点。高效利用 MATLAB 强大的工具箱对于解决实际问题具有重要意义，其中 MEX、VR 等有广泛的应用。本节将介绍如何准确快速地安装这些编译器。

1.7.2 技巧实现

1. MATLAB 自带的 MEX 编译器的安装与配置

MEX 代表 MATLAB Executable，在 MATLAB 中可调用的 C 或 Fortran 语言程序称为 MEX 文件。MEX 文件是一种特殊的动态连接库函数，它能够在 MATLAB 里像一般的 M 函数那样来执行。该方法适用于 C/C++ 和 Fortran 语言。

MATLAB 自带的 MEX 编译器安装与配置操作如下：

(1) 设置合适的编译器

在 MATLAB 命令行窗口中输入 mex – setup，完成编译器的设置。

```
>> mex - setup
MEX 配置为使用 'lcc-win32' 以进行 C 语言编译。
Warning: The MATLAB C and Fortran API has changed to support MATLAB variables with more than 2^32 -
1 elements. In the near future
         you will be required to update your code to utilize the
         new API. You can find more information about this at: http://www.mathworks.com/help/matlab/
matlab_external/upgrading - mex - files - to - use - 64 - bit - api.html.

要选择不同的 C 编译器，请从以下选项中选择一种命令：
lcc-win32     mex - setup:'C:\Documents and Settings\Administrator\
              Application Data\MathWorks\MATLAB\R2014a\mex_C_win32.xml' C
Microsoft Visual C++ 2008 Professional (C)    mex - setup:
'D:\Program Files\MATLAB\R2014a\bin\win32\mexopts\msvc2008.xml' C

要选择不同的语言，请从以下选项中选择一种命令：
mex - setup C++
mex - setup FORTRAN
```

如果单击lcc-win32超级链接,则显示如下结果:

MEX 配置为使用 'lcc-win32' 以进行C语言编译。
Warning:The MATLAB C and Fortran API has changed to support MATLAB variables with more than 2^32 -
1 elements. In the near future you will be required to update your code to utilize the new API. You can
find more information about this at: http://www.mathworks.com/help/matlab/matlab_external/upgrading
-mex-files-to-use-64-bit-api.html.

如果选择Microsoft Visual C++ 2008 Professional(C)超级链接,则显示如下结果:

MEX 配置为使用 'Microsoft Visual C++ 2008 Professional(C)' 以进行C语言编译。
Warning:The MATLAB C and Fortran API has changed to support MATLAB variables with more than 2^32 -
1 elements. In the near future you will be required to update your code to utilize the new API. You can
find more information about this at: http://www.mathworks.com/help/matlab/matlab_external/upgrading
-mex-files-to-use-64-bit-api.html.

(2) 设置系统路径

右击桌面上的"我的电脑",选择"属性"→"高级"→"环境变量"→"系统变量"→Path 选项,出现"编辑系统变量"对话框,如图1.7-1所示。

图1.7-1 "编辑系统变量"对话框

在变量值中增加以下路径:
- 头文件:D:\Program Files\MATLAB\R2014a\extern\include
- 库文件:D:\Program Files\MATLAB\R2014a\extern\lib\win32\microsoft\msvc60
- DLL 文件:D:\Program Files\MATLAB\R2014a\bin\win32

2. MATLAB 自带的VR 工具箱的安装与配置

虚拟现实(Virtual Reality,VR)是指采用各种技术,来营造一个能使人有置身于真正的现实世界中的感觉的环境。也就是要能使人产生和置身于现实世界中相同的视觉、听觉、触觉、嗅觉、味觉等。

MATLAB 的VR 工具箱安装配置:三维实体的编辑器和浏览器。MATLAB 自带了三维实体编辑器和浏览器,安装步骤如下:

(1) 安装浏览器

在命令行窗口中输入 vrinstall-install viewer,会出现如下信息:

>> vrinstall-install viewer
警告:You are installing blaxxun Contact viewer. Support for blaxxun Contact viewer will be
removed and replaced by a different web-based technology in a future release.
>> In vrinstall at 175
Installing blaxxun Contact viewer ...
Do you want to use OpenGL or Direct3D acceleration? (o/d)

这条信息提示用户是选择 OpenGL 加速还是 Direct3D 加速,输入 o 或 d 选择相应的浏览器安装。输入 d 并按 Enter 键后,会出现 blaxxun Contact 浏览器的安装程序,如图 1.7-2 所示,用户按照提示一步步安装即可。

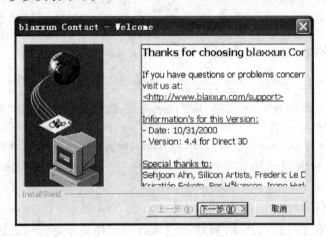

图 1.7-2 blaxxun Contact 安装对话框

安装开始后,将会给出如下的提示信息:

```
Starting viewer installation ...
```

安装完成后,将会给出如下的提示信息:

```
Done.
```

(2) 安装编辑器

在命令行窗口中输入 vrinstall - install editor,按提示安装即可。

```
>> vrinstall - install editor
Starting editor installation ...
Done.
```

此外,用户使用 vrinstall - install 命令会同时安装浏览器和编辑器。

使用命令 vrinstall - check 检查是否安装成功,代码如下:

```
>> vrinstall - check
External VRML viewer:   installed
VRML editor:      installed
```

第 2 章 基础知识

2.1 技巧 8：操作图形窗口及其控件的方法

2.1.1 技巧用途

MATLAB 语言不仅提供了面向过程的编程方法，也提供了面向对象的编程方法。一个使用 MATLAB 语言开发的图形用户界面是由多个图形对象（graphical objects）组成的。

MATLAB 中的图形对象包括电脑屏幕（又称为根对象或 root 对象）、界面的窗口对象（figure）、用户菜单对象（uimenu）、用户工具条对象（uitoolbar）、坐标轴对象（axes）、用户界面控件对象（uicontrol，如 edit、pushbutton 等），还包括在坐标轴中绘制的各种线条对象等。

MATLAB 为所创建的图形对象分配一个唯一的句柄（handle），利用句柄来标识每一个图形对象。同时，每一个图形对象都有一组固定的属性值，用来标识对象的外观和行为，如界面窗口的位置（position）、编辑控件的背景颜色等。用户可以基于 MATLAB 提供的操作函数（方法），通过对象的句柄来访问或设置对象的属性值，如改变界面窗口的大小、改变图形的颜色、取得编辑框的输入等。

MATLAB 提供给用户操作对象的方法中有两个通用的方法，就是调用 set 和 get 函数。MATLAB 把对象的所有特征都纳入对象的属性中，用户通过调用 set 和 get 函数，就可以非常方便地修改或设置对象的属性值，从而可以控制对象的外观和行为。

MATLAB R2014b 在图形系统（graphic system）上进行了较多更新，其中与前期版本具有显著区别的是，图形对象的句柄（handle）不再是双精度数值类型（double），而是对象类型（object），从而使对象的操作变得更为简易。

2.1.2 技巧实现

（1）设置对象的属性值：set 函数

set 函数常用的调用格式如下：

- **set(H,'PropertyName',PropertyValue,...)**

其中，H 为对象的句柄或句柄数组；PropertyName 为对象的属性名称；PropertyValue 为对应的属性值。如果一组对象都有相同的属性名称，用户若想把对象的属性设置为相同的数值，可以把对象的句柄全部包含到 H 数组中。

例如，设置界面上 Edit 控件显示的内容为"my value!"，可以使用如下的方法：

```
% 设置 Edit 控件的 String 属性,edit_handle 为 Edit 控件的句柄
set(edit_handle,'String','my value!');
```

- **set(H,a)**

设置句柄 H 指向的对象属性的属性值。其中，a 是一个结构体(struct)，结构体中的域名为对象的属性名称，对应的域值为相应的属性值。

【例 2.1-1】 在程序界面上创建一个坐标轴，修改坐标轴的字体大小为 12，背景颜色为蓝色。

代码如下：

```
% 创建 figure 对象
hfig = figure(1);
% 创建坐标轴对象，指定其父对象为 figure 1
haxes1 = axes('parent',hfig);
% 设置坐标轴的 Color 和 FontSize 属性
prop.Color = 'b';
prop.FontSize = 12;
set(haxes1,prop);
```

运行结果如图 2.1-1 所示。

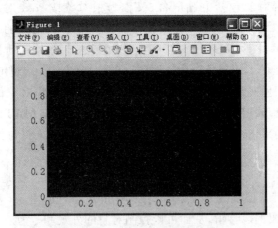

图 2.1-1　set 函数设置坐标轴的属性值

(2) 取得对象的属性值：get 函数

get 函数常用的调用格式如下：

● **get(h)**

取得句柄 h 指向的对象的当前所有的属性值。

● **get(h,'PropertyName')**

取得句柄 h 指向的对象的"PropertyName"属性的属性值。

【例 2.1-2】 创建一个界面窗口，并查询标识其位置和大小的度量单位"Units"的属性值。

代码如下：

```
% 创建界面窗口
hfig = figure(1);
% 查询其 Units 属性值
get(hfig,'units')
% 其 Units 属性值为 pixels(像素)
ans =
pixels
```

【例 2.1-3】 查询在界面窗口中可以设置哪些形状的鼠标指针。

```
% figure 的 Pointer 属性标识了鼠标指针的形状
set(gcf,'pointer')
   返回值为:[ crosshair | fullcrosshair | {arrow} | ibeam | watch | topl | topr | botl | botr | left
| top | right | bottom | circle | cross | fleur | custom | hand ]
```

set 语句用于查询 figure 对象的 Pointer 属性所有可能的属性值。其中,"{arrow}"属性值表示 figure 的 Pointer 属性的默认值为"arrow",即鼠标指针的形状为箭头形状。要查询 figure 窗口当前所使用的鼠标指针的形状,调用 get 函数:

```
get(gcf,'pointer')
ans =
arrow
```

【例 2.1-4】 查询计算机屏幕的尺寸。

```
% 首先取得标识计算机屏幕大小的度量单位
get(0,'units')
ans =
pixels
% 取得屏幕的尺寸
get(0,'screensize')
ans =
     1          1       1280        800
```

即屏幕的尺寸为 1 280×800 像素。

在 GUIDE 编程环境中,用户还可以利用"属性检查器"这一交互式工具来设置或查看图形对象的属性值。"属性检查器"可以在 GUIDE 中通过双击图形对象打开,也可以在命令窗口中输入命令 inspect 来打开,如图 2.1-2 所示。

图 2.1-2 属性检查器

(3) MATLAB R2014b 操作对象的新方法

如图 2.1-3 所示,由于图形句柄的类型变更为对象,可以直接使用点标记(dot notation)

法调用对象的某一属性或为对象的某一属性赋值。

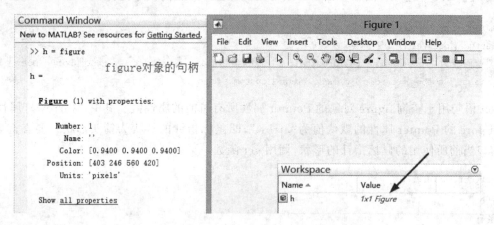

图2.1-3 示意图形对象的句柄变更为对象类型

比如,调用figure对象的位置属性,可以使用h.Position;要重新为figure对象设置颜色,可以通过h.Color=[1 1 1]等方式。其余对象的操作方法类似。

需要注意的是,点标记法对属性名称的大小写和缩写敏感,并不像set或get等通用方法那样可以随意使用大小写或缩写形式。例如,当分别使用h.Position、h.position和h.Pos 3种调用方式时,MATLAB会分别给出以下结果:

```
>> h.Position

ans =

   675    93   560   420

>> h.position
No appropriate method, property, or field position for class matlab.ui.Figure.

>> h.Pos
No appropriate method, property, or field Pos for class matlab.ui.Figure.
```

可见,当不按照MATLAB规定的大小写方式或缩写方式调用属性名称时,点标记不能索引到正确的对象属性,但get和set等通用方式不受限制。

```
>> get(h,'Position')

ans =

   675    93   560   420

>> get(h,'position')

ans =

   675    93   560   420
```

```
>> get(h, 'Pos')

ans =

     675    93   560   420
```

另外,当同时操作多个对象的同一个属性时,点标记法需要一一索引,而通用的 get 或 set 函数可以同时索引,此时使用点标记法会显得较为啰嗦,比如同时更改两个 figure 对象的背景颜色为白色:

```
h1 = figure; h2 = figure;

% 点标记法
h1.Color = 'w'; h2.Color = 'w';

% 通用方法
set([h1 h2], 'Color', 'w');
```

在使用 MATLAB R2014b 或更新的软件版本进行实际编程时,两种方式可以互换使用,从而达到简易和高效的双赢。

2.2 技巧9:定义回调函数需遵循的语法规则

2.2.1 技巧用途

在 MATLAB 中,回调函数(Callback)是一个重要的概念,它用来响应图形对象的事件。当用户或程序触发了事件后,如用户按下按钮、单击/双击鼠标、按下键盘的按键、定时器的定时时间到达等,都会触发 MATLAB 自动调用这些事件的回调函数来执行相应的操作。

在 MATLAB 编程中,不同的图形用户界面(GUI)程序共享同一个事件队列。同时,不同的 MATLAB 控件也有不同的回调函数属性。例如:figure 的 WindowButtonDownFcn、WindowButtonUpFcn 和 WindowButtonMotionFcn 用来处理鼠标事件;按钮的 Callback 用来处理按钮按下这一事件,等。

在使用 MATLAB 的 GUIDE 工具来开发图形用户界面程序时,可以由 GUIDE 自动生成回调函数的框架,用户只需在函数体内添加事件的处理代码即可。如果用户直接编写 M 文件来开发 GUI 程序,则需要手工编写回调函数的框架及其执行代码,这就需要用户了解定义回调函数需要遵循哪些语法规则。

2.2.2 技巧实现

在 MATLAB 程序中,回调函数有如下几种编写方式:

① 如果回调函数要执行的语句比较少,可以把这些代码写成字符数组的形式直接赋值给对象的回调函数属性。

【例 2.2-1】 定义按钮 pushbutton1 的 Callback 属性,回调函数要执行的语句使用

"[ ]"和"'"符号括起来。

```
% 定义 M 文件的主函数名称为 DefineCallback,不带输入和输出参数
function DefineCallback
% 创建界面窗口
hFig = figure('units','normalize',...
    'position',[0.4 0.4 0.3 0.2]);
% 在窗口中创建按钮控件,并设置其 Callback 属性值为字符数组
uicontrol('parent',hFig,...
    'style','pushbutton',...
    'String','Execute Callback',...
    'units','normalize',...
    'position',[0.4 0.4 0.3 0.2],...
    'callback',['figure;',...
    'x = 0:pi/20:2*pi;',...
    'y = sin(x);',...
    'plot(x,y);']);
```

程序运行时,单击 Execute Callback 按钮,程序会逐句执行[]内的命令。[]内的每条命令必须用两个单引号"'"括起来,每条语句之间用逗号","隔开。程序运行的界面如图 2.2-1 所示。

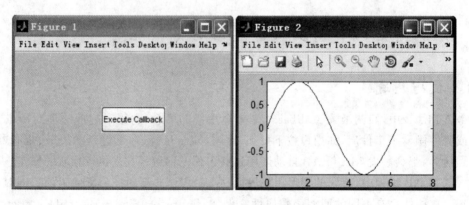

图 2.2-1 运行结果

② 如果回调函数要执行的语句比较多,或者为了简便起见,回调函数编写为单独的函数 M 文件或函数体。

在这种情况下,MATLAB 对定义回调函数有严格的语法规则,用户必须按照这些规则来定义回调函数。定义回调函数的语法规则如表 2.2-1 所列。表中内容是以定义下压按钮控件的 Callback 回调函数为例。

表 2.2-1 定义回调函数的语法规则

设置对象的 Callback 属性	定义回调函数框架代码
set(hObject,'Callback','myfile')	function myfile
set(hObject,'Callback',@myfile)	function myfile(obj, event)
set(hObject,'Callback',{'myfile',5,6})	function myfile(obj,event,arg1,arg2)
set(hObject,'Callback',{@myfile,5,6})	function myfile(obj,event,arg1,arg2)

在第 1 种情况下,回调函数没有输入参数,回调函数必须保存成单独的 M 文件。

在第 2 种情况下,对象 hObject 的 Callback 属性设置为函数句柄的形式。这种情况下,回调函数 myfile 必须带两个参数:obj 表示调用该回调函数的对象的句柄,如 pushbutton 的句柄;event 是个结构体,其中包含了事件的信息。这时的回调函数可以是单独的函数 M 文件,也可以写在主函数 M 文件内。

在第 3 种情况下,对象 hObject 的 Callback 属性设置为{'myfile',5,6},回调函数不仅必须带 obj 和 event 两个参数,而且还包含了用户需要传递的其他参数。其中,用户传递的参数的个数不受限制。这时,回调函数也必须保存成单独的 M 文件。

在第 4 种情况下,对象 hObject 的 Callback 属性设置为{@myfile,5,6},回调函数不仅必须带 obj 和 event 两个参数,而且还包含了用户需要传递的其他参数。其中,用户传递的参数的个数不受限制。这时的回调函数可以是单独的函数 M 文件,也可以写在主函数 M 文件内。

▲【例 2.2-2】 将例 2.2-1 中的回调函数定义为单独的子函数。

```
% 定义 M 文件的主函数名称为 DefineCallback,不带输入和输出参数
function DefineCallback
% 创建界面窗口
hFig = figure('units','normalize',...
        'position',[0.4 0.4 0.3 0.2]);
% 在窗口中创建按钮控件
hpush = uicontrol('parent',hFig,...
        'style','pushbutton',...
        'String','Execute Callback',...
        'units','normalize',...
        'position',[0.4 0.4 0.3 0.2]);
% 设置按钮的 Callback 属性
set(hpush,'callback',@mycallback);

% 定义回调函数为子函数
function mycallback(hobj,event)
figure;
x = 0:pi/20:2 * pi;
y = sin(x);
plot(x,y);
```

2.3 技巧 10:元胞数组(cell array)的使用方法

2.3.1 技巧用途

元胞数组是 MATLAB 语言中比较特殊的数据类型。它是由一系列元胞(cell)构成的数组。

每一个元胞可以存放不同类型的数据,每个元胞中的数据可以是数字、字符或字符串、数字数组或字符串数组,也可能是元胞数组或结构数组等。

由于元胞数组对元胞内的数据类型没有限制,可以为不同的数据类型,因此,使用元胞数

组可以存储不同类型的数据,这给用户的编程带来很大的方便。

2.3.2 技巧实现

(1) 元胞数组的创建

创建元胞数组常用的方法有 3 种:

① 使用语句直接生成元胞数组。使用英文的大括号"{}"来创建元胞数组,就像使用中括号"[]"来创建数字数组或字符串数组一样。

【例 2.3 - 1】 直接使用语句来创建元胞数组 a。

```
% 在英文输入法下输入{}和[]
>> a = {'hello' [1 2 3;4 5 6];1 {'1' '2'}}
a =
    'hello'      [2x3 double]
    [    1]      {1x2 cell  }
```

② 对元胞数组中的各元胞逐一赋值,从而创建元胞数组。

【例 2.3 - 2】 将元胞数组 a 中的元胞逐一赋值。

```
>> a{1,1} = 'hello';a{1,2} = [1 2 3;4 5 6];a{2,1} = 1;a{2,2} = {'1' '2'};
>> a
a =
    'hello'      [2x3 double]
    [    1]      {1x2 cell  }
```

③ 使用 cell 函数来生成一个空的元胞数组,然后对每一个元胞赋值。

【例 2.3 - 3】 使用 cell 函数来创建元胞数组。

```
% 生成 2x3 的、元素为空的元胞数组
>> a = cell(2,3)
a =
    []    []    []
    []    []    []
```

(2) 元胞数组的使用和操作

可以采用"{}"和"()"两种方式来访问元胞数组的元素。两种方式返回的结果是不同的:用 cellname{m,n}返回的是元胞数组在(m,n)位置上的元胞中的数据;用 cellname(m,n)返回的是元胞数组在(m,n)位置上的元胞。

以下是几个常用的对元胞数组进行操作的函数。

1) iscell 函数

该函数用来判断某一数组是否为元胞数组,如果数组是元胞数组,则函数返回 1;如果数组不是元胞数组,则函数返回 0。

【例 2.3 - 4】 判断数组 A 是否为元胞数组。

```
% 定义一个元胞数组 A
>> A = {1 2 3};
% 判断 A 是否为元胞数组,如果为元胞数组,则函数返回 1
```

```
>> tf = iscell(A)
tf =
     1
```

2) celldisp 函数

该函数用来显示元胞数组中的内容。常用调用格式如下：

- **celldisp(C)**

直接显示元胞数组 C 中的内容。

- **celldisp(C,name)**

显示元胞数组 C 中的内容，数组名称 C 用 name 代替。

▲【例 2.3-5】 显示元胞数组 C 中的内容。

```
>> clear
>> C = {'Smith' [1 2;3 4] [12]};
% 直接显示元胞数组 C 中的内容
>> celldisp(C)
C{1} =
Smith
C{2} =
     1     2
     3     4
C{3} =
    12
% 显示元胞数组 C 中的内容,数组的名称用 cellcontent 代替
>> celldisp(C,'cellcontent')
cellcontent{1} =
Smith
cellcontent{2} =
     1     2
     3     4
cellcontent{3} =
    12
```

3) cellstr 函数

常用调用格式如下：

C = cellstr(S)

该函数把字符串数组转换为元胞数组。其中，S 是一个 m×1 的字符串数组，cellstr 把 S 的每一行字符串转换为元胞，并去除字符串结尾处的空格。

▲【例 2.3-6】 将字符数组转换为元胞数组。

```
>> S = ['abc '; 'defg'; 'hi m'];
>> cellstr(S)
ans =
    'abc'   % 原先 abc 后面的空格被清除
    'defg'
    'hi m'  % i 和 m 之间的空格仍然保留
```

4) cellplot 函数

该函数以图形化的方式显示元胞数组中的内容。

【例 2.3 – 7】 显示元胞数组 S 中的内容(包括空格和字符)。

```
>> S = {'abc ', 'defg','hi m'};
>> cellplot(S)
```

运行结果如图 2.3 – 1 所示。可以看出,元胞数组中每个元胞的内容都很直观地标识在图中,灰色方格标识的是元胞中的字符,白色方格标识的是元胞中的空格。

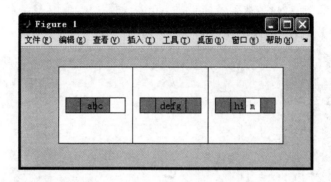

图 2.3 – 1 以图形方式显示元胞数组的内容

5) num2cell 函数

该函数把数字数组转换为元胞数组,调用格式如下:

C = num2cell(A, dims)

其中,A 是要转换的数字数组;dim 表示按行或按列转换,dim＝1 表示把 A 的每一列转换为一个元胞,dim＝2 表示把 A 的每一行转换为一个元胞。

【例 2.3 – 8】 将数字数组 A 按行或按列转换为元胞数组。

```
% A 是 4×3 的数组
>> A = [1 2 3;4 5 6;7 8 9;10 11 12];
% 把 A 的每一列转换为一个元胞,得到的 C 是 1×3 的元胞数组
>> C = num2cell(A,1)
C =
    [4×1 double]    [4×1 double]    [4×1 double]
% 把 A 的每一行转换为一个元胞,得到的 C 是 4×1 的元胞数组
>> C = num2cell(A,2)
C =
    [1×3 double]
    [1×3 double]
    [1×3 double]
    [1×3 double]
```

6) struct2cell 和 cell2struct 函数

具体用法见 2.4 节"技巧 11:结构数组(struct array)的使用方法"。

2.4 技巧11：结构数组(struct array)的使用方法

2.4.1 技巧用途

结构数组(struct array)是 MATLAB 中的一种重要的数据类型,同元胞数组类似,也可以存放不同类型的数据。但结构数组的内容更加丰富、应用更加广泛,很多复杂的编程问题使用结构数组就会变得简单方便。例如,MATLAB 中的句柄结构就是结构数组的一个很好的例子,因此,使用好结构数组会给用户的编程带来很大的便利。

2.4.2 技巧实现

结构数组是由结构(struct)组成的,每一个结构都包含多个字段(fields)。例如,多个图形对象构成一个结构数组,每个图形对象就是一个结构,对象的一个属性就对应着一个字段。数据不能直接存储在结构中,只能存放在字段中。字段可以存放任何类型和任何大小的数据。

在 MATLAB 中,可以使用如下的方法来操作结构数组。

(1)结构数组的创建

常用的创建结构数组的方法有两种:

1) 用直接法创建

▲【例 2.4-1】 使用直接法来创建结构数组。

```
>> A(1).name = 'Pat';
A(1).number = 176554;
A(2).name = 'Tony';
A(2).number = 901325;
>> A

A =

1x2 struct array with fields:
    name
    number
```

2) 通过 struct 函数来创建

s = struct('field1', values1, 'field2', values2, ...)

其中,s 为结构数组的名称;field1 和 field2 为字段的名称;valuse1 和 values2 为字段的数据。

▲【例 2.4-2】 利用 struct 函数来创建结构数组。

```
>> A(1) = struct('name','Pat','number',176554);
A(2) = struct('name','Tony','number',901325);
>> A
A =
1x2 struct array with fields:
    name
    number
```

(2) 结构数组的操作

1) deal 函数

该函数用来得到结构数组中指定字段的值。用户可以使用形如"mystruct.name1"的命令形式来直接取得结构体中对应字段的值,也可以使用 deal 函数来一次得到多个字段的值。

▲【例 2.4-3】 使用 deal 函数来得到结构体中各字段的值。

```
%定义结构数组 A
>> A.name = 'Pat'; A.number = 176554; A(2).name = 'Tony'; A(2).number = 901325;
%得到结构数组中所有 name 字段的数据
>> [name1,name2] = deal(A(:).name)
name1 =
Pat
name2 =
Tony
```

2) getfield 函数

该函数用来取得结构数组中指定字段的值。函数的调用格式如下:

● f = getfield(s,'field')

当 s 是 1×1 的结构数组时,得到 s 中 field 字段的值。

● f = getfield(s, {i,j}, 'field', {k})

当 s 是 m×n 的结构数组时,返回结构数组的 s(i,j)元素的字段 field 的值。相当于 f = s(i,j).field(k)。

▲【例 2.4-4】 使用 getfield 函数来取得结构体中字段的值。

```
%定义 mystr 结构数组
>> mystr(1,1).name = 'alice'; mystr(1,1).ID = 0; mystr(2,1).name = 'gertrude';
mystr(2,1).ID = 1;
%取得 mystr(2,1)的字段 name 的值
>> f = getfield(mystr, {2,1}, 'name')
f =
gertrude
```

【注】 在使用 getfield 函数时,结构数组元素的下标和字段的下标要用{}括起来。

3) setfield 函数

该函数用来设置结构数组中字段的值。函数的调用格式如下:

● s = setfield(s, 'field', v)

● s = setfield(s, {i,j}, 'field', {k}, v)

其中,v 是字段的新值。该函数的使用方法与 getfield 类似。

4) rmfield 函数

该函数用来删除结构数组中的字段。函数的调用格式如下:

● s = rmfield(s, 'fieldname')

删除字段 fieldname。

● s = rmfield(s, fields)

删除 fields 中指定的字段。

▲【例 2.4 – 5】 删除结构数组中的指定字段。

```
% 定义结构数组 s
>> s.field1 = [1 2 3];s.field2 = 'string';s.field3 = {1 2 3;4 5 6};
% 删除字段 field1
>> s = rmfield(s,'field1')
s =
    field2: 'string'
    field3: {2x3 cell}

% 定义结构数组 s
>> s.field1 = [1 2 3];s.field2 = 'string';s.field3 = {1 2 3;4 5 6};
% 删除字段 'field2','field3'
>> s = rmfield(s,{'field2','field3'})
s =
    field1: [1 2 3]
```

注 必须用"s=rmfield(s,…);"才能删除结构数组中的字段,即必须把 rmfield 函数的返回值赋值给原结构数组,才能保证删除结果生效。

5) 判断函数

- **tf = isfield(S, 'fieldname')**

判断 S 中是否存在 fieldname 字段。

- **tf = isfield(S, C)**

判断 S 中是否存在 C 中所含的字段,C 是元胞数组。

- **tf = isstruct(A)**

判断 A 是否是结构数组。

6) struct2cell 和 cell2struct 函数

这两个函数实现结构数组和元胞数组的相互转换。

- **c = struct2cell(s)**

将结构数组转换为元胞数组。

▲【例 2.4 – 6】 将结构数组转换为元胞数组。

```
% 定义结构数组 s
>> s.field1 = [1 2 3];s.field2 = 'string';s.field3 = {1 2 3;4 5 6};
>> s
s =
    field1: [1 2 3]
    field2: 'string'
    field3: {2x3 cell}
% 将结构数组转换为元胞数组
>> c = struct2cell(s)
c =
    [1x3 double]
    'string'
    {2x3 cell}
```

- **s = cell2struct(c, fields, dim)**

将元胞数组转换为结构数组,结构数组中的字段名由 fields 指定。

【例 2.4-7】 将元胞数组转换为结构数组。

```
>> c = {'birch', 'betula', 65; 'maple', 'acer', 50}
c =
    'birch'    'betula'    [65]
    'maple'    'acer'      [50]
% fields 包含 struct 中的字段名
>> fields = {'name', 'genus', 'height'};
% dim = 2 表示把 c 中的各行转换为 struct 数组
>> s = cell2struct(c, fields, 2);
s =
2x1 struct array with fields:
    name
    genus
    height
>> s(1)
ans =
    name: 'birch'
    genus: 'betula'
    height: 65
>> s(2)
ans =
    name: 'maple'
    genus: 'acer'
    height: 50
>> fields = {'field1', 'field2'};
% dim = 1 表示把 c 中的各列转换为 struct 数组
>> s = cell2struct(c, fields, 1);
>> s(1)
ans =
    field1: 'birch'
    field2: 'maple'
>> s(2)
ans =
    field1: 'betula'
    field2: 'acer'
>> s(3)
ans =
    field1: 65
    field2: 50
```

2.5 技巧12：矩阵(matrix)的常用操作方法

2.5.1 技巧用途

MATLAB中数据的基本格式是矩阵。MATLAB中的矩阵是一个广义的概念，行向量、列向量和标量都是矩阵的特例。矩阵可以是二维的，也可以是多维的。掌握矩阵的常用基本操作，对用户利用矩阵来解决自己的问题很有帮助。

2.5.2 技巧实现

（1）查找矩阵中的元素

1) find 函数

在 MATLAB 中，可以调用 find 函数在矩阵中查找满足一定条件的元素。find 函数常用的调用格式为：
- **ind = find(X)**
- **[m n] = find(X)**

其中，X 为要查找的矩阵；ind 为矩阵 X 中满足查找条件的线性索引值。因为在 MATLAB 中，矩阵是按列存储的，ind 的值表示元素在矩阵中按列存储时的位置。m 和 n 是列向量，分别保存元素在矩阵中的位置的行下标和列下标。

▶【例 2.5 - 1】 find 函数的使用方法。

```
% 定义矩阵 A
>> A = [1 2 3 4;5 6 7 8];
% 查找 A 中所有大于 3 的元素,返回元素的线性索引值
>> ind = find(A>3)
ind =
     2
     4
     6
     7
     8
% 查找 A 中所有大于 3 的元素,返回元素的行下标 m 和列下标 n
>> [m n] = find(A>3)
m =
     2
     2
     2
     1
     2
n =
     1
     2
     3
     4
     4
```

2) ind2sub 和 sub2ind 函数

这两个函数实现线性索引值和行、列下标之间的转换。函数的调用格式如下：

- [I,J] = ind2sub(size,IND)
- IND = sub2ind(size,I,J)

其中，size 表示矩阵的大小；IND 保存元素的线性索引值；I 和 J 保存元素的行下标和列下标。

【例 2.5 - 2】 矩阵元素的线性索引与行列下标之间的转换。

```
>> A = [1 2 3 4;5 6 7 8];
>> ind = find(A>3);
>> [m n] = find(A>3);
>> [I J] = ind2sub(size(A),ind);
>> IND = sub2ind(size(A),I,J)
I =
    2
    2
    2
    1
    2
J =
    1
    2
    3
    4
    4
IND =
    2
    4
    6
    7
    8
```

(2) 删除矩阵中的指定元素

若想删除矩阵中的指定元素，只需将这些元素赋值为空（"[ ]"）。例如，假设 A 是 m×n 维的矩阵，可以使用如下命令删除矩阵中的指定元素：

① A(sub2ind(size(A),i,j))=[ ]   删除 A 的第 i 行、第 j 列的元素。
② A(i,:)=[ ]   删除 A 的第 i 行的数据。
③ A(i:j,:)=[ ]   删除 A 的第 i 行到第 j 行的数据。
④ A(:,j)=[ ]   删除 A 的第 j 列的所有元素。
⑤ A(:,i:j)=[ ]   删除 A 的第 i 列到第 j 列的数据。

【例 2.5 - 3】 删除矩阵中的指定元素。

```
>> A = [1 2 3 4;5 6 7 8];
% 删除 A 的第 1 行的数据
>> A(1,:) = [ ]
A =
```

```
            5       6       7       8
>> A=[1 2 3 4;5 6 7 8];
% 删除A的第1列的数据
>> A(:,1)=[]
A =
     2     3     4
     6     7     8
```

【注】 对于矩阵中单个元素的删除,MATLAB只允许使用线性索引值来指定该元素。所以在①中调用 sub2ind(size(A),i,j)来转换。如果使用"A(i,j)=[];"命令,则MATLAB会提示错误"??? Subscripted assignment dimension mismatch"(带有下标的赋值维度不匹配)。

(3) 取得矩阵中的指定元素

用户可以使用如下方法来取得矩阵的某一(些)行或列的元素:

① X=A(i,:)　　　　取得A的第i行数据,并赋值给变量X。
② X=A(i:j,:)　　　取得A的第i行到第j行数据,并赋值给变量X。
③ Y=A(:,j)　　　　取得A的第j列的数据。
④ Y=A(:,i:j)　　　取得A的第i列到第j列的数据。
⑤ Z=A(i:j,n:m)　　取得矩阵第i行到第j行以及第n列到第m列之间的数据。

(4) 查询矩阵的大小

设A是一个m×n的矩阵,可以调用以下函数来得到矩阵A的大小,即矩阵的行数和列数等信息。

① num=size(A)　　返回矩阵的行数和列数,num是个1×2的数组,第1个数值是矩阵的行数,第2个数值是矩阵的列数。
② num=length(A)　 返回A的行数和列数的最大值,相当于max(size(A))。
③ num=size(A,1)　 返回矩阵A的行数。
④ num=size(A,2)　 返回矩阵A的列数。

【例 2.5-4】 查询矩阵的大小。

```
% 由rand命令生成的一个4×3×2的三维矩阵
>> A = rand(4,3,2);
% 得到矩阵的大小信息
>> num = size(A)
num =
     4     3     2
>> num = length(A)
num =
     4
>> num = size(A,1)
num =
     4
>> num = size(A,2)
num =
     3
```

(5) 取得矩阵中元素的最大值和最小值:max 和 min 函数

① C=max(A)　　　　　　取得矩阵 A 中每一列的最大值,组成行向量返回给 C。
② C=max(A,B)　　　　　取得矩阵 A 和 B 对应元素的最大值。
③ C=max(A,[ ],dim)　　 取得矩阵每行或每列的最大值,dim=1 表示每列的最大值组成行向量,dim=2 表示每行的最大值组成列向量。
④ C=min(A)　　　　　　取得矩阵 A 中每一列的最小值,组成行向量返回给 C。
⑤ C=min(A,B)　　　　　取得矩阵 A 和 B 对应元素的最小值。
⑥ C=min(A,[ ],dim)　　 取得矩阵每行或每列的最小值,dim=1 表示每列的最小值组成行向量,dim=2 表示每行的最小值组成列向量。

【例 2.5-5】 求矩阵的最大和最小值。

```
>> clear
>> a=[2 3;3 6;4 9]
a =
     2     3
     3     6
     4     9
>> b=[1 4;4 5;5 8]
b =
     1     4
     4     5
     5     8
>> max(a)
ans =
     4     9
>> min(a)
ans =
     2     3
>> max(a,b)
ans =
     2     4
     4     6
     5     9
>> max(a,[],2)
ans =
     3
     6
     9
>> max(a,[],1)
ans =
     4     9
```

2.6 技巧13：字符串的操作方法

2.6.1 技巧用途

在使用 MATLAB 时经常遇到对字符和字符串的操作。字符串能够在计算机屏幕上显示，也可以用来组成一些 MATLAB 命令。

一个字符串是存储在一个行向量中的文本，这个行向量中的每一个元素代表一个字符。字符串可以由 0 或多个字符组成，一般记为 $s=\text{'}a_1 a_2 \cdots a_n\text{'} (n \geqslant 0)$，$a_1 \sim a_n$ 可以是字母、数字或特殊字符，每个字符占 1 位。

实际上，字符向量中的元素存放的是字符的 ASCII 码值，当在屏幕上显示字符变量的值时，显示的是文本，而不是其 ASCII 码值。由于字符串是以向量的形式来存储的，所以可以通过下标来访问字符串中的元素。

多个字符串也可以构成字符矩阵，但是矩阵的每行字符数必须相同。

MATLAB 提供了操作字符串的方法和一些函数，熟练掌握这些方法和函数有助于用户利用 MATLAB 对各种字符串问题进行处理。

2.6.2 技巧实现

（1）字符串的创建

MATLAB 中创建字符串非常简单，将字符串中的字符放到一对单引号之间即可。该对单引号必须在英文状态下输入。

▲【例 2.6-1】 创建字符串 string1。

```
>> clc;
>> clear;
% 创建普通字符串
>> string1 = 'To study MATLAB!'
string1 =
To study MATLAB!
% 创建带单引号的字符串,在出现单引号的地方用两个单引号代替('')
>> string1 = 'We''re going to study MATLAB!'
string1 =
We're going to study MATLAB!
```

（2）字符串中元素的访问和操作

字符串是以向量的形式存储的，可以通过其下标访问其中的元素。

▲【例 2.6-2】 将 string1 字符串中的 study 替换为 learn。

```
>> clc;
>> clear;
% 创建字符串 string1
>> string1 = 'We''re going to study MATLAB!'
string1 =
We're going to study MATLAB!
```

```
% 将其中的 study 替换为 learn
>> string1(16:20) = 'learn'
string1 =
We're going to learn MATLAB!
```

【例 2.6 - 3】 取出上述 string1 字符串中的子串 learn。

```
>> subString = string1(16:20)
subString =
learn
```

【例 2.6 - 4】 将 string1 字符串倒排。

```
>> newString = string1(end: -1:1)
newString =
!BALTAM nrael ot gniog er'eW
```

其中,冒号表达式":"的使用和在数值数组中的使用方法相同。

【例 2.6 - 5】 计算 newString 字符串中字符的个数。

```
>> [r c] = size(newString)
r =
    1
c =
    28
```

其中,r 代表行数;c 代表列数,即字符数。

(3) 字符串的字符的 ASCII 码值

字符串中的字符是以其对应的 ASCII 码值来存储的。abs 和 double 命令都可以用来获取字符串对应的 ASCII 码数值数组。char 命令则可以把 ASCII 码数值数组转换为字符串。

【例 2.6 - 6】 字符串的 ASCII 码值与字符串的转换。

```
>> clc;
>> clear;
% 创建字符串 string1
>> string1 = 'We''re going to study MATLAB!'
string1 =
We're going to study MATLAB!
% 取得 ASCII 码值
>> ascii_string = double(string1)
ascii_string =
  Columns 1 through 25
    87   101    39   114   101    32   103   111   105   110   103    32   116
   111    32   115   116   117   100   121    32    77    65    84    76
  Columns 26 through 28
    65    66    33
% 转换为字符串
```

```
>> string2 = char(ascii_string)
String2 =
We're going to study MATLAB!
```

(4) 多个字符串的连接和比较

MATLAB 提供了两个命令用于字符串的连接:strcat 和 strvcat。比较字符串的内容可以使用 strmatch 和 strcmp。

① strcat(str1,str2,…)　　　将字符串 str1、str2、…连接成行向量。
② strvcat(str1,str2,…)　　 将字符串 str1、str2、…连接成列向量,各字符串必须有相同的字符个数。
③ strmatch(key,strs)　　　检查 strs 中的各行,返回一个列向量,包含了各行以字符串 key 开头的行号。
④ strncmp(str1,str2,n)　　 比较字符串 str1 和 str2 的前 n 个字符(区分大小写),如果相同则返回 1,不相同返回 0。
⑤ strncmpi(str1,str2,n)　　比较字符串 str1 和 str2 的前 n 个字符(不区分大小写),如果相同则返回 1,不相同返回 0。

【例 2.6 - 7】 字符串的比较和连接。

```
>> str1 = 'abcdefg';str2 = 'hijklmn';str3 = 'abckjhl';str4 = 'ABCkjhl';
% 连接 str1 和 str2 为行向量
>> newstr1 = strcat(str1,str2)
newstr1 =
abcdefghijklmn
% 连接 str1,str2 和 str3 为列向量
>> newstr2 = strvcat(str1,str2,str3)
newstr2 =
abcdefg
hijklmn
abckjhl
% 在 newstr2 中查找以'abc'开头的各行
>> strmatch('abc',newstr2)
ans =
     1
     3
% 比较字符串 str1 和 str4 的前三个字符,区分字符的大小写
>> strncmp(str1,str4,3)
ans =
     0
% 比较字符串 str1 和 str4 的前三个字符,不区分字符的大小写
>> strncmpi(str1,str4,3)
ans =
     1
```

(5) 数字数组和字符串的转换函数

① num2str(A)　　　　将数字或数组 A 转换为字符串(数组)。

② str2num(str)　　　　　将字符串 str 转换为数字或数组。
③ mat2str(A)　　　　　　将数字数组 A 转换成字符串(行向量)。
④ int2str(A)　　　　　　把整数数值或数组转换为整数数字组成的字符串。

【例 2.6-8】 数字数组和字符串的转换。

```
% 创建数字数组 A
>> A = [1 2 3;4 5 6;78 89 10]
A =
     1     2     3
     4     5     6
    78    89    10
% 将数字数组 A 转换为字符数组
>> str = num2str(A)
str =
1   2   3
4   5   6
78  89  10
>> whos str
  Name      Size            Bytes  Class    Attributes
  str       3x10               60  char
% 将字符数组 str 转换为数字数组
>> num = str2num(str)
num =
     1     2     3
     4     5     6
    78    89    10
>> whos num
  Name      Size            Bytes  Class    Attributes
  num       3x3                72  double
% 将数字数组 A 转换为字符串(行向量),向量中的元素包括"["、"]"、";"等字符
>> str2 = mat2str(A)
str2 =
[1 2 3;4 5 6;78 89 10]
>> whos str2
  Name      Size            Bytes  Class    Attributes
  str2      1x22               44  char
```

(6) 其他常用字符串操作函数

① blanks(n)　　　　　　返回由 n 个空格组成的字符串。
② deblank(str)　　　　去掉字符串 str 结尾处的空格。
③ strtrim(str)　　　　去掉 str 的开头和结尾的空格、制表符、换行符。
④ strread(str)　　　　从字符串中读取格式化的数据。
⑤ lower(str)　　　　　将 str 中的大写字母转换成小写字母。
⑥ upper(str)　　　　　将 str 中的所有字母转换成大写字母。
⑦ isletter(str(i))　　如果 str 中的第 i 个字符是字母,则返回 1,否则返回 0。

⑧ isspace(str)　　　　　返回一个和 str 大小相同的向量。如果在 str 中的某个位置为空格、制表符或换行符,则向量的相应位置元素为 1,否则为 0。

⑨ strcmp(str1,str2)　　比较字符串 str1 和 str2,若相等则返回 1,否则返回 0。区分大小写。

⑩ stricmp(str1,str2)　　比较字符串 str1 和 str2,若相等则返回 1,否则返回 0。不区分大小写。

⑪ findstr(str1,str2)　　返回一个向量,包含 str1 中出现子串 str2 的起始位置。

⑫ strfind(str,patten)　　查找 str 中是否有字符串 pattern,返回字符串出现的位置。

⑬ strrep(str1,str2,str3)　把 str1 中含有 str2 的所有位置用 str3 来代替。

⑭ lasterr　　　　　　　返回上一个错误信息的字符串。

⑮ lastwarn　　　　　　返回上一个警告信息的字符串。

▲【例 2.6-9】 字符串中字符的大小写转换。

```
>> str = 'matlab'
str =
matlab
>> str1 = upper(str)
str1 =
MATLAB
>> str = lower(str1)
str =
matlab
```

▲【例 2.6-10】 查找在 str1 中出现 str2 的位置。

```
>> str1 = 'abcdefg';str2 = 'cdf';
>> findstr(str1,str2)
ans =
     []
>> str1 = 'abcdefg';str2 = 'cd';
>> findstr(str1,str2)
ans =
     3
```

2.7 技巧14:判断函数的使用方法

2.7.1 技巧用途

MATLAB 提供了众多的判断函数,用来判断某一变量或某一对象是否满足某些条件,然后根据这些条件分别对变量或对象进行相应的操作。

下面详细介绍这些判断函数的使用方法。

2.7.2 技巧实现

(1) isappdata(h,name)函数

判断句柄 h 所指定的对象中是否存在名称为 name 的应用程序数据。h 为对象的句柄，name 是与该对象相关联的应用程序数据的名称。如果存在以 name 为名称的应用程序数据，则返回 1；否则，返回 0。

【例 2.7-1】 判断输入变量是否为应用程序数据。

```
% 创建 figure 对象
h = gcf;
value = rand(3);
% 设置应用程序数据,名称为 mydata
setappdata(h,'myappdata',value);
% 判断 myappdata 是否是应用程序数据
tf = isappdata(h,'myappdata')
tf =
     1
```

tf 的返回值为 1，表示 myappdata 是与当前窗口相关联的应用程序数据。

(2) iscell(A)函数

判断输入变量 A 是否为元胞数组，如果是，则返回 1；否则，返回 0。

【例 2.7-2】 判断输入变量是否为元胞数组。

```
A{1,1} = [1 4 3;0 5 8;7 2 9];
A{1,2} = 'Anne Smith';
A{2,1} = 3 + 7i;
A{2,2} = -pi:pi/10:pi;
iscell(A)
ans =
     1
```

(3) iscellstr(A)函数

判断输入变量 A 是否为包含字符串的元胞数组，如果是，则返回 1；否则，返回 0。

【例 2.7-3】 判断输入变量是否为包含字符串的元胞数组。

```
A{1,1} = 'Thomas Lee';
A{1,2} = 'Marketing';
A{2,1} = 'Allison Jones';
A{2,2} = 'Development';
iscellstr(A)
ans =
     1
```

(4) ischar(A)函数

判断输入变量 A 是否为字符数组，如果是，则返回 1；否则，返回 0。

【例 2.7-4】 判断输入变量是否为字符数组。

```
% 双精度数字数组
C{1,1} = magic(3);
% 字符数组
C{1,2} = 'John Doe';
% 复数数组
C{1,3} = 2 + 4i;
>> C
C =
    [3x3 double]    'John Doe'    [2.0000 + 4.0000i]
% ischar 函数返回值表明只有 C{1,2}是字符数组
for k = 1:3
x(k) = ischar(C{1,k});
end
x
x =
     0     1     0
```

(5) isdir('A')函数

判断输入值是否是文件夹,如果是,则返回 1;否则,返回 0。

【注】 判断输入值 A 是否为真实存在于用户的计算机中的文件夹,如果是,返回 1;否则,返回 0。

【例 2.7 - 5】 判断输入变量是否为文件夹名称。

```
>> tf = isdir('D:\work')
tf =
     1
```

(6) isempty(A)函数

判断输入数组 A 是否为空,如果是,则返回 1;否则,返回 0。

【例 2.7 - 6】 判断输入数组是否为空。

```
% A 为 2×3 的随机矩阵
A = rand(2,3);
% B 为空
B = [];
tf1 = isempty(A)
tf2 = isempty(B)
tf1 =
     0
tf2 =
     1
```

(7) isequal(A,B,…)函数

判断输入数组 A,B…的值是否相等。A、B…必须是同类型的相同大小的数组。

【例 2.7 - 7】 判断输入的两个数组的值是否相等。

```
A = [1 2 3;4 5 6];
B = [7 8 9;10 11 12];
tf1 = isequal(A,B)
tf1 =
     0
```

(8) isfield(S, 'fieldname')函数

判断结构体 S 中是否包含 fieldname 所表示的字段。如果包含,则返回 1;否则,返回 0。

【例 2.7-8】 判断结构体中是否包含指定的字段。

```
patient.name = 'John Doe';
patient.billing = 127.00;
% billing 为结构体 patient 中的字段
isfield(patient,'billing')
ans =
     1
```

(9) isfinite(A)函数

返回与数组 A 相同大小的数组。如果数组元素为有限值,则返回结果相应位置的值为 1;若数组元素的值为无穷大或 NaN,则返回结果相应位置的值为 0。

【例 2.7-9】 判断数组的元素是否为无穷大或 NaN。

```
% 定义数组 a
a = [-2   -1   0   1   2];
% 将 1 除以数组 a 中的每一个元素,则相除的结果中的第三个元素为无穷大
isfinite(1./a)
ans =
     1    1    0    1    1
% 将 0 除以数组 a 中的每一个元素,则相除的结果中的第三个元素为 NaN
isfinite(0./a)
ans =
     1    1    0    1    1
```

(10) ishandle(H)函数

判断输入数组的各元素是否是有效的图形对象的句柄,如果是,则其值为 1;否则,其值为 0。

【例 2.7-10】 判断输入变量是否为有效的图形对象的句柄。

```
% 获取当前图形对象的句柄
h = gcf;
% 判断 h 是否为有效的图形对象的句柄
tf1 = ishandle(h)
% 关闭图形,这时句柄 h 变为无效
close all
% 再次判断 h 是否为有效的图形对象的句柄
tf2 = ishandle(h)
tf1 =
     1
```

```
tf2 =
    0
```

(11) isglobal(A)函数

判断输入变量 A 是否是全局变量。如果是,则返回 1;否则,返回 0。

【例 2.7 - 11】 判断输入变量是否为全局变量。

```
% 定义全局变量 A
global A
A = 100;
% 判断 A 是否为全局变量
isglobal(A)
ans =
    1
```

【注】 isglobal 函数已过时,将停止使用。以后版本的 MATLAB 将要求用户在使用变量之前将该变量声明为全局变量。用户可以使用~isempty(whos('global','A'))来代替上述的 isglobal(A)。

(12) iskeyword('str')函数

判断 str 是否为 MATLAB 的关键字。要得到 MATLAB 中的关键字,在命令行窗口中输入 iskeyword 命令,可以得到 MATLAB 中的所有关键字:

'break'、'case'、'catch'、'classdef'、'continue'、'else'、'elseif'、'end'、'for'、'function'、'global'、'if'、'otherwise'、'parfor'、'persistent'、'return'、'switch'、'try'、'while'。

(13) isstruct(A)

判断输入数组 A 是否是结构数组。如果是,则返回 1;否则返回 0。

【例 2.7 - 12】 判断输入变量是否为结构数组。

```
% 定义结构数组 patient,并赋值
patient.name = 'John Doe';
patient.billing = 127.00;
% 判断 patient 是否为结构数组
isstruct(patient)
ans =
    1
```

(14) isnumeric(A) 函数

判断输入数组 A 是否是数字数组。如果是,则返回 1;否则,返回 0。

【例 2.7 - 13】 判断输入变量是否为数字数组。

```
% C{1,1}为数字数组
C{1,1} = pi;
% C{1,2}为字符数组
C{1,2} = 'John Doe';
tf1 = isnumeric(C{1,1})
tf2 = isnumeric({1,2})
tf1 =
    1
tf2 =
    0
```

(15) islogical(A)函数

判断输入数组 A 是否为逻辑数组。如果是,则返回 1;否则,返回 0。

【例 2.7-14】 判断输入变量是否是逻辑数组。

```
% ispc 用于检查当前 MATALB 版本是否是基于 PC(Windows)平台的
% 如果是,返回 1;如果不是,返回 0
C{1,1} = ispc;
C{1,2} = 'John Doe';
tf1 = islogical(C{1,1})
tf2 = islogical({1,2})
tf1 =
    1
tf2 =
    0
```

(16) ismember(A,S)函数

判断数组 A 中的元素是否存在于数组 S 中。如果是,则返回 1;否则,返回 0。

【例 2.7-15】 判断一个数组中的元素是否存在于另一个数组中。

```
set = [0 2 4 6 8 10 12 14 16 18 20];
A = [1;2;3;4;5];
ismember(A, set)
ans =
    0
    1
    0
    1
    0
```

(17) isnan(A)函数

判断数组 A 中的元素是否为 NaN。如果是,则返回 1;否则,返回 0。

【例 2.7-16】 判断输入数组中的元素是否为 NaN。

```
a = [-2  -1  0  1  2];
% 0./a 后得到数组[0 0 NaN 0 0]
isnan(0./a)
ans =
    0  0  1  0  0
```

(18) isreal(A)函数

判断输入 A 是否为实数数组。如果是,则返回 1;否则,返回 0。

【例 2.7-17】 判断输入变量是否为实数。

```
% x 为实数矩阵
x = magic(3);
% y 为复数矩阵
y = complex(x);
isreal(x)
ans =
```

```
        1
isreal(y)
ans =
        0
```

(19) isscalar(A)函数

判断输入 A 是否为标量。如果是,则返回 1;否则,返回 0。

【例 2.7-18】 判断输入变量是否为标量。

```
% A 是一维数组
A = rand(5);
isscalar(A)
ans =
        0
% A(3,2)是标量
isscalar(A(3,2))
ans =
        1
```

(20) issorted(A)函数

判断输入数组元素是否是有序(升序或降序)排列。如果是,则返回 1;否则,返回 0。

【例 2.7-19】 判断输入数组中的元素是否是有序排列。

```
% A 中的元素按照从小到大的顺序排列
A = [5 12 33 39 78 90 95 107 128 131];
issorted(A)
ans =
        1
```

(21) isvalid(serial)函数

判断串行端口对象是否有效。如果有效,则返回 1;否则,返回 0。

【例 2.7-20】 判断串口对象是否有效。

```
% 创建串口对象 COM1 和 COM2
s1 = serial('COM1');
s2 = serial('COM2');
% 删除 COM2
delete(s2)
% s1 s2 组成一维数组
sarray = [s1 s2];
isvalid(sarray)
ans =
        1    0
```

2.8 技巧15：varargin、varargout、nargin和nargout的使用方法

2.8.1 技巧用途

函数是MATLAB中的一个重要的编程要素。在MATLAB中，用户可以根据需要编写自定义的函数。自定义函数时用户可以选择带或不带输入和输出参数（或返回参数）。一般情况下，为了便于与其他程序进行数据交换和共享，自定义函数最好带输入和输出参数。

如果函数的输入和输出参数的个数是确定的，可以很容易声明和定义函数。如果函数的输入和输出参数个数是不确定的，在声明和定义函数时就需要一些技巧。为了满足用户的这种需求，MATLAB语言提供了varargin、varargout、nargin和nargout等预定义的参数。利用这些预定义的参数，用户就能非常容易地处理函数的输入和输出参数不确定的情况。

2.8.2 技巧实现

(1) 函数的输入和输出参数个数确定的情况

在这种情况下，用户可以按照如下方式来定义函数：

```
function [out1 out2 out3] = myfun(in1,in2)
out2 = in1 * in2;
out3 = 10;
out1 = in1.^2;
```

函数带有2个输入参数和3个输出参数，虽然在函数体内，变量的计算顺序是out2、out3和out1，但函数的返回顺序是out1、out2和out3，与返回参数在函数体内的计算顺序无关。

【注】 以上示例中，函数的返回参数之间是以空格隔开的（如[out1 out2 out3]），用户在实际使用时，最好在函数的返回参数之间以逗号(,)隔开（如[out1,out2,out3]）。

此外，实际调用函数时，其返回参数的个数可以少于函数定义的返回参数的个数，如：函数myfun可以返回1个参数、2个参数或3个参数。下面举例说明。

【例2.8-1】 有关函数myfun的返回值问题。

```
% 调用时无返回参数,这时函数默认返回第1个输出参数的值
>> myfun(20,30)
ans =
    400
% 调用时带1个返回参数,返回第1个输出参数的值
>> [value1] = myfun(20,30)
value1 =
    400
% 调用时带2个返回参数,返回前2个输出参数的值
>> [value1 value2] = myfun(20,30)
value1 =
    400
value2 =
    600
```

```
% 调用时带 3 个返回参数,返回全部输出参数的值
>> [value1 value2 value3] = myfun(20,30)
value1 =
    400
value2 =
    600
value3 =
    10
```

(2) 函数的输入和输出参数个数不确定的情况

在这种情况下,MATLAB 语言可以使用 varargin 和 varargout 结构来定义函数的输入和输出参数,并使用 nargin 和 nargout 来获取函数调用时输入参数和输出参数的个数。

1) varargin 和 varargout

利用 varargin 和 varargout 可以向函数传递任意数目的输入参数和输出参数。

varargin(variable length input argument list)和 varargout(variable length output argument list)都是可变长度的元胞数组,是 MATLAB 预定义的专用参数,可以分别用来存储函数的输入参数和输出参数,它们在函数的输入和输出参数个数不确定的情况下使用。

使用 varargin 有两种情况:function myfun(varargin)、function myfun(in1,in2,varargin)。

在第 1 种情况下,函数被调用时,MATLAB 使用 varargin{1}来接收函数的第 1 个输入值,用 varargin{2}来接收函数的第 2 个输入值,依此类推。

在第 2 种情况下,函数的第 1 个和第 2 个输入值由 in1 和 in2 来接收,varargin{1}接收函数的第 3 个输入值,varargin{2}接收函数的第 4 个输入值,依此类推。

同样,使用 varargout 也有两种情况:function varargout = myfun(in1,in2,…)、function [out1 out2 varargout] = myfun(in1,in2,…)。

在第 1 种情况下,函数被调用时,MATLAB 使用 varargout{1}来接收第 1 个返回值,用 varargout{2}来接收第 2 个返回值,依此类推。

在第 2 种情况下,函数被调用时,MATLAB 使用 out1 和 out2 来接收第 1 个和第 2 个返回值,用 varargout{1}来接收第 3 个返回值,用 varargout{2}来接收第 4 个返回值,依此类推。

【注】 varargin 和 varargout 只用于包含可选参数的函数当中。在声明时,varargin 和 varargout 必须作为最后一个参数声明,在声明中必须小写。正确的使用格式如下:

function [out1,out2,varargout] = myfunc(in1,in2,varargin)

要取得 varargin 和 varargout 中的参数,可以使用 varargin{1}、varargin{2}、varargout{1}、varargout{2}等。

2) nargin 和 nargout

在一个函数 M 文件内,调用 nargin 或 nargout 可以确定用户调用函数时设置了多少个输入参数和输出参数。

nargin 和 nargout 可以带有一个输入参数,该输入参数是一个函数名,用来确定该函数的输入和输出参数的个数,如 nargin(fun)和 nargout(fun)。

◆【例 2.8 - 2】 简介 nargin 和 varargin 的使用方法。

```
% 定义函数 vartest,带两个独立输入参数和一个 varargin 数组
function vartest(argA, argB, varargin)
```

```
% 取得 varargin 中元素(输入值)的个数
optargin = size(varargin,2);
% 由 nargin 得到函数总的输入值的个数,从而求得在独立参数中的输入值的个数
stdargin = nargin - optargin;
fprintf('函数的输入值的个数为: % d\n', nargin)
fprintf('独立参数中的输入值( % d):\n', stdargin)
if stdargin >= 1
    fprintf('        % d\n', argA)
end
if stdargin == 2
    fprintf('        % d\n', argB)
end
fprintf('varargin 中包含的输入值( % d):\n', optargin)
for k = 1 : size(varargin,2)
    fprintf('        % d\n', varargin{k})
end
```

将上述代码保存为函数 M 文件,文件名为 vartest.m,然后在命令窗口中调用,结果如下:

```
>> vartest(10,20,30,40,50,60,70)
函数的输入值的个数为: 7
独立参数中的输入值(2):
        10
        20
varargin 中包含的输入值(5):
        30
        40
        50
        60
        70
```

【例 2.8-3】 简介 nargout 和 varargout 的使用方法。

定义函数 mysize,该函数用来求得输入数组的大小,并返回这些信息。

```
function [s,varargout] = mysize(x)
% 调用 nargout 命令取得调用函数时返回参数的个数
out1 = nargout;
% 确定 varargout 中元素的个数
nout = max(out1,1) - 1;
% 将输入数组的行数和列数组成的数组赋值给输出参数 s
s = size(x);
% 分别将输入数组的行数和列数保存到 varargout 中
for k = 1:nout
    varargout(k) = {s(k)};
end
```

在命令窗口中调用 mysize 函数,结果如下:

```
>> [s,rows,cols] = mysize([1 2 3;3 4 5])
s =
     2     3
rows =
     2
cols =
     3
```

【例 2.8-4】 函数名作为 nargin 和 nargout 的输入参数。

如果将函数名作为 nargin 和 nargout 的输入参数,则返回的是函数定义的输入参数和输出参数的个数,即函数的形参的个数。

定义函数 myfunc,将其保存为 myfunc.m 文件:

```
function out = myfunc(in1,in2,in3)
num1 = nargin;
num2 = nargout;
```

在命令窗口中调用 nargin 和 nargout,将函数名作为它们的输入参数,结果如下:

```
>> num1 = nargin('myfunc')
num1 =
     3
>> num1 = nargout('myfunc')
num1 =
     1
```

2.9 技巧 16:执行字符串中包含的 MATLAB 表达式

2.9.1 技巧用途

在命令行窗口或 M 文件中,用户可以直接输入或编写包含 MATLAB 函数、变量、数值和操作符的表达式,MATLAB 会直接执行这些表达式。但有时,为了提高程序的自动化运行水平,MATLAB 表达式可能包含在字符串中。例如:用户在程序的界面窗口的编辑框中输入 MATLAB 命令来控制程序的执行;自动生成了包含 load 命令的字符串,用来批量读取 MAT 文件的内容,等。

本节将介绍在 MATLAB 中如何执行这些包含在字符串中的表达式。

2.9.2 技巧实现

MATLAB 提供了 eval、evalc 和 evalin 函数,可以执行字符串中包含的 MATLAB 表达式。

(1) eval 函数

eval 函数的调用格式为:

- **eval(expression)**
- **[a1, a2, a3, ...] = eval('function(var)')**

其中，expression 为包含 MATLAB 表达式的字符串；function 为函数名；var 为函数的输入参数；a1、a2…为函数的输出参数。

(2) evalc 函数

evalc 函数的调用格式为：

- **T = evalc(expression)**
- **[T,a1,a2,a3,...] = evalc(expression)**

evalc 函数与 eval 函数功能基本相同，只是 evalc 函数会把输出到命令窗口中的内容捕获到输出参数 T 中（错误信息除外）。T 中的行信息以字符"\n"来分割。

(3) evalin 函数

evalin 函数的功能是在指定的工作空间中执行有效的 MATLAB 表达式。其调用格式为：

- **evalin(ws, expression)**
- **[a1, a2, a3, ...] = evalin(ws, expression)**

其中，ws 参数用来指定工作空间，其值可以为 'base'（基本工作空间）或 'caller'（函数工作空间）；expression 为包含 MATLAB 表达式的字符串。

evalin 函数的用法见 2.10 节"技巧 17：实现函数 M 文件与基本工作空间中变量的相互调用"。

▲【例 2.9-1】 简介 eval 和 evalc 函数的使用方法。

下面的代码中调用了 eval 函数，用来在窗口中绘制正弦曲线，并添加图例说明。

```
x = 0:pi/50:2 * pi;
str = 'y = sin(x); plot(x,y); legend(''sin(x)'')';
eval(str);
```

程序运行结果如图 2.9-1 所示。

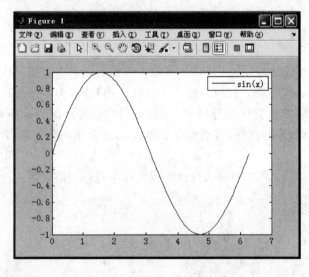

图 2.9-1　eval 执行后的程序界面

字符串中包含多条语句时，语句与语句之间要用逗号","或分号";"来隔开。

若调用 evalc 函数，结果是一致的：

```
x = 0:pi/50:2 * pi;
str = 'y = sin(x),plot(x,y),legend(''sin(x)'');';
T = evalc(str);
>> T
```

【例 2.9-2】 在界面的 Edit 控件中输入函数表达式以及自变量的数值后,在窗口的坐标轴中绘制相应的图形。

① 利用 GUIDE 创建程序的界面窗口,在其中创建 Edit1 控件用于输入函数表达式、Edit2 控件用于输入自变量的数值、Axes 用于绘制图形、Pushbutton 控件用于执行绘图命令。

② 在 plot 按钮的回调函数 Callback 中添加代码,调用 eval 函数进行相应的处理:

```
% 取得 Edit1 的输入,即函数表达式
func = get(handles.edit1,'string');
% 取得 Edit2 的输入,即自变量的值
var = get(handles.edit2,'string');
% 执行 var 的字符串的内容,得到变量的数值
varx = eval(var);
% 用 varx 的值替代 func 中的 x,并计算 func 的数值
a = subs(func,'x',varx);
% 绘图
axes(handles.axes1);
plot(varx,a,' * b');
```

程序运行结果如图 2.9-2 所示。

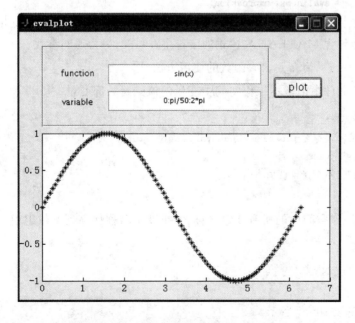

图 2.9-2 例 2.9-2 程序的运行效果图

2.10 技巧17:实现函数M文件与基本工作空间中变量的相互调用

2.10.1 技巧用途

在 MATLAB 中,存在两类工作空间:一类是基本工作空间(base workspace),一类是函数工作空间(caller workspace)。当运行纯脚本的 M 文件时,其运行过程中产生的变量都保存在基本工作空间中,用 save 和 load 命令就可以保存和加载这些变量。而对于函数 M 文件,运行过程中的变量是存储在函数工作空间中的,用户只有在调试模式下才能查看其中的信息,这两类工作空间中的变量是不能直接相互访问的。

在实际的应用中,有时需要从一个工作空间来访问另一个工作空间中的变量。例如:在使用 Simulink 仿真的过程中,仿真的结果输出到了基本工作空间中,用户需要通过图形用户界面来实时显示仿真的结果;在运行完图形用户界面程序后,把程序运行的结果输出到基本工作空间中,以供其他程序使用。

2.10.2 技巧实现

利用 MATLAB 提供的两个函数 evalin 和 assignin 可以实现函数工作空间和基本工作空间中变量的相互调用。

(1) evalin 函数

evalin 在指定的工作空间中执行 MATLAB 命令。利用 evalin 函数可以实现从函数工作空间来访问基本工作空间中的变量。evalin 函数的调用格式为:

- **evalin(ws, expression)**
- **[a1, a2, ...] = evalin(ws, expression)**

其中,ws 为标识工作空间的字符串,其值可以为 'base'(基本工作空间)或 'caller'(函数工作空间);expression 为包含 MATLAB 表达式的字符串;a1、a2、…为返回参数。

【例 2.10 - 1】 简介 evalin 函数的使用方法。

① 在函数 M 文件中把基本工作空间中变量的值赋给局部变量 v。

```
function use_evalin1
% 假设 var 变量已经存在于 base 中,使用 evalin 得到 var 的值
v = evalin('base', 'var');
% 在命令窗口中显示变量 v 的值
disp(v);
```

② 查询基本工作空间中的所有变量名称,并把变量名称保存到 v 数组中。

```
function use_evalin
v = evalin('base', 'who');
disp(v);
```

运行结果如图 2.10 - 1 所示。

【例 2.10 - 2】 调用基本工作空间中的变量在图形窗口中绘制图形。

① 在基本工作空间中产生 x 和 y 两个变量:

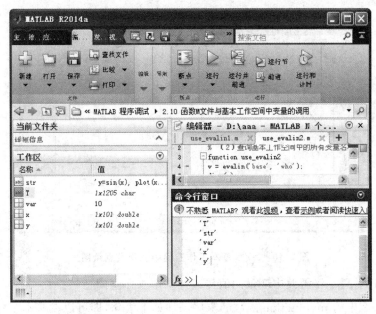

图 2.10-1 evalin 函数的执行结果

```
>> x = 0:pi/50:2 * pi;
>> y = sin(x);
```

② 在函数 M 文件中调用这些数据在界面上绘制曲线。

```
function myfunction
% 创建界面窗口
hf = figure('units','normalized',...
    'name',' 自 base 中调用数据绘图 ',...
    'position',[0.4 0.3 0.4 0.3]);
% 创建坐标轴
haxes = axes('parent',hf,...
    'units','normalized',...
    'position',[0.1 0.1 0.8 0.8]);
% 取得 base 中的 x 和 y 变量的值,保存到 xdata 和 ydata 中
xdata1 = evalin('base','x');
ydata1 = evalin('base','y');
% 在指定的坐标轴中绘图
axes(haxes);
plot(xdata1,ydata1);
```

程序运行的结果如图 2.10-2 所示。

(2) assignin 函数

assignin 将函数 M 文件中变量的值"分配给"指定工作空间中的变量。函数的调用格式如下:

assignin(ws, 'var', val)

其中,ws 为标识工作空间的字符串,其值可以为 'base' 或 'caller';val 为函数 M 文件中的局部变量,var 为指定工作空间 ws 中的变量。若变量 var 在指定的工作空间中不存在,则 MAT-LAB 会自动创建该变量。

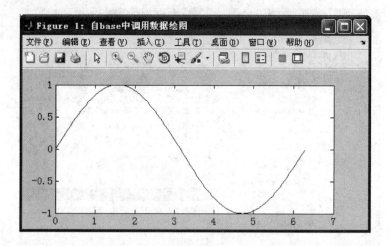

图 2.10-2 自基本工作空间中调用数据绘图

【例 2.10-3】 将函数中变量的值传递到基本工作空间。

在例 2.10-2 中的 myfunction 函数的末尾添加如下语句,即可以在基本工作空间中产生新的变量 valueX 和 valueY,并把函数中的 xdata1 和 ydata1 变量的值赋给 valueX 和 valueY:

```
% 在 base 中创建 valueX 和 valueY 变量,并赋值
assignin('base','valueX',xdata1);
assignin('base','valueY',ydata1);
```

程序运行的结果如图 2.10-3 所示。

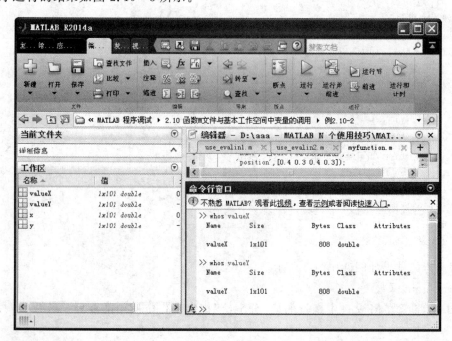

图 2.10-3　assignin 函数运行的结果

【注】 利用 evalin 函数和 assignin 函数,不仅可以实现函数 M 文件与基本工作空间之间的数据传递,还可以实现两个函数 M 文件之间通过基本工作空间来进行数据传递。

2.11 技巧18:调用外部程序打开指定文件

2.11.1 技巧用途

利用 MATLAB 的 Editor 编辑器,用户可以打开 M 文件(*.m)、模型文件(*.mdl)、C/C++文件(*.c、*.cpp、*.h、*.hpp)、XML/HTML 文件(*.xml、*.xsl、*.wsdl、*.html)等。对于像 Word、Excel 文档以及其他扩展名不在此范围的文件,MATLAB 的 Editor 编辑器则不能打开。而有时,用户希望在 MATLAB 环境中通过运行外部程序来打开这些文件,并对文件进行编辑,这时就需要另辟蹊径。

2.11.2 技巧实现

在 MATLAB 中,有 3 种方式可以用来调用外部程序打开指定的文件:
(1) 使用 open 函数

MATLAB 提供了 open 函数,该函数可以根据文件的扩展名来调用相应的外部程序打开文件。open 函数的调用格式为

open('name')

其中,name 为要打开的文件名称,包含文件名和文件扩展名,如 myfile.jpg。

使用 open 函数能打开的文件类型如表 2.11-1 所列。

表 2.11-1 open 函数支持的文件类型

文件类型	描 述
DOC 文件(*.doc*)	在 Microsoft Word 中打开文档
EXE 文件(*.exe)	运行基于 Microsoft Windows 的可执行文件
Figure 文件(*.fig)	调用 MATLAB 应用程序打开 figure 窗口
HTML 文件(*.html,*.htm)	在 MATLAB 浏览器中打开 HTML 文档
M 文件(name.m)	在 MATLAB 编辑器中打开名称为 name 的 M 文件
MAT 文件(name.mat)	打开 .mat 文件,将其中的变量存储到工作空间的结构体中
Model 文件(*.mdl,*.slx)	在 Simulink 环境中打开模型
PDF 文件(*.pdf)	在 Adobe Acrobat 中打开 PDF 文档
PPT 文件(*.ppt*)	在 Microsoft PowerPoint 中打开文档
Project 文件(*.prj)	在 MATLAB Compiler Deployment Tool 中打开项目文件
URL 文件(*.url)	在默认的 Web 浏览器中打开文件
.xls	启动 MATLAB 导入向导
其他的扩展名(name.xxx)	调用用户自定义的助手函数 openxxx 来打开 name.xxx 文件
无扩展名的文件(name)	使用 MATLAB 编辑器打开文件。如果文件不存在,则查看在当前路径或当前目录中是否存在 name.mdl 或 name.m 文件,如果存在,则调用 which('name')返回文件路径,并打开它;如果文件都不存在,则返回出错信息

【例 2.11-1】 打开存在于当前目录下的 copyfile.m 文件。

```
open copyfile.m
```

【例2.11-2】 打开不在当前目录下的文件,这时需要给出文件的完整路径名称。

```
>> value = open('D:\Work\matlab.mat')
value =
        ans: 1
        fig: 1
          X: [367x490 double]
        map: [64x3 double]
    caption: [2x1 char]
```

open 函数打开 MAT 文件后,其返回值(如示例中的 value)是个结构数组,数组中的每个字段的域名对应工作空间中的一个变量名称,域值为对应的变量的值。

【例2.11-3】 打开不带文件扩展名的文件。

```
open myfile
```

这时,MATLAB 首先调用 which('name') 函数在 MATLAB 的搜索路径中查找文件。如果文件被找到,则返回文件的完整路径名,并打开相应的文件;如果未找到名字相同的文件,则返回如下信息:

```
错误使用 open (line 102)
未找到文件 'myfile'。
```

【例2.11-4】 打开 MAT 文件。

在命令窗口中输入命令,在基本工作空间中添加变量,然后调用 save 命令保存为 matlab.mat 文件:

```
>> clear
>> a = 10;
>> b = 20;
>> c = rand(5)
>> d.value1 = 10;
>> d.value2 = 20;
>> d.value3 = 30;
>> save
Saving to: matlab.mat
```

调用 open 函数打开 matlab.mat 文件,结果如下:

```
>> returnValue = open('matlab.mat')
returnValue =
    a: 10
    b: 20
    c: [5x5 double]
    d: [1x1 struct]
```

open 函数的返回值保存在 returnValue 结构体中。引用返回的结构体中的变量,并将变量 d 的数值赋给 data 变量：

```
>> data = returnValue.d
data =
    value1: 10
    value2: 20
    value3: 30
```

▲【例 2.11 – 5】 打开当前目录下的 Microsoft Word 文档。

```
open('myfile.doc');
```

▲【例 2.11 – 6】 打开当前目录下的 Microsoft Excel 文档。

```
open('myfile.xls');
```

【注】 open 函数不是调用 Microsoft Excel 程序来打开文件，而是调用 uiimport 命令打开导入工具对话框，将数据从 Excel 电子表格导入到基本工作空间。

（2）使用"!"符号来执行外部命令

用户可以在 MATLAB 控制窗口中来运行外部程序。以英文输入状态的"!"符号为起点，之后的输入内容表示是由操作系统直接调用外壳程序来执行的。

▲【例 2.11 – 7】 打开当前目录下的 1.doc 文件，使用如下命令：

```
!myfile.doc
```

当在 MATLAB 的命令窗口中输入以上命令时，Microsoft Word 程序开始运行，MATLAB 显示 Busy 状态。关闭文件后，程序返回命令行状态。

此外，用户也可以使用"!start *.exe"命令格式来打开文件。文件打开后 MATLAB 就返回，而不是等到关闭文件后才返回。

▲【例 2.11 – 8】 使用"!"符号来执行合适的外部程序。

```
!start notepad.exe 1.txt      % 打开文本文件
!start winword.exe 1.doc      % 打开 word 文档
!start excel.exe 1.xls        % 打开 excel 文档
!start powerpnt.exe 1.ppt     % 打开 powerpoint 文档
```

（3）使用 winopen 函数

MATLAB 提供的 winopen 函数功能非常强大，它可以调用相应的 Windows 应用程序来打开文件。winopen 函数的调用格式如下：

winopen(filename)

其中，filename 为要打开的文件，包括文件名和扩展名。

winopen 函数会触发如下动作：在相应的 Microsoft Windows 应用程序中打开名为 fileName 的文件。filename 是使用单引号括起来的字符串。winopen 函数使用相应的 Windows 外壳命令，执行与用户在 Windows 资源管理器中双击该文件相同的动作。也就是说，winopen 函数使用与文件的扩展名相关联的应用程序来打开文件。如果 filename 不在当前目录下，则需要使用文件的绝对路径名称。

▲【例 2.11 – 9】 使用 winopen 函数打开当前目录下的文件。

```
winopen('myfile.doc');
```

【例 2.11 - 10】 若打开的文件不在当前目录下，需要给出文件完整的路径名。

```
winopen('D:\work\myresults.html');
```

【例 2.11 - 11】 在 Microsoft Windows 平台上打开 Windows 资源管理器，并显示当前文件夹中的内容。

```
winopen(cd)
```

2.12 技巧 19：在 MATLAB 程序中操作系统剪贴板

2.12.1 技巧用途

利用 Microsoft Windows 系统提供的剪贴板，可以对文本、图片等内容进行复制、粘贴和移动等操作。利用"剪贴薄查看器"，可以查看文本、图片等多类内容。

MATLAB 提供了用于操作系统剪贴板的程序，允许用户将文本、图片等内容复制到剪贴板。利用系统剪贴板，可以将在 MATLAB 中绘制的图形复制到剪贴板，也可以利用剪贴板在不同应用程序之间进行文本信息的交换。

2.12.2 技巧实现

MATLAB 提供了 clipboard 函数，用于将文本信息复制到系统剪贴板或者从粘贴板中粘贴信息。clipboard 函数的调用格式为：

- **clipboard('copy', data)**

将变量 data 中的内容复制到剪贴板，data 的数据格式为字符串或数字数组。如果 data 是数字数组，则 MATLAB 自动调用 mat2str 函数进行转换。

- **str = clipboard('paste')**

返回剪贴板中的字符串。如果剪贴板中的内容不能转换为字符串，则 str 的内容为 ''（空）。

- **data = clipboard('pastespecial')**

调用 uiimport 命令打开如图 2.12 - 1 所示的界面，并返回剪贴板中的内容。

此外，MATLAB 还提供了 hgexport 函数，用来将 figure 窗口的内容写入剪贴板。该函数的调用格式为：

- **hgexport(h,'-clipboard')**

其中，h 是 figure 的句柄。

下面举例说明在 MATLAB 程序中操作剪贴板的方法。

【例 2.12 - 1】 将字符串复制到剪贴板。

```
% 定义字符串变量 daya
data = '将字符串内容复制到粘贴板';
% 将字符串复制到剪贴板
clipboard('copy', data);
% 得到粘贴板中的字符串
```

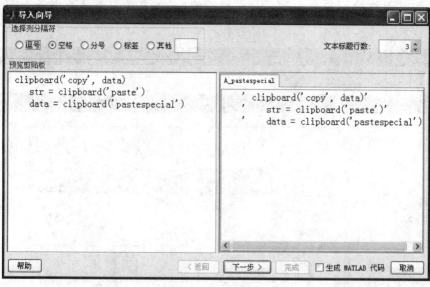

图 2.12-1 uiimport 界面

```
str = clipboard('paste');
str =
将字符串内容复制到剪贴板
```

利用"剪贴簿查看器"可以查看剪贴板中的内容,如图 2.12-2 所示。"剪贴簿查看器"程序在 C:/Windows/system32/clipbrd.exe 路径下。

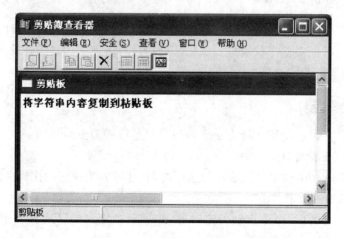

图 2.12-2 "剪贴簿查看器"中的文本内容

【例 2.12-2】 将 figure 窗口的内容复制到剪贴板。

```
% 创建 figure 对象,返回句柄
hf = figure(1);
% 在 figure 中绘制图形
plot(peaks);
% 将 figure 窗口的内容复制到剪贴板
hgexport(hf,'-clipboard');
```

以上示例以图片的形式来复制 figure 窗口的内容。在"剪贴簿查看器"中的内容如图 2.12-3 所示。

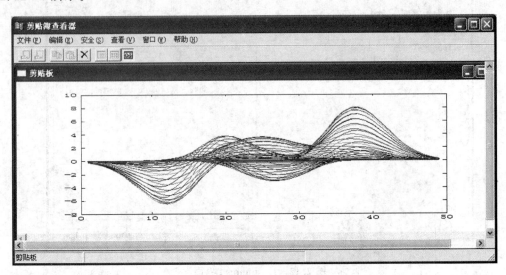

图 2.12-3　"剪贴簿查看器"中的图片内容

2.13　技巧 20：计算程序运行所需的时间

2.13.1　技巧用途

在使用 MATLAB 进行科学计算时，用户有时需要了解程序运行所花费的时间，以此来评价程序的执行效率，从而对程序代码进行优化。特别是对于大型项目的开发来说，得到程序运行所需要的时间就显得非常重要。

2.13.2　技巧实现

在 MATLAB 中，可以使用 3 种方法来得到程序运行所需要的时间。

1. 使用 tic 和 toc 命令

将 tic 和 toc 命令相结合来得到程序的运行时间，这种方法使用的比较多。

① tic 命令：启动一个定时器。

② toc 命令：停止由 tic 命令启动的定时器，并显示自定时器开启到当前所经历的时间。

若定时器没有运行，则 toc 命令返回 0 值。

【例 2.13-1】　使用 tic 和 toc 来计算程序运行的时间。

```
% 启动定时器
tic;
% 运行程序代码
figure(1);
surf(peaks(40));
% 代码执行完毕,停止定时器,得到运行时间
t = toc;
```

```
disp(t);
```

程序运行后,在命令窗口中显示运行时间:

```
>> example2_13_1
    0.1628
```

程序运行的界面如图 2.13-1 所示。

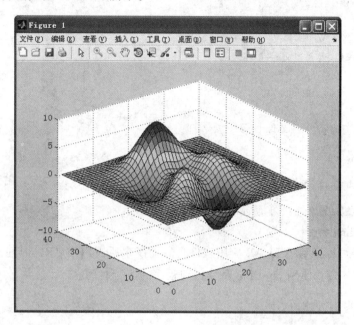

图 2.13-1 程序运行效果

2. 使用 clock 和 etime 命令

1) clock 命令

返回用十进制数表示日期和时间的具有 6 个元素的行向量,其返回值形式为[year month day hour minute seconds],其中前 5 个元素为整型,seconds 可以精确到小数点后几位。

【例 2.13-2】 简介 clock 命令的使用方法。

在命令窗口中输入 t1=clock,得到如下结果:

```
>> format short g
>> t1 = clock
>> t1
t1 =
    2015    4    2    0    39    30.546
```

即当前时间为:2015 年 4 月 2 日 0 点 39 分 30.546 秒。

【例 2.13-3】 使用 fix 函数来得到整型的时间。

```
>> fix(t1)
ans =
    2015    4    2    0    39    30
```

2）etime(t1,t2)命令

计算 t1 和 t2 时间间隔内所消耗的时间，以秒为单位。

【例 2.13 - 4】 使用 clock 和 etime 命令得到程序运行时间。

```
% 得到当前时间
t1 = clock;
% 运行程序代码
figure(1);
surf(peaks(40));
% 程序运行完毕后,得到当前时间
t2 = clock;
% 计算 t1 和 t2 之间的时间差
t = etime(t2,t1);
disp(['程序运行时间为：',num2str(t),'秒']);
```

程序运行结果为：

```
程序运行时间为：0.062 秒
```

程序运行效果如图 2.13 - 1 所示。

3. 使用 cputime 命令

cputime 命令可返回 MATLAB 应用软件自启动以来所占用的 CPU 时间。

【例 2.13 - 5】 使用 cputime 命令得到程序的运行时间。

```
% 得到当前总共占用的 CPU 时间
t1 = cputime;
% 运行程序代码
figure(1);
surf(peaks(40));
% 计算程序运行的时间
t = cputime - t1;
```

当用户想得到程序的运行时间时，建议使用 tic 和 toc。因为第 2 和第 3 种方法是基于系统时间来计算程序运行的时间的，由于操作系统可能会周期性地调整系统时间，因此这两种方法所求得的程序运行时间有可能不准确。

2.14 技巧 21：动画的制作和保存

2.14.1 技巧用途

借助于动画技术，用户可以将 MATLAB 程序的运行过程以动画的形式来显示，从而直观地了解程序的运行，并能观察到程序运行每一步的结果，有助于用户对程序代码进行完善和改进。

2.14.2 技巧实现

在 MATLAB 中有 3 种方法来创建动画：

① 以质点运动轨迹的方式来创建动画。

② 在绘图过程中不断抓取一系列的图片并保存,然后再在后台连续播放这些图片。这种方式称为"影片模式"。

③ 在界面上不断擦除已绘制的图形,并绘制新的图形,在每一次重绘过程中体现对象的微小变化,从而形成动画的效果。这种方式称为"擦除模式"。

1. 质点运动轨迹的方式

质点运动轨迹的方式是在程序中调用 MATLAB 提供的 comet 或 comet3 函数来生成动画效果。comet 函数用于二维绘图,comet3 函数用于三维绘图。

【例 2.14 - 1】 显示质点的匀速圆周运动。

```
%生成角度向量
theta = 0:0.001:2*pi;
%定义圆的半径
r = 10;
%生成圆上各点的横纵坐标
x = r*cos(theta);
y = r*sin(theta);
%屏蔽窗口右上角的关闭按钮的功能,在动画显示过程中不允许关闭窗口,防止误操作
set(gcf,'closerequestfcn','');
comet(x,y);
%开启窗口右上角的关闭按钮的功能,允许关闭窗口
set(gcf,'closerequestfcn','closereq');
```

生成的动画效果如图 2.14 - 1 所示。

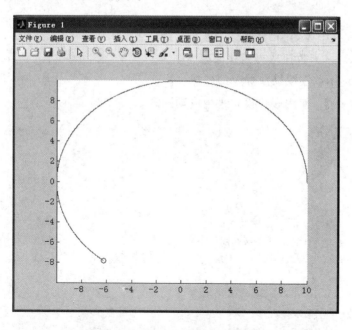

图 2.14 - 1 comet 产生的动画效果

comet3 与 comet 的用法相类似,用 MATLAB 帮助文件中的例子来做简单介绍。

【例 2.14 - 2】 利用 comet3 函数来生成动画。

```
t = -10*pi:pi/250:10*pi;
set(gcf,'closerequestfcn','');
comet3((cos(2*t).^2).*sin(t),(sin(2*t).^2).*cos(t),t);
set(gcf,'closerequestfcn','closereq');
```

生成的动画效果如图 2.14-2 所示。

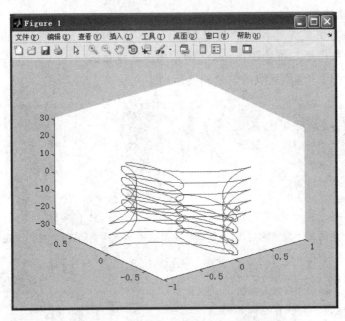

图 2.14-2　comet3 产生的动画效果

2. 影片模式

使用影片模式来生成动画,需要以下 2 个步骤:
① 调用 getframe 函数抓取界面并保存为图像。
② 调用 movie 函数连续播放保存的图像。

【例 2.14-3】　使用影片模式来生成动画。

```
%绘制曲线
clc;clear;
figure(1);
x = 0:pi/50:2*pi;
y = sin(x);
h = plot(x,y);
%保存坐标值,使得所有的帧都显示在同一个坐标轴中
axesValue = axis;
%创建动画
for ii = 1:10
    %在坐标轴中绘制曲线
    for jj = 1:length(x)*ii/10
        set(h,'xdata',x(1:jj),'ydata',y(1:jj),'color','r');
        axis(axesValue);
    end
```

```
    % 抓取界面图像,保存到矩阵 A 中
    A(ii) = getframe;
end
% 连续播放矩阵 A 中的图像两次
movie(A,2);
set(gcf,'closerequestfcn','closereq');
```

生成的动画效果如图 2.14-3 所示。

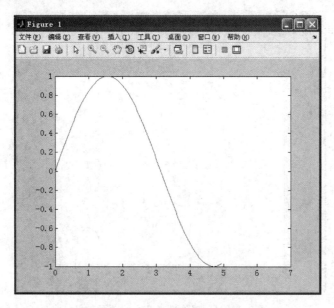

图 2.14-3 影片模式生成的动画效果

3. 擦除模式

使用擦除模式来生成动画需要以下步骤：
① 产生一个图形对象,将其 EraseMode 属性设置为 xor；
② 在循环中改变对象的坐标值（XData、YData、ZData 属性值）,重新绘制图形。
每次循环都调用 drawnow 命令来刷新界面。

【例 2.14-4】 使用擦除模式生成动画。

```
figure(1);
x = 0:pi/50:2 * pi;
y = sin(x);
plot(x,y);
% 产生一个红点,在曲线上移动
h = line(0,0,'color','r','marker','.','markersize',40,'erasemode','xor');
% 取得坐标轴的取值范围
axesValue = axis;
% 创建动画,在曲线上移动红点
set(gcf,'closerequestfcn','')
for jj = 1:length(x)
    set(h,'xdata',x(jj),'ydata',y(jj),'color','r');
```

```
    % 设置坐标轴的范围,以使所有图形的大小相同
axis(axesValue);
    pause(0.2);
    drawnow;
end
set(gcf,'closerequestfcn','closereq')
```

生成的动画效果如图 2.14-4 所示。

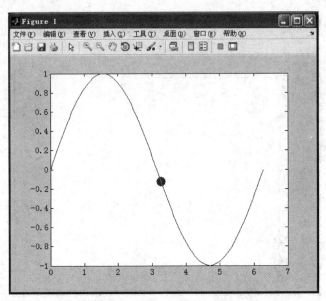

图 2.14-4　擦除模式产生的动画效果

4. 保存动画

MATLAB 动画保存只对由影片模式产生的动画有意义。因为其他两种方法产生的都是实时动画,而影片模式产生的动画是先将动画一帧一帧地保存下来,再使用 movie 函数播放。它的好处是:运行一次 MATLAB 程序就可以播放无数次,只要数据帧仍然存在。但是由于使用 movie 函数播放需要 MATLAB 环境,所以使用还是不方便。

MATLAB 提供了 movie2avi 函数,它可以把动画直接转换成 .avi 文件,而 .avi 文件可以脱离 MATLAB 环境,使用其他播放软件来播放。movie2avi 函数的调用格式为:

movie2avi(mov,filename)

其中,mov 保存由 getframe 函数得到的数据帧;filename 为保存的文件名。

▲【例 2.14-5】　将例 2.14-3 中产生的动画保存到当前文件夹中,文件名称为 myfile.avi。

```
movie2avi(A,'myfile');
```

2.15　技巧22:根据离散点拟合椭圆方程

2.15.1　技巧用途

在工程研究领域(如船体设计),椭圆是最常用的图元之一。如何有效拟合椭圆方程是比

较关键的问题之一。椭圆拟合是个非线性问题,基于 MATLAB 的最小二乘函数可以对模型参数进行拟合,根据离散点拟合椭圆曲线,得到椭圆方程。

2.15.2 技巧实现

1. 相关知识

椭圆拟合的基本思想:给定一组数据点,寻找一个椭圆,使得数据点到这个椭圆的距离和最小。

圆锥方程的表达式为

$$ax^2 + bxy + cy^2 + dx + ey + f = 0$$

将此公式进一步表示成

$$Ax^2 + Bxy + Cy^2 + D = 0$$

要拟合椭圆,就是在最小二乘方法下求出方程 $Ax^2+Bxy+Cy^2+D=0$ 中的系数 A、B、C、D,使得

$$\min \sum_{i=1}^{m}(Ax_i^2 + Bx_iy_i + Cy_i + D - f_i^2)$$

成立,其中 $i=1,2,\cdots,m$ 为测量数据。

2. 利用 nlinfit 函数来拟合系数

椭圆拟合本质上就是求解一个非线性最小二乘问题。在 MATLAB 中可以采用"统计工具箱"中的 nlinfit 函数来实现,其调用格式如下:

beta = nlinfit(x,y,fun,beta0)

输入:x、y 为待拟合的数据点;fun 为模型函数;beta0 为系数初值。
输出:beta 为拟合系数。

【例 2.15 - 1】 使用 nlinfit 函数来拟合椭圆系数。

```
% 拟合椭圆型曲线段
clc; clear all; close all;
% 圆锥曲线方程
F = @(p,x)p(1) * x(:,1).^2 + p(2) * x(:,1). * x(:,2) + p(3) * x(:,2).^2 + p(4);
% 离散数据点
x = [6.3246,6.9379,7.0875,7.9242,7.8075,7.4144,...
    7.0113,6.9972,5.4084,3.6725,2.0887,0.77134,...
    -0.30409, -1.1955, -1.9562, -2.6275, -3.2407,...
    -3.8200, -4.3847, -4.9512, -5.5328, -6.1370,...
    -6.7579, -7.3536, -7.8009, -7.8436, -7.1336,...
    -6.9397, -5.8234, -4.5284, -3.2401, -2.0724,...
    -1.0584, -0.18885,0.56017,1.2139,1.7943,...
    2.3196,2.8045,3.2607,3.6981,4.1253,4.5594,...
    4.9770,5.4134, 5.8625,6.3246;...
    0,1.1372,1.4598,3.3259,4.4540,6.6544,7.1475,...
    7.1608,7.8789,7.8170,7.3585,6.2585,6.1371,...
    5.5340,4.9541, 4.1894,3.8261,3.2479,2.6352,...
    1.9635,1.2011,0.30584, -0.77674, -2.1060, -3.7068,...
```

```
            -5.4597, -6.2233, -7.2127, -7.7935, -7.9183, -7.7237,...
            -7.3522, -6.5047, -6.4363, -5.9721, -5.5207, -5.0827,...
            -4.6548, -4.2316, -3.3070, -3.3735, -2.9232, -2.4463,...
            -1.9315, -1.3645, -0.72786, 0];
x = x';
p0 = [1 1 1];
% 拟合系数,最小二乘方法
p = nlinfit(x, zeros(size(x,1),1), F, p0);
plot(x(:,1), x(:,2), 'ro'); hold on;
xmin = min(x(:,1)); xmax = max(x(:,1));
ymin = min(x(:,2)); ymax = max(x(:,2));
% 作图
ezplot(@(x,y)F(p,[x,y]), [-1+xmin,1+xmax,-1+ymin,1+ymax]);
title('椭圆曲线拟合'); legend('样本点','拟合曲线');
```

程序运行的结果如图 2.15-1 所示。

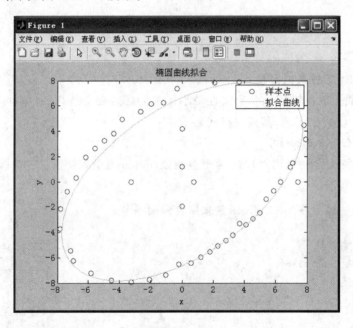

图 2.15-1 利用 nlinfit 函数拟合椭圆方程

2.16 技巧 23：MATLAB 中类的定义及使用

2.16.1 技巧用途

类是一种数据类型。与普通的数据类型不同,类不仅包含数据,还包含对数据的操作。类可以把数据和数据操作方法封装在一起,作为一个整体参与程序的运行。类具有可继承性,创建一个新类时,可以从一个基类中通过添加新的成员来派生出新类。类的实例是动态分配的内存区域,通常称类的实例为"对象"。同一个类可以有不同的实例存在,每个实例都有自己特定的数据,但是数据操作方法是相同的。类的变量可以看作是一个指针,指向类的实例。

在 MATLAB 中，为了更好地进行数据的封装，也定义了类。

2.16.2 技巧实现

1. 建立一个类

通常一个类应该包含 4 个基本的成员函数：

构造函数——与类名相同，可以在其中完成成员初始化的工作；

显示函数——名称为 display，用于显示成员的数据；

赋值函数——名称为 set，用于设置类成员的数值；

取值函数——名称为 get，用于读取类成员的函数。

与 C++中的类的不同之处在于：MATLAB 的类不需要专门的析构函数。如果类用到了一些特殊的资源需要释放，可以编写一个成员函数，比如 classclear，用来释放所占用的资源。

下面用一个简单的例子介绍如何在 MATLAB 中使用类。定义一个名为 list 的类，它有两个数据成员 x 和 y，希望通过一个成员函数 prod() 来获取 x 和 y 的乘积。

类的名称：list。

成员变量：x,y。

成员函数：list(构造函数)、display(显示函数)、get(取值函数)、set(赋值函数)、prod(计算函数)。

2. 程序实现

① 首先在当前工作目录中建立一个 list 子目录：

```
% 建立文件夹
mkdir @list
```

类目录名前面要加上一个字符"@"，这样在该类型的目录里的所有 M 文件，MATLAB 都认为是类的成员函数。

② 编写 5 个成员函数的 M 文件，并保存到@list 目录下：

```
% list.m
function d = list(x,y)
d.x = x;
d.y = y;
d = class(d, 'list');
% display.m
function display(d)
fprintf('list class:\n');
fprintf('x = % d\n', d.x);
fprintf('y = % d\n', d.y);
% get.m
function val = get(d, prop_name)
switch prop_name
    case 'x'
        val = d.x;
    case 'y'
```

```
            val = d.y;
        otherwise
            error([prop_name, 'is not a valid list property']);
end
% set.m
function d = set(d, varargin)
argin = varargin;
while length(argin) >= 2
    prop = argin{1};
    val = argin{2};
    argin = argin(3:end);
    switch prop
        case 'x'
            d.x = val;
        case 'y'
            d.y = val;
        otherwise
            error('Asset properties:x,y');
    end
end
% prod.m
function z = prod(d)
z = d.x * d.y;
```

至此,list 类创建完毕,接下来就可以在 MATLAB 中使用该类。

3. 应用 list 类

根据已经建立的 list 类,在命令窗口中创建该类的对象,并进行测试:

```
% 命令窗口
>> d = list(11, 22)
d =
    list object: 1-by-1
```

```
x = 11
y = 22
>> prod(d)
ans =
    242
```

```
>> d = set(d, 'x', 7);
>> get(d, 'x')
ans =
    7
```

```
>> prod(d)
ans =
    154
```

2.16.3 技巧扩展

MATLAB 中的类对象可以继承其他类对象的属性。当一个子类从父类中继承了属性后，子类将包括父类的所有成员和方法，父类的方法也可以使用子类继承的方法。继承的概念是面向对象编程中的一个重要特性，子类可以很方便地引用父类中已经定义的方法。类的继承有两种方式：简单继承和多重继承。类继承的概念有点类似于嵌套，是指类对象的域中包括另外一个对象的情形。

2.17 技巧24：给控件、菜单、工具栏定义快捷键

2.17.1 技巧用途

快捷键是某些特定的按键、按键顺序或按键组合，可用于完成一个特定操作。快捷键往往与 Ctrl 键、Shift 键、Alt 键、Fn 键以及 Windows 平台下的 Windows 键等配合使用。对一个比较完善的软件来说，快捷键是必需的，这样可以加快操作速度，提高工作效率。

快捷键可以代替鼠标做一些工作，如利用键盘快捷键可以快速触发控件的各种响应事件、菜单功能、工具栏功能等。本节将介绍如何在 MATLAB 程序中为控件、菜单和工具栏定义快捷键。

2.17.2 技巧实现

在 figure 的回调函数中有 4 个按键回调函数，它们可以用来设定快捷键，如表 2.17-1 所列。

表 2.17-1 figure 中按键回调函数

句柄函数名	使用说明
WindowKeyPressFcn	当焦点在 figure 上或它的任何组件上时，按下任意键执行该函数
WindowKeyReleaseFcn	当焦点在 figure 上或它的任何组件上时，释放任意键执行该函数
KeyPressFcn	当焦点在 figure 上而不是在它的任何组件上时，按下任意键执行该函数
KeyReleaseFcn	当焦点在 figure 上而不是在它的任何组件上时，释放任意键执行该函数

当焦点在 figure 上时，这 4 个回调函数的执行顺序依次是：WindowKeyPressFcn、KeyPressFcn、KeyReleaseFcn、WindowKeyReleaseFcn。

这些按键回调函数均有 hObject、eventdata、handles 这 3 个输入参数，各参数的说明如表 2.17-2 所列。

表 2.17-2 figure 中按键回调函数输入参数

输入参数	说明
hObject	表示当前是 figure 对象的句柄
eventdata	是一个包含 Key、Character 和 Modifier 这 3 个字段的结构体
handles	GUI 数据，包含所有对象信息和用户数据的结构体

其中，eventdata 参数里有 3 个字段，3 个字段的说明如表 2.17-3 所列。

表 2.17-3　eventdata 字段的说明

字　段	说　明
Key	被按下键的键名（小写字母）
Character	被按下键的键符解释
Modifier	被按下的辅助键的键名（例如 Ctrl、Shift、Alt）

例如，figure1_WindowKeyPressFcn 函数：

① 当焦点定位在 GUI figure 上时，在键盘上按下"]"键，这时 eventdata 的 3 个字段是：

　　Character：']'
　　　Modifier：{1x0 cell}
　　　　　Key：'rightbracket'

"]"的键符是"]"，键名是 'rightbracket'，因为没有按辅助键，所以 Modifier 为空。

② 当焦点定位在 GUI figure 上时，在键盘上按下组合键"Ctrl"+"="，这时 eventdata 的 3 个字段是：

　　Character：'='
　　　Modifier：{'control'}
　　　　　Key：'equal'

因为按下了辅助键 Ctrl，所以这时的 Modifier 为 'control'。

根据按键回调函数中 eventdata 的 3 个字段值，可以设定自定义的快捷键。例如设定单个辅助键时，可以在对应的回调函数下按照如下模式设定快捷键：

```
if isempty(eventdata.Modifier)      % 判断是否有辅助键
    ctrl = '';
else
    ctrl = eventdata.Modifier{1};   % 有，则取出辅助键
end
key = eventdata.Key;                % 提取键名
switch ctrl
    case 'control'
        switch key
            case 'a'      % ctrl + a
                ...       % 写要触发的功能
            case 'b'      % ctrl + b
                ...
            otherwise
                ...
        end
    case 'shift'
        ...
        ...
end
```

上面介绍的是 figure 上的按键回调函数。每个控件都存在各自的按键回调函数，如 Push

Button、Slider、Radio Button、Check Box、Edit Text、Pop-up Menu、Listbox、Toggle Button、Table 9个组件均有一个按键回调函数 KeyPressFcn,其函数名为：组件的 Tag 值+"_KeyPressFcn"。当输入焦点在该组件上而不在其上的任何其他组件上时,按下任意键执行该回调函数。

组件的按键回调函数的输入参数与 figure 的按键回调函数的输入参数一致。

1. 简单 GUI(带控件、菜单和工具栏)

【例 2.17-1】 创建一个没有添加快捷键的简单 GUI,运行的主界面如图 2.17-1 所示。

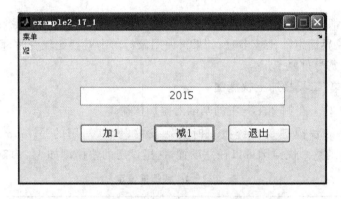

图 2.17-1 添加快捷键前的简单 GUI 界面

界面上含 3 个 Push Button、1 个 Edit Text、1 个菜单(菜单→除 2 取整)以及 1 个 toolbar (只含 1 个下压按钮 Push Tool)。

GUI 实现功能：

① 单击"加 1"按钮,Edit Text 中的数据进行加 1 操作；
② 单击"减 1"按钮,Edit Text 中的数据进行减 1 操作；
③ 单击"退出"按钮,退出 GUI；
④ 单击"菜单→除 2 取整",Edit Text 中的数据进行除 2 再取整操作；
⑤ 单击工具条中的"×2"图标,Edit Text 中的数据进行乘 2 操作。

对应的实现程序为：

(1) "加 1"程序

```
function pushbutton1_Callback(hObject, eventdata, handles)
N = str2double(get(handles.edit1,'string'));
set(handles.edit1,'string',num2str(N+1));
```

(2) "减 1"程序

```
function pushbutton2_Callback(hObject, eventdata, handles)
N = str2double(get(handles.edit1,'string'));
set(handles.edit1,'string',num2str(N-1));
```

(3) "退出"GUI 程序

```
function pushbutton3_Callback(hObject, eventdata, handles)
close(gcf)
```

(4)"除 2 取整"程序

```
function uimenu_Callback(hObject, eventdata, handles)
N = str2double(get(handles.edit1,'string'));
set(handles.edit1,'string',num2str(floor(N/2)));
```

(5)"乘 2"程序

```
function uipushtool1_ClickedCallback(hObject, eventdata, handles)
N = str2double(get(handles.edit1,'string'));
set(handles.edit1,'string',num2str((N * 2)));
```

现在这些功能都是使用鼠标单击实现的。如果这些功能要进行多次触发,特别是当菜单项、工具栏图标以及界面组件比较多时,如果再使用鼠标单击就会比较费时,而且还容易出错,这时快捷键就显得尤为重要了。

2. 给控件/菜单/工具栏加上快捷键

【例 2.17 - 2】 在例 2.17 - 1 的基础上添加快捷键。

因为这里添加的快捷键是在键按下时就触发的,所以使用的是 figure1_WindowKey-PressFcn 按键回调函数。快捷键可以任意设置,这里设定的快捷键如表 2.17 - 4 所列。

表 2.17 - 4 快捷键设定

功 能	快捷键	功 能	快捷键
"加 1"程序	Ctrl+q	"除 2 取整"程序	Alt+q
"减 1"程序	Ctrl+w	"乘 2"程序	Alt+w
"退出"GUI 程序	Ctrl+e		

为了清楚地知道当前按下的键值,在界面上添加 2 个 Edit Text 来显示当前按下的辅助键和按键,并加入一些标签,新的界面如图 2.17 - 2 所示。

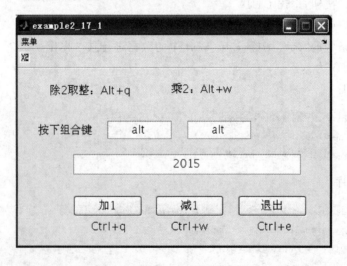

图 2.17 - 2 加入快捷键后的界面

因为图 2.17 - 2 是通过快捷键 Alt+PrScrn 截屏得到的,所以上面显示的快捷键是 alt+alt。控件所对应的快捷键也显示在界面上。

在 figure1_WindowKeyPressFcn 按键回调函数中添加如下代码：

```
function figure1_WindowKeyPressFcn(hObject, eventdata, handles)
if isempty(eventdata.Modifier)
    ctrl = '';
else
    ctrl = eventdata.Modifier{1};
end
key = eventdata.Key;
set(handles.edit2,'string',ctrl)     % 显示辅助键
set(handles.edit3,'string',key)      % 显示按键
switch ctrl
    case 'control'      % 辅助键为 Ctrl 时
        switch key
            case 'q'        % Ctrl + q      +1 操作
                pushbutton1_Callback(handles.pushbutton1,[],handles)
            case 'w'        % Ctrl + w      -1 操作
                pushbutton2_Callback(handles.pushbutton2,[],handles)
            case 'e'        % Ctrl + e      关闭 GUI
                pushbutton3_Callback(handles.pushbutton3,[],handles)
            otherwise

        end
    case 'alt'       % 辅助键为 Alt 时
        switch key
            case 'q'        % Alt + q       ÷2 取整操作
                uimenu_Callback(handles.uimenu, [], handles)
            case 'w'        % Alt + w       ×2 操作
                uipushtool1_ClickedCallback(handles.uipushtool1, [], handles)
            otherwise

        end
    otherwise

end
```

写好程序后，表 2.17 - 4 中的快捷键就生效了。

其中，菜单含有 Accelerator 属性，这个属性是用来设定快捷键的,这时它的辅助键只能是 Ctrl。所以可以直接设定它的 Accelerator 属性来设定快捷键,可以不使用按键回调函数,但是使用按键回调函数时快捷键的选择很多。设定 Accelerator 属性的方法有 3 种：

① 菜单编辑器窗口设定快捷键属性,设定界面如图 2.17 - 3 所示。

② 属性窗口设定 Accelerator 属性。单击图 2.17 - 3 中的"更多属性"按钮,进入 uimenu 的属性窗口,如图 2.17 - 4 所示。在 Accelerator 属性中输入字母 D。

③ 在初始化程序中设定 Accelerator 属性。

```
set(handles.uimenu,'Accelerator','D')
```

图 2.17-3　Menu Editor 窗口设定 Accelerator 属性

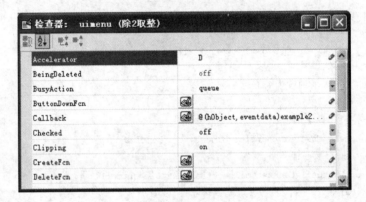

图 2.17-4　属性窗口设定 Accelerator 属性

3. 多辅助键的快捷键

前面给出的实例都是单个辅助键加一个按键组成的快捷键；当需要大量快捷键或者是有特定需要时，可能会用到多个辅助键，就像其他很多软件一样。MATLAB 中也可以自定义实现多个辅助键的快捷键，下面作简单介绍。

当按下 Ctrl+Shift+a 时，eventdata 的 3 个字段分别是：

　　Character：''
　　　Modifier：{'shift'　'control'}
　　　　Key：'a'

当按下 Ctrl+Shift+alt+a 时，eventdata 的 3 个字段分别是：

　　Character：''
　　　Modifier：{'shift'　'control'　'alt'}
　　　　Key：'a'

可以看出，所有的辅助键都保存在 Modifier 字段里，而且 3 个辅助键的排列顺序依次是：

'shift'→'control'→'alt',按键保存在 Key 字段里,所以可以通过如下模式来实现多辅助键的快捷键:

```
% 将辅助键写在一起(形式:shift + control + alt)
ctrl = '';
if ~isempty(eventdata.Modifier)
    for i = 1:length(eventdata.Modifier)
        ctrl = [ctrl,eventdata.Modifier{i},' + '];
    end
end
ctrl = ctrl(1:end - 1);            % 得到辅助键
key = eventdata.Key;               % 按键
switch ctrl
    case 'shift'                   % Shift
        switch key
            case 'a'
                ...
            case 'b'
                ...
            otherwise
                ...
        end
    case 'control'                 % Control
        ...
    case 'alt'                     % Alt
        ...
    case 'shift + control'         % Shift + Control
        ...
    case 'shift + alt'             % Shift + Alt
        ...
    case 'control + alt'           % Control + Alt
        ...
    case 'shift + control + alt'   % Shift + Control + Alt
        ...
end
```

2.18 技巧 25:MATLAB 程序的调试(Debug)

2.18.1 技巧用途

程序调试是程序设计的重要环节,是程序员必须掌握的技能。使用编程环境所提供的调试工具,可以提高编程效率,达到事半功倍的效果。

MATLAB 提供了完整的程序调试功能,使其可以像其他编程语言那样作为一个软件开发环境来使用。MATLAB 中程序的调试包括错误寻找和调试,其错误可以分为语法错误和运行时错误。MATLAB 调试工具可以检查出大部分的语法错误,对于运行时的错误,需要运用一定的调试手段,通过程序的运行来推断。

2.18.2 技巧实现

1. 语法错误的寻找技巧

(1) 高亮和符号匹配

MATLAB 对关键词、字符串、注释等内容高亮显示,对各种括号以及配对使用的关键词进行匹配,这两种功能使用户在编辑代码过程中就可以初步确定是否有语法错误。

① 注释内容默认为绿色,可用于分辨程序和注释本文。

② MATLAB 中关键词默认使用蓝色显示。因此对于用户已知的关键词,如果实际没有高亮显示,那么这里存在用词错误。

③ 完整的字符串,MATLAB 使用紫色显示。如果出现棕红色显示的字符串,表明出现字符串文法错误。

④ 编辑过程中,如果出现不匹配的括号,MATLAB 给出蜂鸣声予以警示;如遇括号等较多时,可单击每一个右括号寻找与其匹配的左括号,从而一一更正未匹配的符号。

图 2.18-1 所示为从本书作者所编写程序中复制的部分内容,包括了上述注释、关键词、字符串和符号匹配信息。

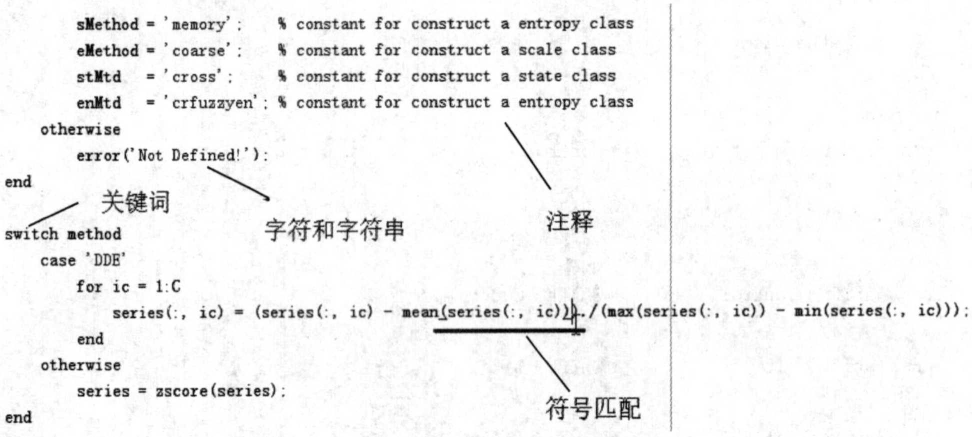

图 2.18-1 示意 MATLAB 中的高亮和符号匹配规则

(2) Code Analyzer 信息

Code Analyzer 用于自动检测并显示代码中可能存在的错误内容,在老版本中也叫作 M-lint 信息。Code Analyzer 检测出的错误会在编辑器右侧通过不同的色条进行提示,比如对于下面的一段代码,Code Analyzer 会给出如图 2.18-2 所示的提示信息。

```
a = -pi:0.1:pi;
b = sin(a)
c = cos(a);
d = b + * c;
plot(a, d)
```

其中,红色标记表明该行有错误内容,橙色标记表示该行有警告内容。将鼠标光标移动到右侧的出错标记上,或者将鼠标光标移动到左侧代码中的波浪线位置,将会显示错误提示信息,如图 2.18-2 所示,显示第 2 行无分号的警告信息。

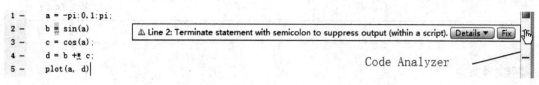

图 2.18-2　Code Analyzer 指示信息

2. 运行时错误的调试方法

MATLAB 提供了 Debug 调试菜单，可以完成断点设置、单步执行等操作，并有对应的键盘命令函数。Debug 菜单如图 2.18-3 所示（图示部分 debug 按钮只在进行调试时才会出现，正常编辑程序或运行时对用户不可见），工具条中对应的调试按钮和键盘命令在表 2.18-1 中给出。

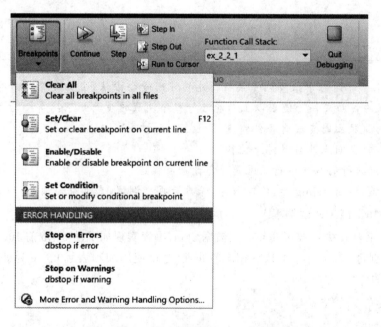

图 2.18-3　断点设置和 debug 功能菜单

表 2.18-1　Debug 功能按钮和键盘命令

按　钮	命　令	功　能
Set/Clear　F12 Set or clear breakpoint on current line	dbstop in filename at linenumber	在某一行设置或移除断点
Clear All Clear all breakpoints in all files	dbclear in filename	清除所有断点
Step	dbstep	单步执行
Step In	dbstep in	单步步入

续表 2.18-1

按　　钮	命　　令	功　　能
Step Out	dbstep out	单步步出
Continue	dbcont	继续执行
Run to Cursor	--	运行至光标位置
Quit Debugging	dbquit	退出调试

注意： 表 2.18-1 中仅罗列了某种功能的常用命令方法，更为复杂的命令形式可参考 MATLAB 提供的帮助文件。使用以上功能进行程序调试的步骤如下：

① 设置断点(独立断点或者条件断点)。
② 执行程序，在断点处自动停止执行。
③ 检查已经执行的程序运行结果是否与预期有偏差。
④ 如有偏差，退出 debug 后，修改程序，保存后再次调试，直至符合预期。

【例 2.18-1】 调试例程。

在 ch2_18_1.mat 中存放了 60000 点数据 data，编程实现如下功能：取前 1000 点数据作为 T，然后原始数据每 1000 点与 T 执行相应的处理(这里使用加和表示)。re 为处理结果，是和 data 相同长度的向量。

```
load ch2_18_1.mat
N = length(data);
T = data(1:1000);
for k     = 1:1000:N
    temp = data(k:k + 1000);
    re   = T + temp;
end
```

运行上面的程序，会出现如下错误提示：

```
Error using  +
Matrix dimensions must agree.

Error in ex_2_2_3 (line 6)
    re    = T + temp;
```

① 将光标移动到该文件的第 6 行，按下 F12 键添加断点。
② 执行程序，则程序运行到 6 行处自动停止。
③ 根据错误提示，相加的两个数据维数不匹配，检查此时 T 和 temp 数据的大小，可以通

过在命令窗口使用 length 函数查看,或者在工作空间中查看相应的变量大小。更为直接的方式是使用数据提示功能:将鼠标放置在需要查看的变量上,则会出现数据提示,如图 2.18-4 所示。这里 T 为 1000*1 向量,而 temp 为 1001*1 的向量,说明 temp 生成出现错误,在程序第 5 行 temp=data(k:k+1000),每次 temp 都选择了 1001 个数据,因此退出调试,修改 1000 为 999,保存后运行。

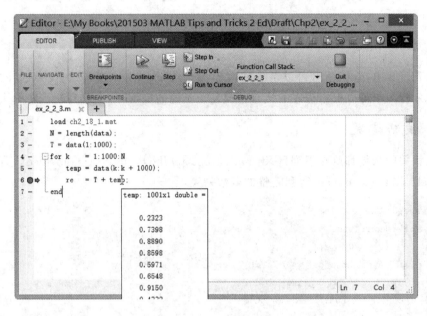

图 2.18-4　数据提示

④ 清除断点后,程序可以正常运行,没有错误提示。但是结果 re 的长度只有 1000,与预期结果不同。分析发现:每次循环时加和的结果更新了 re,而不是添加到上一次的 re 之后。这一类属于程序本身的算法错误,程序可以正常执行,但是结果和预期不同,在排查时相对困难。

将上述程序代码修改如下,即可得到正确结果:

```
load ch2_18_1.mat
N    = length(data);
T    = data(1:1000);
% 定义并初始化存放程序执行结果的变量
re = [];
for k    = 1:1000:N
    temp = data(k:k + 999);
    re1  = T + temp;
    % 将每次循环的结果添加到结果变量的末尾
    re   = [re; re1];
end
```

上面演示的是添加独立断点,还有一种条件断点的情况。比如在循环中,循环次数大于某一个数时才停止,可以通过 Debug 菜单中的 Set Conditions 按钮( )设置和修改。实现方式和上述独立断点类似,这里不再赘述。

需要注意的是,MATLAB 进入 Debug 模式时,在命令窗口会出现"K >> "标记符号,这时仍然可以在命令窗口中输入语句并执行。在断点处停止时,用户可以通过命令窗口输入需要的检查或者其他命令以方便寻找错误。此外,在需要查看输出结果的语句之后不加分号,可以将结果输出到命令窗口,方便调试。

2.19 技巧26:在MATLAB程序中使用提示音

2.19.1 技巧用途

在MATLAB中,音讯信号可以是各种声音,像鸟叫声、歌声,或者是自己录制的语音等。在MATLAB程序中可以根据程序的执行情况发出不同的提示音,据此判断程序的执行情况。

2.19.2 技巧实现

与音讯相关的函数都放在下列目录:matlabroot\toolbox\matlab\audiovideo\。在命令窗口中输入help audiovideo,可以得到完整的函数列表:

```
>> help audiovideo
  Audio and Video support.

  Audio input/output objects.
    audioplayer     - Audio player object.
    audiorecorder   - Audio recorder object.

  Audio hardware drivers.
    sound           - Play vector as sound.
    soundsc         - Autoscale and play vector as sound.

  Audio file import and export.
    audioread       - Read audio samples from an audio file.
    audiowrite      - Write audio samples to an audio file.
    audioinfo       - Return information about an audio file.

  Video file import/export.
    VideoReader     - Read video frames from a video file.
    VideoWriter     - Write video frames to a video file.
    mmfileinfo      - Return information for a multimedia file.
    movie2avi       - Create AVI movie from MATLAB movie.

  Utilities.
    lin2mu          - Convert linear signal to mu-law encoding.
    mu2lin          - Convert mu-law encoding to linear signal.

  Example audio data (MAT files).
    chirp           - Frequency sweeps           (1.6 sec, 8192 Hz)
    gong            - Gong                       (5.1 sec, 8192 Hz)
    handel          - Hallelujah chorus          (8.9 sec, 8192 Hz)
```

```
    laughter        - Laughter from a crowd          (6.4 sec, 8192 Hz)
    splat           - Chirp followed by a splat     (1.2 sec, 8192 Hz)
    train           - Train whistle                  (1.5 sec, 8192 Hz)


    See also imagesci, iofun.
```

1. WAV 文件的读取

在微软操作平台上,声音讯号的文件多以.wav 为扩展名。MATLAB 可直接读取此类文件,所用的指令是 audioread。

在 C:\windows\media 目录下有一些.wav 文件,Windows 系统利用这些声音文件对用户的操作给出声音提示。例如读取里面的 chord.wav 文件,再画出音讯的波形并播放出此音讯,可使用下列程序:

```
clc;
clear;
[y,fs] = audioread('C:\windows\media\chord.wav');
% 播放此音讯
sound(y(:,1),fs);
% 时间轴的向量
time = (1:length(y(:,1)))/fs;
% 画出时间轴上的波形
plot(time,y(:,1));
```

程序中,fs 是取样频率,其值为 22050,代表在录制这个音讯文件时,每秒钟会记录下 22050 个声音讯号的取样值;y 是声音讯号的向量,使用 sound(y, fs)可播放此音讯,这时你会听到"铛"的一声;time 是时间轴的向量,将 y 对 time 作图,就得到在时间轴上的音讯波形,如图 2.19 - 1 所示。

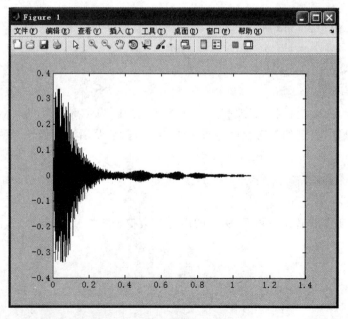

图 2.19 - 1 在时间轴上的音讯波形

在录制音讯文件时,取样点大部分都是由 8 或 16 个位(bit)来代表。若要知道音讯长度,则可使用 length(y)/fs。以下程序可以得出音讯文件 chord.wav 的各种相关信息:

```
[y,fs] = auioread('C:\windows\media\chord.wav');
disp(['音讯档案 chord.wav 的信息:'])
disp(['音讯长度 = ',num2str(length(y)/fs),'秒'])
disp(['取样频率 = ',num2str(fs),'取样点/秒'])
```

在命令窗口中的结果如下:

音讯档案 chord.wav 的信息:
音讯长度 = 1.0989 秒
取样频率 = 22050 取样点/秒

除了微软的.wav 文件外,MATLAB 亦可读取.au 文件。这是在 NeXT/Sun 工作站常用的声音档案,所用的指令是 auread,其用法和 audioread 大致相同,在此不再赘述,读者可由 help auread 得到相关的说明。

2. 声音讯号的播放

读入.wav 文件后,就可以对声音讯号进行各种处理,例如增大或减小音量、提高或降低音高、消除噪声等。要确认处理后的声音讯号是否符合要求,需要将声音讯号通过个人计算机的喇叭播放出来。本节介绍如何使用 MATLAB 来进行音讯信号的播放。

MATLAB 有很多自带的音频文件,在 matlabroot\toolbox\matlab\audiovideo 文件夹中可以看到有几个以.mat 为扩展名的文件,载入其中的 chirp.mat 文件,并播放:

```
load chirp.mat          % 载入 chirp.mat 音讯文件
p = audioplayer(y, Fs); % 使用 y 和 Fs 创建声音播放器对象
play(p);                % 从头开始播放声音讯号
```

在上例中,声音讯号 y 和取样频率 Fs 都事先储存在 chirp.mat 档案中,一旦加载,就可以使用 audioplay 指令来播放。

声音的音量是由声波的振幅来决定的,因此可以通过改变振幅的大小来改变音量:

```
load chirp.mat;
audioplayer(5*y,Fs,16);    % 播放 5 倍振幅的音讯
play(p)
```

如果在播放时,改变取样频率,就会改变整个音讯的时间长度,进而影响到音高。渐渐提高播放时的取样频率,听到的声音就会越来越快、越来越高,最后出现像唐老鸭发出的声音:

```
load chirp.mat;
p = audioplayer(y,1.2*Fs);  % 播放 1.2 倍速度的音讯
play(p);
```

反之,如果渐渐降低播放的频率,听到的声音就会越来越慢、越来越低,最后出现像牛叫的声音:

```
load chirp.mat;
p = audioplayer(y,1.0*Fs);  % 播放 1.0 倍速度的音讯
play(p);
p = audioplayer(y,0.6*Fs);  % 播放 0.6 倍速度的音讯
play(p);
```

若要维持音长但调整音高,或是维持音高但调整音长,那就要对语音波形进行较为复杂的处理。

3. 在程序中使用提示音

▲【例 2.19 – 1】 对不同的输入发出不同的声音提示。

```
switch_expr = input('输入一个数:');
switch switch_expr
    case 1
        % 鸟叫声
        load chirp
        sound(y,Fs)
    case {2, 3, 4}
        % 锣声
        load gong
        sound(y,Fs)
    otherwise
        % 火车声
        load train
        sound(y,Fs)
end
```

在实际应用中,switch 的输入值可以是程序运行的结果。

▲【例 2.19 – 2】 定时播放音乐(男儿当自强.wav)。

主程序:

```
clear;clc
t = timer;       % 创建定时器
setting_time = '06:30';  % 播放时间
set(t,'TimerFcn',{@mycallback,setting_time},...
    'ExecutionMode','fixedDelay','Period',1)
start(t)         % 启动定时器
```

Timer callback 回调函数(保存为单独的 M 文件):

```
function mycallback(obj,event,setting_time)
T = datestr(now,'HH:MM');  % 获取当前时间
if strcmp(T,setting_time);   % 当前时间是否与设定时间时分相同
    [y,Fs] = audiopread('男儿当自强.wav');
    sound(y,Fs)    % 播放
    stop(obj)      % 停止定时器
    delete(obj)    % 删除定时器
end
```

在网上下载的音乐文件一般都不是.wav 格式的,不过可以使用软件进行格式转换。例如通过千千静听软件:在播放列表中找到要转化的音频文件,右击该文件名,选择"转换格式(C)",会弹出转换格式对话框;选择输出格式为"Wave 文件输出",选中音频处理中的"转换采样频率"复选框,并选择一个频率,最后单击"立即转换",在目标文件夹中就可以得到.wav 格

式的文件了。

2.20 技巧27：将MATLAB程序编译成可执行文件

2.20.1 技巧用途

将MATLAB编写的M文件或者GUI文件编译成可执行文件（.exe），可实现在计算机中不安装MATLAB软件，而只安装MCRInstaller.exe就可以运行MATLAB程序；或者在安装MATLAB软件的系统中，不用运行MATLAB软件，而直接运行可执行文件。

2.20.2 技巧实现

1. 准备工作

使用MATLAB编译器之前需要做一些准备工作，其中包括：

① 安装MATLAB所支持的ANSI® C或C++编译器。有关MATLAB所支持的编译器类型，请参考MATLAB帮助文件中有关编译器的说明。

② 配置MATLAB编译器。

在命令窗口中运行"mbuild - setup"命令（注意：mbuild和- setup之间有一个空格），然后显示如下信息（如果计算机中安装了Microsoft Visual Studio 2008 Professional），根据自己的需求选择相应的选项即可。

```
>> mbuild - setup
MBUILD 配置为使用 'Microsoft Visual C++ 2008 Professional (C)' 以进行 C 语言编译。

要选择不同的语言，请从以下选项中选择一种命令：
mex - setup C++ - client MBUILD
mex - setup FORTRAN - client MBUILD
```

单击"mex - setup C++ - client MBUILD"超链接，则显示如下结果：

```
MBUILD 配置为使用 'Microsoft Visual C++ 2008 Professional' 以进行 C++ 语言编译。
```

2. mcc命令的使用

在MATLAB环境或者DOS命令行或者UNIX命令行中使用mcc指令调用MATLAB编译器。用法如下：

```
mcc [ - options] mfile1 [mfile2 ... mfileN]
```

使用时选项可以分开，也可以合在一起。例如，以下两个命令在MATLAB编译器中就是同一个命令（文件名不需要加后缀）：

```
mcc - m - g myfun
mcc - mg myfun
```

MATLAB编译器的选项相当烦琐，因此mcc提供了宏指令来简化选项的操作。例如：
- m是用来编译产生Standalone C应用程序的，其等价选项为- W main - T link:exe。
 - W main 表示为standalone的可执行程序创建一个打包器文件（wrapper file）；
 - T link:exe 表示创建一个可执行文件作为输出。

因为本节只用到了-m选项,所以其他的选项在此不作介绍,详细内容可以参考MATLAB的帮助文档。

3. 将M文件编译成可执行文件

(1) 单个M文件的编译

▲【例2.20-1】 脚本M文件的编译。创建一个名为example2_20_1的脚本M文件(example2_20_1.m),其代码为:

```
clear;
clc;
x = 0:0.1:2*pi;
y = sin(x);
plot(x,y)
```

在命令行窗口中调用mcc命令进行编译:

```
>> mcc - m example2_20_1
```

MATLAB编译器顺利编译,生成example2_20_1.exe文件。双击example2_20_1.exe,程序运行的结果如图2.20-1所示。

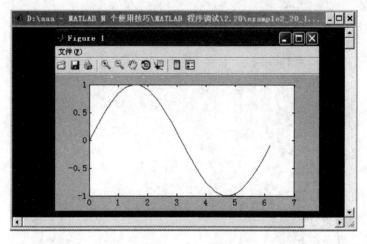

图2.20-1 example2_20_1编译后的运行结果

【注】 M文件分为脚本M文件和函数M文件。在MATLAB 7.1(编译器版本为V4.3)之前的版本中,只有函数M文件才能被编译,脚本M文件是不能被编译的;而在MATLAB 7.2(编译器版本为V4.4)及其以后的版本中,脚本M文件和函数M文件都可以被编译。

▲【例2.20-2】 函数M文件的编译。将例2.20-1中的脚本文件改写成函数名为example2_20_2的函数M文件,其代码为:

```
function example2_20_2
x = 0:0.1:2*pi;
y = sin(x);
plot(x,y)
```

在命令窗口中调用mcc命令进行编译:

```
>> mcc - m example2_20_2
```

成功编译后生成 example2_20_2.exe。

在安装了 MATLAB 软件的计算机上,可以不需要打开 MATLAB 软件,直接运行 example2_20_2.exe。

若想在没有安装 MATLAB 的计算机上运行 example2.exe,则需要安装 MATLAB 的运行环境 MCRInstaller.exe。MCRInstaller.exe 文件所在的默认路径为{matlabroot}\toolbox\compiler\deploy\win32,其中{matlabroot}为 MATLAB 的安装目录,如 D:\Program Files\MATLAB\R2014a。

(2) 多个 M 文件的编译

前面的例子是对单个 M 文件进行编译,当存在多个 M 文件时,只需要对主函数进行编译就可以了,其他的被主函数和子函数调用的函数均会被同时编译,不需要一个一个进行编译。

▲【例 2.20-3】 在文件名为 example2_20_3.m 的主函数里调用一个画图函数 drawpic.m,在这个画图函数里又调用了两个画图函数 sinfcn.m 和 cosfcn.m。

主函数程序如下:

```
function example2_20_3
x = 0:0.1:2*pi;
drawpic(x)
```

画图函数程序如下:

```
function drawpic(x)
figure;
hold on
sinfcn(x)
cosfcn(x)
hold off
```

画图子函数 1 程序如下:

```
function sinfcn(x)
plot(x,sin(x))
```

画图子函数 2 程序如下:

```
function cosfcn(x)
plot(x,cos(x))
```

只需要对主函数进行编译就可以了,编译命令如下:

```
>> mcc - m example2_20_3
```

(3) 含有交互参数的函数文件的编译

▲【2.20-4】 函数名为 example2_20_4 的函数,其代码为:

```
function example2_20_4
disp('输入两个数,每输入一个数按回车键:')
a = input('')
b = input('')
disp(['这两个数的和为:',num2str(a+b)])
pause    % 程序暂停,避免 DOS 窗口一闪而过
```

编译过程与前面相同,只是程序运行时需要输入参数,并且需要输出结果。代码中最后的 pause 命令不能省略,否则将看不到程序的运行结果,DOS 窗口会一闪而过。

运行结果如图 2.20-2 所示。结果显示后,按任意键 DOS 窗口关闭。

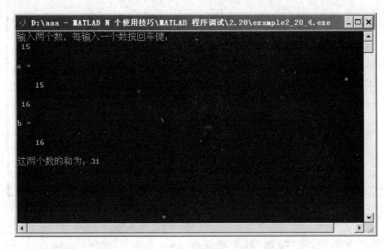

图 2.20-2 含有交互参数的函数文件的运行结果

4. GUI 文件编译成可执行文件

GUI 的编译跟 M 文件的编译一样,只需要对 GUI 的主 M 文件进行编译即可。

【例 2.20-5】 使用 GUI 来完成 example2_20_3 的功能。GUI 文件名为 example2_20_5(见图 2.20-3),其中的 x 参数使用子 GUI 来进行输入。子 GUI 文件名为 example5_subwindow(见图 2.20-4)。

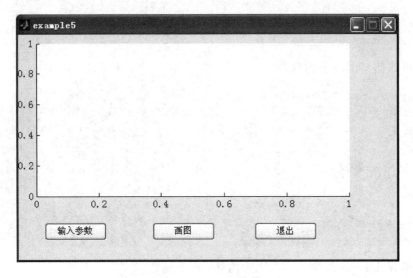

图 2.20-3 待编译的 GUI 主界面

GUI 运行过程以及实现的功能:
① 单击主界面上的"输入参数"按钮,进入子界面;
② 在子界面的文本框中输入 X 的值(默认是 0:0.1:2*pi),单击"返回"按钮,关闭子界面,回到主界面;

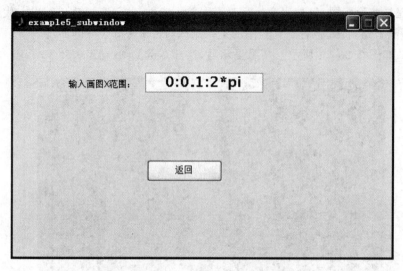

图 2.20-4 待编译 GUI 子界面

③ 单击主界面上的"画图"按钮,在主界面的 axes 面板上画出 example2_20_3 中的图(正弦和余弦图);

④ 单击主界面上的"退出"按钮,关闭主界面。

这个 GUI 例子很简单,本例中故意把它复杂化,目的是说明 GUI 编译只需要对主 GUI 的 M 函数进行编译,其他的子函数、子 GUI 都不需另外编译。

(1) 主界面主要代码

"输入参数"按钮的 Callback 函数:

```
function pushbutton1_Callback(hObject, eventdata, handles)
example5_subwindow
```

"画图"按钮的 Callback 函数:

```
function pushbutton2_Callback(hObject, eventdata, handles)
global global_X
x = global_X;
if isempty(x)
    errordlg('先输入参数')
    return
end
axes(handles.axes1)
drawpic(x);
```

其中的绘图函数 drawpic 同例 2.20-3 中的 drawpic 函数。

"退出"按钮的 Callback 函数:

```
function pushbutton3_Callback(hObject, eventdata, handles)
close(gcf);
```

(2) 子界面主要代码

"返回"按钮的 Callback 函数:

```
function pushbutton1_Callback(hObject, eventdata, handles)
global global_X
global_X = str2num(get(handles.edit1,'string'));
close(gcf)
```

对上面的 GUI 进行编译,命令如下:

```
>> mcc - m example5
```

编译好之后运行 example5.exe 就可以了,效果与直接在 MATLAB 中运行是一样的。

5. 去掉 DOS 黑框

运行上面编译得到的可执行文件时,都会有一个 DOS 黑框出现。有时候,为了简单和美观想去掉它,在这里介绍一个简单的方法。

使用 mathworks 网站上提供的 suppress.zip 就可以解决此问题。下载网址:

```
http://www.mathworks.com/matlabcentral/fileexchange/3909 - suppress - command - window
```

压缩包里有 6 个文件,这里只需要 suppress.ini 和 suppress.exe 两个文件。将这两个文件放到编译产生的可执行文件对应的文件夹下,然后使用记事本打开 suppress.ini:

```
[LoadProgram]
Name = test.exe
```

用户将里面的 test.exe 改为可执行文件名后保存,再次运行 suppress.exe,这时不再有 DOS 黑框出现。

2.21 技巧 28:Pop-up Menu 和 Listbox 控件的使用方法

2.21.1 技巧用途

Pop-up Menu(弹出式菜单)和 Listbox(列表框)控件是在 MATLAB 编程中使用比较多的控件,常用来显示多个条目,并对指定的条目进行处理。例如,取得文件夹中的某一类型的文件列表,然后在 Pop-up Menu 和 Listbox 中显示,选定其中的某一个文件,对文件进行处理,等。

2.21.2 技巧实现

Pop-up Menu 和 Listbox 控件的使用方法类似。二者唯一的区别在于:在 Pop-up Menu 控件中,一次只能选择一个条目,该功能相当于单选按钮(radio button)的功能;而 Listbox 控件通过设置属性,可以对其中的条目进行单选或多选。

Listbox 控件有两个属性——Max 和 Min,它们用来控制条目的单选或多选。Max 和 Min 的默认值分别为 1.0 和 0.0,表示控件每次只允许选中一个条目。更改 Max 和 Min 的值,如果 Max−Min>1,则允许一次选择多个条目;如果 Max−Min≤1,则只允许一次选择一个条目。

Pop-up Menu 和 listbox 的 Value 属性值用来标识选中的条目的序号,Pop-up Menu 和 Listbox 中条目的序号从上到下标记为 1,2,3,…对于 Listbox 控件,如果是多选状态,value 的值是一个包含所选条目的序号的向量。

1. 取得所选的条目

要取得 Pop-up Menu 和 Listbox 中所选的条目的序号以及所选条目对应的字符串,可以使用如下方法:

```
% 取得控件中的所有条目,str 是 N×1 的 cell 数组
str = get(h,'string');
% 取得所选条目的序号,是 1×n 的数组
value = get(h,'value');
% 取得所选条目的字符串,结果是 1×n 的 cell 数组
selected_str = str(value(:));
```

2. 删除所选条目

如果想删除 Pop-up Menu 和 Listbox 控件中的条目,可以使用如下方法:

```
% 取得控件中的所有条目
str = get(h,'string');
% 取得所选条目的序号
value = get(h,'value');
% 把指定条目的字符串设置为空([]),即可删除所选的条目
str(value(:)) = [];
% 重新设置显示条目,并设置第一个条目为选中状态
set(h,'string',str,'value',1);
```

【注】 使用 Pop-up Menu 和 Listbox 控件时,必须同时正确地设置其 string 和 value 的属性值,否则,有可能在使用时出现下面的错误,导致控件无法在程序界面上显示:

```
警告:multi-selection listbox 控制 requires that Value be an integer within String range
只有控件的所有参数值都有效时,才会渲染该控件。
```

这种错误是由于列表框的 value 属性值超出了列表条目的数目而导致的。例如,首先把 10 个条目赋给列表框,并选中最后的条目,这时列表控件的 value 属性值即为 10;然后再把另外的 5 个条目赋给列表框,将会出现上述错误。

以下举例说明 Listbox 控件的使用方法。

【例 2.21-1】 程序的界面如图 2.21-1 所示。界面上包含编辑控件、列表控件、2 个下压按钮控件和 1 个坐标轴控件。load pictures 按钮用来导入图片,编辑控件用来显示图片文件所在的文件夹,列表控件用来显示文件夹中的所有图片文件,delete items 按钮用来删除列表中所选的条目。图片文件加载后,双击列表中的图片名称,可以显示图片的内容以及图片的名称。

① 在 load pictures 按钮的 Callback 中加入代码,载入图片文件:

```
[filename, pathname, filterspec] = uigetfile({'*.bmp;*.jpg;*.gif','(*.bmp;*.jpg;*.gif)';...
    '*.bmp','(*.bmp)';'*.jpg','(*.jpg)';'*.gif','(*.gif)'},'载入图片');
% 如果用户单击"取消"按钮,则不执行任何操作
if filterspec~=0
    filename = {};
    % 得到所有 jpg 格式的文件
```

图 2.21-1　使用列表控件制作图片浏览器

```
filename1 = ls([pathname '*jpg']);
% 得到所有 bmp 格式的文件
filename2 = ls([pathname '*bmp']);
% 得到所有 gif 格式的文件
filename3 = ls([pathname '*gif']);
% 把字符串数组转换为 cell 数组
filename = [filename;cellstr(filename1)];
filename = [filename;cellstr(filename2)];
filename = [filename;cellstr(filename3)];
set(handles.edit1,'string',pathname);
% 设置列表框
set(handles.listbox1,'string',filename,'value',1);
set(handles.textfilename,'string',filename{1});
% 读取第一幅图片
data = imread([pathname filename{1}]);
axes(handles.axes1);
imshow(data);
end
```

② 在列表控件的 Callback 中加入显示图片的代码：

```
% 双击列表控件中的条目表示选中
if strcmp(get(handles.figure1,'selectiontype'),'open')
    % 读取列表控件的值
    value = get(hObject,'value');
    % 读取列表控件包含的所有字符串
    str = get(hObject,'string');
    % 取得选中的条目的字符串,即图片文件的名称
```

```
        filename = str{value};
        if ~isempty(filename)
            set(handles.textfilename,'string',filename);
            pathname = get(handles.edit1,'string');
            % 读取图片并显示
            data = imread([pathname filename]);
            axes(handles.axes1);
            imshow(data);
        end
end
```

③ 在 delete items 按钮的 Callback 中加入删除列表条目的代码:

```
value = get(handles.listbox1,'value');
str = get(handles.listbox1,'string');
% 删除选定的条目
str(value(:)) = [];
% 重新设置列表框中的内容
set(handles.listbox1,'string',str,'value',1);
```

2.22 技巧 29:Button Group 和 Panel 控件的使用方法

2.22.1 技巧用途

Button Group(按钮组)和 Panel(面板)对象都是其他对象的容器。在外观上,两者没有什么区别,按钮组和面板都可以为用户在图形窗口中开辟子区域,从而将不同的对象叠放在窗口的同一位置。并且两者的 Type 属性一致,都为 uiPanel。初学者可能对两者很难区分。

合理地使用按钮组和面板,不但可以设计出美观的界面,而且可以优化代码的编写。

2.22.2 技巧实现

1. 按钮组和面板的选用

(1) 按钮组和面板的共同点

按钮组和面板都可以包含 axes 子对象、uicontrol 子对象、Panel 子对象以及 Button Group 子对象,两者的 Type 一致,都为 uiPanel 对象。uiPanel 对象有一个特点:当 uiPanel 不可见,也即 uiPanel 对象的 Visible 属性设置为 off 时,其所有的子对象也不可见,但是子对象的 Visible 属性不改变。这一点给 GUI 设计带来很大的便捷,比如用户设计 GUI 时希望一部分对象同时显示或者同时隐藏,如果对每一个对象单独设定 Visible 属性就会很麻烦,而将这些对象放置在按钮组或者面板中,通过设置按钮组或者面板的可见性就可以方便地实现上述功能。

(2) 按钮组和面板的不同点

按钮组具有对 Radio Button 和 Toggle Button 的管理功能,它具有 SelectedObject 和 SelectionChangeFcn 属性,分别表示对 Radio Button 和 Toggle Button 对象的选择、选择对象的改变。当按钮组具有上述两个子对象时,在同一时间最多只能有一个子对象处于选中状态。

根据以上按钮组和面板的相同点和不同点，在 GUI 设计中，可以根据具体的需要对两者做出取舍。有一点可以确定，按钮组相对面板来说功能更为强大，设计含有 Radio Button 或者 Toggle Button 的单一选择功能时，选用按钮组可以节省很多代码的编写。

【例 2.22-1】 示意按钮组、面板的可见性与其子对象可见性之间的关系。

使用按钮组时，Toggle Button 每次只能有一个按下，不需要其他的代码，而直接使用面板则不能实现该功能。图 2.22-1 表示了按钮组每次只能有一个 Toggle Button 处于按下状态（"切换 1"按钮被按下），而面板可以有多个按钮处于按下状态（"切换 2"和"切换 3"按钮同时被按下）。

图 2.22-1　按钮组和面板的区别

```
% 创建窗口对象,单位为归一化
f = figure('Units', 'Normalized',...
    'Position', [.3 .2 .4 .4],...
    'Menubar', 'none');
% 在窗口左侧创建按钮组
hb = uibuttongroup('Parent', f,...
    'Units', 'Normalized',...
    'Position', [.05 .05 .4 .9],...
    'Title', '按钮组',...
    'BackgroundColor', get(f, 'Color'),...
    'FontSize', 12);
% 在按钮组中创建 3 个 Toggle Button
ht3 = uicontrol('Parent', hb,...
    'Style', 'togglebutton',...
    'String', '切换 3',...
    'Units', 'Normalized',...
    'Position', [.2 .2 .6 .1],...
    'Value', 0);
ht2 = uicontrol('Parent', hb,...
    'Style', 'togglebutton',...
```

```
        'String', '切换 2',...
        'Units', 'Normalized',...
        'Position', [.2 .4 .6 .1],...
        'Value', 0);
    ht1 = uicontrol('Parent', hb,...
        'Style', 'togglebutton',...
        'String', '切换 1',...
        'Units', 'Normalized',...
        'Position', [.2 .6 .6 .1],...
        'Value', 1);
    % 在窗口右侧创建面板
    hp = uipanel('Parent', f,...
        'Units', 'Normalized',...
        'Position', [.55 .05 .4 .9],...
        'Title', '面板',...
        'BackgroundColor', get(f, 'Color'),...
        'FontSize', 12);
    % 在面板中创建 3 个 Toggle Button
    ht4 = uicontrol('Parent', hp,...
        'Style', 'togglebutton',...
        'String', '切换 3',...
        'Units', 'Normalized',...
        'Position', [.2 .2 .6 .1],...
        'Value', 0);
    ht5 = uicontrol('Parent', hp,...
        'Style', 'togglebutton',...
        'String', '切换 2',...
        'Units', 'Normalized',...
        'Position', [.2 .4 .6 .1],...
        'Value', 0);
    ht6 = uicontrol('Parent', hp,...
        'Style', 'togglebutton',...
        'String', '切换 1',...
        'Units', 'Normalized',...
        'Position', [.2 .6 .6 .1],...
        'Value', 1);
    % 设置按钮组可见性，观察按钮组中子对象的可见性，为了查看方便，设置了暂停时间
    pause(2)
    set(hb, 'Visible', 'off');
    pause(2)
    set(hb, 'Visible', 'on');
```

2. 按钮组对 Radio Button 和 Toggle Button 的管理

按钮组具有 SelectionChangeFcn 以及 SelectedObject 属性，前者表示 Radio Button 或者 Toggle Button 选中状态改变时执行的回调函数，后者为当前按钮组选中的对象句柄。

读者可能会有疑问，Radio Button 和 Toggle Button 都有各自的 Callback 属性，为什么不

直接用各自的回调函数呢？其实，在设计中，可以使用各自的回调函数。如果对 Radio Button 或者 Toggle Button 定义了回调函数，那么，按钮组不能再管理他们，用户选中他们时，执行的是各自的回调函数，而不再是 SelectionChangeFcn。

【例 2.22 - 2】 示意 Toggle Button 的回调函数与其父对象（按钮组）的 SelectionChangeFcn 函数的优先性。

程序中仅使用了 Toggle Button，对于 Radio Button，情况一致。

该程序中同时定义了按钮组的 SelectionChangeFcn 函数以及 Toggle Button 的回调函数。实现的功能为：窗口左侧为按钮组，按钮组中有 3 个 Toggle Button，右侧为相应的信息指示，使用 text 对象表示，当按下某一个 Toggle Button（比如切换 1）时，在按钮组的 SelectionChangeFcn 中设置信息指示为"切换 1 按下"，而在切换 1 的回调函数中设置信息指示为"切换 2 按下"，这样就可以通过信息指示看出到底是执行了按钮组的 SelectionChangeFcn 函数还是执行了 Toggle Button 的回调函数。

```
function example2_22_2
global hb hte1 hte2 hte3 ht1 ht2 ht3
% 创建窗口对象,单位为归一化
f   = figure('Units', 'Normalized', ...
    'Position', [.3 .2 .4 .4], ...
    'Menubar', 'none');

% 在窗口左侧创建按钮组
hb = uibuttongroup('Parent', f, ...
    'Units', 'Normalized', ...
    'Position', [.05 .05 .4 .9], ...
    'Title', ' 按钮组 ', ...
    'BackgroundColor', get(f, 'Color'), ...
    'FontSize', 12);

% 在按钮组中创建 3 个 Toggle Button
ht3 = uicontrol('Parent', hb, ...
    'Style', 'togglebutton', ...
    'String', ' 切换 3 ', ...
    'Units', 'Normalized', ...
    'Position', [.2 .2 .6 .1], ...
    'Value', 0);
ht2 = uicontrol('Parent', hb, ...
    'Style', 'togglebutton', ...
    'String', ' 切换 2 ', ...
    'Units', 'Normalized', ...
    'Position', [.2 .4 .6 .1], ...
    'Value', 0);
ht1 = uicontrol('Parent', hb, ...
    'Style', 'togglebutton', ...
    'String', ' 切换 1 ', ...
    'Units', 'Normalized', ...
    'Position', [.2 .6 .6 .1], ...
```

```matlab
            'Value', 1);

    % 在窗口右侧同一位置分别创建 3 个 text 对象,默认属性为隐藏,使用 Toggle Button
    % 控制其可见性
    hte1 = uicontrol('Parent', f, ...
        'Style', 'text', ...
        'String', '切换 1 按下 ', ...
        'Units', 'Normalized', ...
        'Position', [.5 .45 .4 .1], ...
        'FontSize', 12, ...
        'BackgroundColor', get(f, 'Color'), ...
        'Visible', 'on');
    hte2 = uicontrol('Parent', f, ...
        'Style', 'text', ...
        'String', '切换 2 按下 ', ...
        'Units', 'Normalized', ...
        'Position', [.5 .45 .4 .1], ...
        'FontSize', 12, ...
        'BackgroundColor', get(f, 'Color'), ...
        'Visible', 'off');
    hte3 = uicontrol('Parent', f, ...
        'Style', 'text', ...
        'String', '切换 3 按下 ', ...
        'Units', 'Normalized', ...
        'Position', [.5 .45 .4 .1], ...
        'FontSize', 12, ...
        'BackgroundColor', get(f, 'Color'), ...
        'Visible', 'off');

    % 定义各个 Toggle Button 的回调函数
    set(ht1, 'Callback', @ht1Callb);
    set(ht2, 'Callback', @ht2Callb);
    set(ht3, 'Callback', @ht3Callb);

    % 定义按钮组的 SelectionChangeFcn 函数
    set(hb, 'SelectionChangeFcn', @hbSelCh);

    % 切换 1 的回调函数
    function ht1Callb(src, evt)
    global hte1 hte2 hte3
    set(hte1, 'Visible', 'off');
    set(hte2, 'Visible', 'on');
    set(hte3, 'Visible', 'off');

    % 切换 2 的回调函数
    function ht2Callb(src, evt)
```

```
global hte1 hte2 hte3
set(hte1, 'Visible', 'off');
set(hte2, 'Visible', 'off');
set(hte3, 'Visible', 'on');

% 切换3的回调函数
function ht3Callb(src, evt)
global hte1 hte2 hte3
set(hte1, 'Visible', 'on');
set(hte2, 'Visible', 'off');
set(hte3, 'Visible', 'off');

% Toggle Button 的 SelectionChangeFcn 函数
function hbSelCh(src, evt)
global hb hte1 hte2 hte3 ht1 ht2 ht3
switch get(hb, 'SelectedObject')
    case ht1
        set(hte1, 'Visible', 'on');
        set(hte2, 'Visible', 'off');
        set(hte3, 'Visible', 'off');
    case ht2
        set(hte1, 'Visible', 'off');
        set(hte2, 'Visible', 'on');
        set(hte3, 'Visible', 'off');
    case ht3
        set(hte1, 'Visible', 'off');
        set(hte2, 'Visible', 'off');
        set(hte3, 'Visible', 'on');
end
```

程序运行的效果如图 2.22-2 所示。

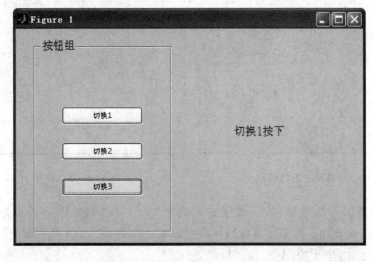

图 2.22-2 按钮组对 Toggle Button 的管理

3. 设计叠放形式的 Button Group 或 Panel

Button Group 和 Panel（下面统一写为 uiPanel 对象）支持层叠放置。也就是说，uiPanel 对象的父对象仍然可以是 uiPanel 对象。在 GUIDE 设计中，uiPanel 的父对象默认为 figure。如果在当前 uiPanel 上再放置一个 uiPanel 对象，那么后放置的对象，其父对象为先放置的 uiPanel 对象。

基于上面的原因，在界面上的同一位置放置多个同样大小的 uiPanel 对象时，原意是想通过 uiPanel 对象的可见性控制其子对象的可见性；可是新放置的 uiPanel 对象，其父对象为先放置的 uiPanel 对象。这样，一旦设置了先放置的 uiPanel 的 Visible 属性为 off，那么后放置的 uiPanel 对象的 Visible 属性不可用，达不到预期的效果。

【例 2.22 - 3】 同一位置放置多个 uiPanel 对象的问题。

在 GUIDE 对象编辑区首先放置一个 Button Group，设置其 Title 属性为"界面 1"后，再在同一位置放置另外一个同样大小的 Button Group 对象，设置 Title 属性为"界面 2"，两个 Button Group 的初始 Visible 属性均为 off。在 Button Group 外放置两个按钮，分别控制"界面 1"和"界面 2"的可见性。两个按钮的回调函数分别为

```
function pushbutton1_Callback(hObject, eventdata, handles)
set(handles.uipanel1, 'Visible', 'on');
set(handles.uipanel2, 'Visible', 'off');
function pushbutton2_Callback(hObject, eventdata, handles)
set(handles.uipanel1, 'Visible', 'off');
set(handles.uipanel2, 'Visible', 'on');
```

执行该程序，发现，控制"界面 1"功能正常，如图 2.22 - 3 所示；"界面 2"却不能显示，如图 2.22 - 4 所示。也就是说，在设置"界面 1"的 Visible 属性为 off 后，"界面 2"的 Visible 属性不起作用了。这就是上面所说的，后放置的"界面 2"为"界面 1"的子对象，如果"界面 1"不可见，那么"界面 2"的 Visible 属性不起作用。

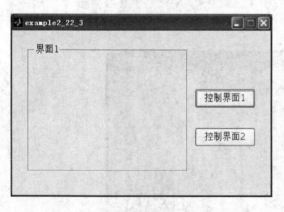
图 2.22 - 3　界面 1 正常显示

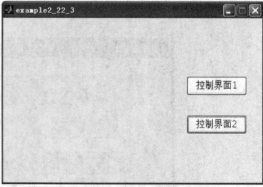
图 2.22 - 4　界面 2 不可见

这种情况的解决办法很简单，只要设置后放置的 uiPanel 对象的父对象为 figure 即可。但是在 GUIDE 中，uiPanle 对象的属性编辑器中没有 Parent 这一项，需要在 M 文件中使用代码实现，即在 outputFcn 中添加如下语句：

```
set(handles.uipanel2, 'Parent', handles.figure1);
```

uipanel2 为后放置的 uiPanel 对象的 Tag,figure1 为当前窗口对象的 Tag。

但是只进行这样的设置还会出现问题,即设置好之后,原来位于同一位置的两个 uiPanel 对象,在运行程序之后变成了不同位置。这是由于后放置的 uiPanel 对象的 Position 属性是相对于先放置的 uiPanel 对象的,父对象改变之后,Position 属性没有跟着变化,造成运行时出错。因此,在改变父对象之后,还需要将后放置的 uiPanel 对象的 Position 属性进行设置,方法如下:

```
pos = get(handles.uipanel1, 'Position');
set(handles.uipanel2, 'Position', pos);
```

2.23 技巧30:使用 Static Text、Edit Text 和 Listbox 控件实现多行显示

2.23.1 技巧用途

在 MATLAB 程序中,用户经常需要将程序的运行结果显示在界面窗口中,并且以图形的方式或以文本信息的形式来显示。

编辑控件(Edit Text)不仅允许用户通过键盘输入数据,也可以用来显示程序运行的结果。静态文本控件(Static Text)和列表框控件(Listbox)不允许用户通过键盘直接输入,但可以用来显示程序运行的结果。

程序运行的结果常常需要以文本的形式在界面窗口中多行显示,这需要一些编程技巧。

2.23.2 技巧实现

1. 利用 Edit Text 控件来多行显示

Edit Text 控件有两个重要的属性:Max 和 Min。默认情况下,Max 的值为 1.0,Min 的值为 0.0,这时 Max−Min=1.0,编辑控件只允许显示一行内容。只要改变 Max 和 Min 的值,使 Max−Min>1,如 Max 取值为 2.0,Min 保持默认值 0.0,则可以在编辑控件中显示多行内容。

▲【例 2.23 - 1】 在 Edit Text 控件中显示多行内容。

利用 GUIDE 建立名称为 EditShowText 的 GUI 程序,其共有 3 个控件:Static Text、Edit Text 和 Push Button。修改编辑控件的 Max 和 Min 属性值,使 Max−Min>1,其他控件保持默认的属性值。运行程序后,单击 show 按钮,程序生成随机矩阵,并在编辑控件中显示。如果显示的内容超出编辑控件的可视范围,则自动在控件的右侧增加滚动条。程序运行的界面如图 2.23 - 1 所示。

① 在 OpeningFcn 函数中加入初始化代码。

因为在程序中定义了 global 变量,所以首先清空以前的 global 变量,然后定义初始显示的行数。

```
% 清空 global 变量
clear global
% 定义初始显示的行数
global number_of_line
number_of_line = 1;
```

② 在 show 按钮的 Callback 中加入以下代码,显示生成的矩阵:

```
global b;
global number_of_line;
% 调用 num2str 函数把数字数组转换为字符数组,并保存到元胞数组 b 中
b{number_of_line,1} = ['矩阵',num2str((number_of_line + 1)/2)];
number_of_line = number_of_line + 1;
b{number_of_line,1} = num2str(rand(4,4));
number_of_line = number_of_line + 1;
% 把元胞数组 b 中的内容显示在编辑控件中
set(handles.edit1,'String',b);
```

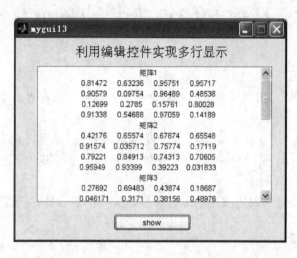

图 2.23-1 利用编辑控件进行多行显示界面

【注】 由于在编辑控件中显示的内容包含字符串"矩阵…"和数值,因此,将上述代码中的 b 定义为元胞数组。

此外,再调用 num2str 函数将数值数组转换为字符串数组,然后调用 set 函数使其在编辑控件中显示。

2. 利用 Static Text 控件来多行显示

静态文本控件只能显示静态的文本,不能像编辑控件和列表框控件那样通过增加滚动条来显示多行内容,即便设置了 Max 和 Min 属性也不起作用。

有一种方法可以实现在静态文本框中显示多行内容,不过要占用宝贵的窗口空间。方法如下:

① 创建静态文本控件时指定字体和大小;
② 调用 textwrap 函数,把文本完全包含到文本控件的可见区域,然后调用 set 函数显示。

【例 2.23-2】 使用 Static Text 控件显示多行内容。

```
% 创建图形窗口
figure('units','normalized',...
    'position',[0.4 0.4 0.4 0.3]);
% 在图形窗口中创建静态文本控件,设置字体大小为 16 点
h = uicontrol('Style','Text','units','normalized',...
'fontsize',16,'Position',[0.1 0.1 0.9 0.9]);
```

```
% 设置静态文本中显示的内容
string = {'静态文本框为什么是静态的？',...
    '因为不能像编辑框一样滚动显示其中的内容',...
    '如果想在静态文本框中多行显示',...
    '按照这种方式就可以实现',...
    '显示之前调用 textwrap 函数！'};
% 调用 textwrap 函数处理要显示的文本
[outstring,newpos] = textwrap(h,string);
set(h,'String',outstring,'Position',newpos);
```

程序运行的结果如图 2.23 – 2 所示。

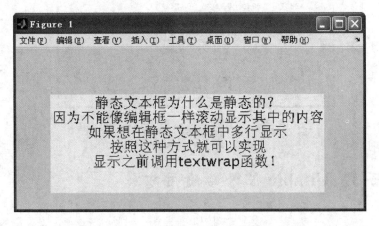

图 2.23 – 2　利用静态文本框显示多行数据

3. 利用 Listbox 控件来多行显示

利用 Listbox 控件来显示多行内容的方法与 Edit Text 控件类似。

【例 2.23 – 3】 利用 Listbox 控件显示多行内容。

利用 GUIDE 建立名称为 ListShowText 的 GUI 程序,其共有 3 个控件:Static Text、Listbox 和 Push Button(控件保持默认的属性值)。列表控件的 Max 和 Min 属性值是用来设置单选或多选状态的,与是否多行显示无关。运行程序后,单击 show 按钮,程序生成随机矩阵,并在列表控件中显示。如果显示的内容超出列表控件的可视范围,则自动在控件的右侧增加滚动条。程序运行的界面如图 2.23 – 3 所示。

① 在 OpeningFcn 函数中加入初始化代码。因为程序中定义了 global 变量,所以首先清空以前的 global 变量,然后定义初始显示的行数。

```
% 清空 global 变量
clear global
% 定义初始显示的行数
global number_of_line
number_of_line = 1;
```

② 在 show 按钮的 Callback 中加入代码,显示生成的矩阵：

```
global b;
global number_of_line;
% 调用 num2str 函数把数字数组转换为字符数组,并保存到元胞数组 b 中
```

```
b{number_of_line,1} = ['矩阵',num2str((number_of_line+1)/2)];
number_of_line = number_of_line + 1;
b{number_of_line,1} = num2str(rand(4,4));
number_of_line = number_of_line + 1;
% 把元胞数组 b 中的内容显示在编辑控件中
set(handles.listbox1,'String',b);
```

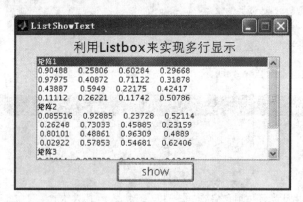

图 2.23-3　利用 Listbox 控件进行多行显示

2.24　技巧 31：Uitable 控件的使用方法

2.24.1　技巧用途

Uitable 控件用来在界面上生成二维的图形化表格,允许用户在程序界面上以类似 Microsoft Excel 电子表格的形式来直观地显示程序的运行结果。因此,灵活地运用该控件,不仅可以美化程序的界面窗口,还可以很方便地编辑修改图形用户界面内的表格信息,实现和程序的交互操作。

2.24.2　技巧实现

MATLAB 提供了 uitable 函数,用来在 GUI 上创建二维的图形化表格,如图 2.24-1 所示。

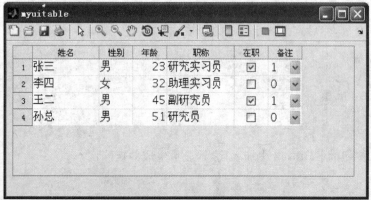

图 2.24-1　Uitable 示例界面

1. Uitable 控件的属性

在 GUIDE 中右击 Uitable 控件,在快捷菜单中选择"表格属性编辑器",即可弹出如图 2.24-2 所示的用于编辑 Uitable 控件的属性编辑器。用户可以在其中对 Uitable 控件的属性进行修改。

Uitable 控件有很多属性,其中常用的属性有:

① ColumnName,存储各列的标题名称,其值可以为下列三者之一:

- 空矩阵"[]",即不显示列标题,对应图 2.24-2 中的第 1 个单选按钮。
- numbered(默认值,列标题用 1,2,3…表示)。在图 2.24-2 所示的属性编辑器中选择第 2 个单选按钮。
- 1×N 的元胞数组,如{'name1' 'name2' ... 'nameN'}。在图 2.24-2 所示的属性编辑器中选择第 3 个单选按钮,并在"列定义"中的"名称"列中输入各列的名称。

② ColumnWidth,设置各列的宽度,其值可以为 1×N 的数字数组或元胞数组。在图 2.24-2 所示的属性编辑器中可以选择"自动宽度",程序会根据各列的字符宽度自动调整,也可以在后面的"宽度(像素)"中输入固定的列宽,单位是像素。

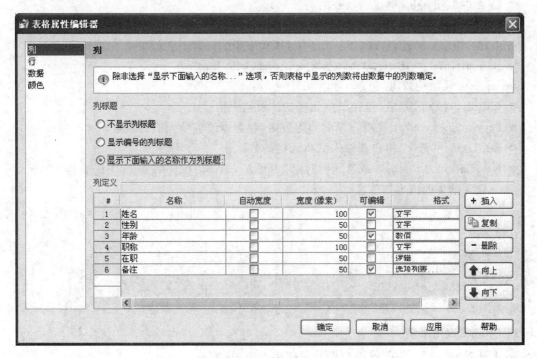

图 2.24-2 属性查看器显示 Columns 的属性

③ ColumnEditable,设置列的内容是否可以编辑,其值可以为 1×N 的逻辑矩阵、标量逻辑值或空矩阵[]。

④ ColumnFormat,设置各列的数据格式,其值可以为:

- char,即文字类型,在图 2.24-2 所示的属性编辑器中显示为"文字"。如果某列为文字类型,则单元格中的内容是左对齐的。
- Numeric,即数值类型。如果某列为数字类型,则单元格中的内容是右对齐的。
- logical,即逻辑类型,其值为 true 或 false。这时会在单元格内显示复选框,如示例中的"在职"一栏。

此外，属性查看器内还有"选项列表"选项。选中后，各列的单元格中显示的是弹出式菜单，菜单项的内容由用户自己设置。"自定义"选项是用户自己选择数据显示的格式，如 format long 等。

⑤ Data，Uitable 控件的数据内容，其值可以为矩阵或元胞数组，数据类型可以是数值、逻辑类型或文字类型。可以调用 set 和 get 函数来设置或查询数据内容：

```
data = get(table_handle,'Data')
set(table_handle,'Data',data)
```

2. 回调函数 CellSelectionCallback 和 CellEditCallback

Uitable 控件有两个重要的回调函数：CellSelectionCallback 和 CellEditCallback。当用鼠标单击单元格或者用 Tab 键使单元格获得焦点时，CellSelectionCallback 被调用。其在 GUI 程序中的函数定义如下：

```
function uitable1_CellSelectionCallback(hObject, eventdata, handles)
```

其中，hObject 为 Uitable 控件的句柄；eventdata 是一个结构体，包含了 Indices 字段，即单元格的索引值，可以使用"cell_index = eventdata.Indices;"语句来取得这个索引值（其中，Indices 是一个 1×2 的数组，包含单元格所在的行和列）。

如果用户设置了某些列是可编辑的（editable），那么当用户修改完该列内单元格的数值后，CellEditCallback 函数会被调用。其在 GUI 程序中的函数定义如下：

```
function uitable1_CellEditCallback(hObject, eventdata, handles)
```

其中，eventdata 是结构数组，包含了如下几个字段：

- Indices，1×2 的数组，包含了单元格的位置索引值；
- PreviousData，1×1 的矩阵或者元胞数组，包含修改前单元格的数据；
- EditData，字符串，用户新输入到单元格的数据；
- NewData，1×1 的矩阵或者元胞数组，为写入 Uitable 控件的 Data 中的数据。

eventdata 结构的内容如下：

```
eventdata: 1×1 struct =
Indices: [2 1]
PreviousData: '张三'
EditData: '李四'
NewData: '李四'
Error: []
```

3. Uitable 应用举例

【例 2.24-1】 在图形用户界面中使用 Uitable 控件。

① 使用 GUIDE 在 figure 上创建一个 Uitable 控件，用属性编辑器修改其属性，各列的属性设置如图 2.24-2 所示，M 文件见 myuitable.m。

② 在 Uitable 的 CreateFcn 函数中设置表格的初始值：

```
function uitable1_CreateFcn(hObject, eventdata, handles)
data ={'张三' '男' 23 '研究实习员' true '1';...
    '李四' '女' 32 '助理研究员' false '0';...
    '王二' '男' 45 '副研究员' true '1';...
    '孙总' '男' 51 '研究员' false '0';};
set(hObject,'Data',data);
```

【例 2.24-2】 通过直接编写 M 文件的方式创建 Uitable(见 uitable1.m)。

```
% 创建 figure,figure 的 units 属性设为 normalized
f = figure('units','normalized',...
    'Position',[0.4 0.4 0.6 0.4]);
% 设置各列的标题、各列的数据格式、是否可编辑等信息
columnname = {'姓名','性别','年龄','职称','在职','备注'};
columnformat = {'char','char','numeric','char','logical',{'1' '0'}};
columneditable = [true false true false false true];
% 初始化数据
data = {'张三' '男' 23 '研究实习员' true '1';...
    '李四' '女' 32 '助理研究员' false '0';...
    '王二' '男' 45 '副研究员' true '1';...
    '孙总' '男' 51 '研究员' false '0'};
% 根据以上信息调用 uitable 函数创建并显示表格
t = uitable('units','normalized',...
    'fontsize',12,...
    'Position',[0.1 0.1 0.8 0.8],...
    'Data', data,...
    'ColumnName', columnname,...
    'ColumnFormat', columnformat,...
    'ColumnEditable', columneditable);
```

程序运行的结果如图 2.24-3 所示。

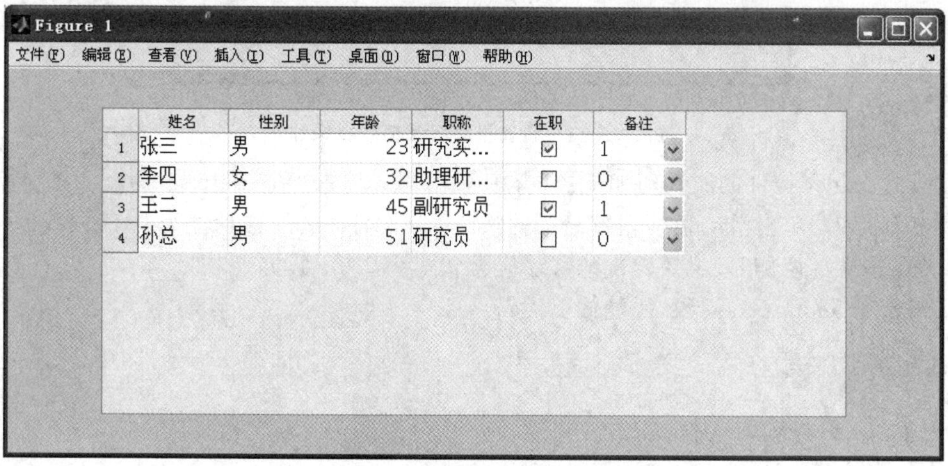

图 2.24-3 直接编写 M 文件使用 Uitable 控件

2.25 技巧 32：滑动条(Slider)的使用方法

2.25.1 技巧用途

MATLAB 为图形用户界面的开发提供了 Slider 控件。Slider 控件是一个包含滑块和可

选择刻度标记的窗口,可以通过拖动滑块,或用鼠标单击滑块的任意一侧、用键盘移动滑块来选择一个数值。Slider 控件使用起来十分便捷,例如无须键入数字,通过将滑块移动到指定的刻度处,即可得到需要的数值。

2.25.2 技巧实现

滑动条的常用属性有:Max、Min、SliderStep 和 Value 属性。

① Max 和 Min 属性:用来确定滑动条的最大和最小数值,Max 的默认值为 1.0,Min 的默认值为 0.0。滑动条可控制的数值范围为 Max~Min。

② SliderStep 属性:用来确定滑动条每一步增加或减少的数值。SliderStep 属性有 x 和 y 两个值,x 值决定了单击滑动条两端带箭头的按钮时,滑块每次的移动值为 x(Max−Min);y 值确定了单击滑块的两侧时,滑块每次的移动值为 y(Max−Min)。

③ Value 属性:滑动条滑块的当前位置所指示代表的数值。

▲【例 2.25-1】 滑动条和编辑框的联合使用。

使用 GUIDE 创建 GUI 界面,如图 2.25-1 所示,M 文件的名称为 slider_and_edit.m。

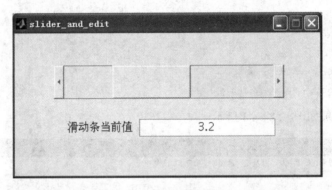

图 2.25-1 滑动条和编辑框联合操作

① 设置 Slider 控件的属性值如下:Max 为 7.0,Min 为 1.0,SliderStep 为[0.1 0.6],Value 的属性值为 2。单击滑动条两端带箭头的按钮时,滑块每次的移动值为 0.1×(7.0−1.0)=0.6;单击滑块的两侧时,滑块每次的移动值为 0.6×(7.0−1.0)=3.6。

② 编辑 OpeningFcn 函数,添加如下代码:

```
% 取得滑动条的当前值
value = get(handles.slider1,'value');
% 在编辑框中显示滑动条的当前值
set(handles.edit1,'string',value);
```

③ 编辑滑动条的 Callback,添加如下代码:

```
% 得到滑动条的当前数值
value = get(hObject,'value');
% 在编辑框中显示滑动条的当前数值
set(handles.edit1,'string',value);
```

▲【例 2.25-2】 利用滑动条来控制曲线进行放大,并通过移动滑动条来滚动显示放大的曲线。

用 GUIDE 创建名称为 myslider 的程序界面。界面上有 4 个控件：1 个坐标轴控件，用来绘制曲线；2 个滑动条控件，1 个用来放大，1 个用来滚动显示放大的曲线；1 个编辑框控件，用来显示放大倍数。程序界面如图 2.25-2 所示。

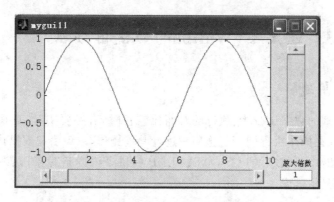

图 2.25-2 利用滑动条控制曲线放大

① 设置各控件的属性。右侧的 slider1 用来放大，其属性 Max 设置为 10.0，Min 设置为 0，SliderStep 属性的 x 和 y 值都设置为 0.1，这样，当单击 slider 滑块两侧或两端的箭头时，滑块每次的移动值为 $0.1 \times (10.0 - 0) = 1$，也即放大倍数每次增加 1。axes1、edit1 和下方的 slider2 的属性取默认值。

② 在 OpeningFcn 中加入初始化代码：

```
% 设置初始放大倍数为 1,edit1 中显示为 1
magtime = 1;
set(handles.edit1,'string',magtime);
% 在 axes1 中绘制正弦曲线,设置坐标轴的 x 轴的范围为 0～10;y 轴的范围为 -1～1
axes(handles.axes1);
t = 0:0.01:10;
y = sin(t);
plot(t,y,'r');
axis([0,10,-1,1])
```

③ 修改 slider1 和 slider2 的 Callback 的代码：

```
function slider1_Callback(hObject, eventdata, handles)
% 取得滑动条的当前数值,在 edit1 中显示放大倍数
value = get(hObject,'value');
value = value + 1;
set(handles.edit1,'string',num2str(value));
% 更改坐标轴 axes1 的范围,显示放大后的曲线
axes(handles.axes1);
axis([0,10/value,-1,1])
function slider2_Callback(hObject, eventdata, handles)
% 自 edit1 中取得放大倍数
magtime = get(handles.edit1,'string');
magtime = str2double(magtime);
% 更改坐标轴的范围,滚动显示放大的图像
```

```
axes(handles.axes1);
val = get(hObject,'value') * (10 - 10/magtime);
axis([val,10/magtime + val, -1,1]);
```

2.26 技巧33：进度条(Waitbar)的使用方法

2.26.1 技巧用途

当应用程序处理的数据比较多、执行的时间比较长时，有必要实时、直观地通知用户当前操作的完成情况，并在操作执行期间阻止用户进行其他操作，以免引起误操作；同时，用户在程序运行期间可以随时中断程序的运行。MATLAB 提供了进度条对象，允许用户根据编程的需要方便地创建并显示进度条。

2.26.2 技巧实现

1. 进度条的创建

MATLAB 提供了 waitbar 函数用来创建进度条对象。waitbar 函数有多种调用格式，以下为常用的几种调用格式：

- **h = waitbar(x,'message')**

其中，message 为进度条显示的提示信息，例如图 2.26-1 中的"waiting…"；x 为操作完成的比例，其值在 0~1 之间，0 表示无进度，1 表示满进度；h 为创建的进度条对象的句柄。

- **waitbar(x,'message','CreateCancelBtn','button_callback')**

在进度条上创建一个标题为 Cancle 的按钮，并定义按钮的回调函数为 button_callback。

- **waitbar(x)**

利用新的 x 值依次调用 waitbar，从而更新显示操作完成的比例。
用户可以使用 get 命令来查看进度条对象的属性：

```
% 创建进度条对象
>> h = waitbar(0.5,'waiting...');
% 得到进度条对象的属性
>> get(h);
```

进度条对象的部分属性如下所示：

```
...
Children = [1.00549]
Interruptible = off
Tag = TMWWaitbar
Type = figure
...
```

从返回的属性列表可见：waitbar 的类型是 figure，它的 Tag 为 TMWWaitbar。所以进度条具有 figure 所具有的一切属性，可以在上面加上任何控件(如按钮)、菜单、工具条等。
例如，给 waitbar 添加默认的 ToolBar 和 MenuBar，使用命令：

```
set(h,'menubar','figure','toolbar','figure')
```

得到的进度条如图 2.26-1 所示。

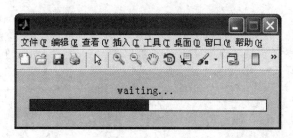

图 2.26-1　显示 toolbar 和 menubar 的进度条

进度条对象有一个 Children 对象。获取其子对象句柄的程序如下：

```
>> h_child = get(h,'children')
h_child =
    1.0061
```

使用 get 命令查看该子对象的属性（仅列出部分属性）：

```
>> get(h_child)
...
Children = [ (2 by 1) double array]
Type = axes
...
```

可见，进度条的子对象的类型是 axes（坐标轴对象），且它还包含 2 个子对象。获取 axes 的子对象句柄，并查看其类型：

```
>> h_child_child = get(h_child,'children')
h_child_child =
    4.0061
    3.0061
>> get(h_child_child,'type')
ans =
    'line'
    'patch'
```

line 对象是进度条的边框线；patch 对象是用来显示进度块的，它有 4 个顶点坐标，例如进度为 0.5 时，其 4 个顶点坐标分别是 (0,0)、(50,0)、(50,1) 和 (0,1)，存放在 Vertices 属性中。Vertices 的属性值为：

```
     0    0
    50    0
    50    1
     0    1
```

所以，修改进度时直接修改 Vertices 的属性值就可以。例如，进度为 value（value≤1）时，对应的 Vertices 为[0 0;100*value 0;100*h 0;0 1]。

可以利用下面的代码来查看这些对象在 waitbar 上的分布情况：

```
% 创建 waitbar
h = waitbar(0.5,'title');
% 获取对象的子句柄
h_child = get(h,'children');
% 获取对象的子句柄
h_child_child = get(h_child,'children');
% 将子对象 line 的线宽设成 8
set(h_child_child(1),'linewidth',8);
% 将子对象 patch 的颜色设成绿色
set(h_child_child(2),'facecolor',[0,1,0]);
```

各对象在 waitbar 上的分布情况如图 2.26-2 所示。

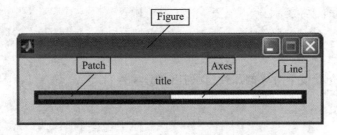

图 2.26-2 waitbar 上的各子对象

2. 进度条的应用

(1) 在循环语句中使用 waitbar

【例 2.26-1】 创建一个进度条,进度块颜色为绿色,每秒进度大约 10%,并添加一个"取消"按钮。

进度条的颜色是由其 patch 子对象的 FaceColor 属性决定的,故首先调用 findall 函数找到 patch 的句柄,再将其颜色修改成绿色。因为每秒进度为 10%,所以使用一个循环次数为 100 的 for 循环,每 0.1 秒进度 1%。使用 CreateCancelBtn 创建的按钮默认的 String 属性为 Cancel,调用 findall 函数找到按钮的句柄,再将按钮的标题修改为"取消"。

```
function example12_26_1
h = waitbar(0,'waiting...','name','进度条',...
'createcancelbtn','h = get(gco,''parent'');set(h,''userdata'',1);');
% 查找 patch 句柄
h_patch = findall(h,'type','patch');
% 修改 patch 颜色
set(h_patch,'facecolor',[0,1,0],'edgecolor',[0,1,0])
state = 0;
% 设置初始状态值
set(h,'userdata',state);
% 查找 Cancel 按钮的句柄
h_cancel = findall(h,'style','pushbutton');
% 将按钮的 string 设置为"取消"
set(h_cancel,'string','取消','fontsize',10)
for i = 1:100
```

```
        waitbar(i/100,h)
        pause(0.1)
        % 读取状态值
        state = get(h,'userdata');
        if state
            break
        end
    end
    if ishandle(h)
        % 关闭进度条
        delete(h);
    end
```

该程序编写成函数 M 文件形式,这样编写的程序在 GUI 函数中同样适用,当然也可以改写成脚本文件(去掉前面的 function example2_26_1 即可,程序不用作其他修改)。程序中的状态变量是使用 waitbar 属性中的 UserData 来记录的,也可以使用全局变量 global 来记录。程序运行的结果如图 2.26-3 所示。

图 2.26-3　在循环中使用 waitbar

(2) 将进度条内嵌到指定窗口

【例 2.26-2】 编写一个函数文件 mywaitbar,在窗口任意指定位置创建一个进度条,并能设置进度条的进度标题和进度。

因为 waitbar 本身就是 figure 类型,只是在其上放置了一个 axes 坐标轴(含两个子对象),所以可以先创建一个 waitbar,然后将其上的 axes 复制到指定窗口的指定位置。这里提供一个新的进度条函数,用户可以直接使用:

```
function h = mywaitbar(x,whichbar,varargin)
% 调用格式为 h = mywaitbar(x,'title',h_figure,x0,y0)
if ischar(whichbar) || iscellstr(whichbar)
    if nargin == 5
        % 创建进度条的指定窗口
        h_figure = varargin{1};
        % 进度条位置横坐标
        x0 = varargin{2};
        % 进度条位置纵坐标
        y0 = varargin{3};
        % 创建一个临时进度条
        h = waitbar(x,whichbar,'visible','off');
        % 查找进度条子对象
```

```
            h1 = get(h,'children');
            % 将进度条子对象复制到指定窗口内
            h_axs = copyobj(h1,h_figure);
            % 获取坐标轴的位置及大小
            pos = get(h_axs,'position');
            % 在指定位置放置相同大小的进度条
            set(h_axs,'position',[x0,y0,pos(3:4)])
            % 删除临时进度条
            delete(h);
        end
    elseif isnumeric(whichbar)
        h_axs = whichbar;
        % 找到 patch 句柄
        p = findall(h_axs,'Type','patch');
        % 设置新的进度
        set(p,'XData',[0 100*x 100*x 0])
        % 调用格式为 mywaitbar(p, h, 'title')
        if nargin == 3
            hTitle = get(h_axs, 'title');
            set(hTitle,'string',varargin{1});
        end
    end
    h = h_axs;
```

① 使用该函数创建进度条的格式为：

h = mywaitbar(x,'title',h_figure,x0,y0)

在窗口 h_figure 内的指定位置(x0,y0)创建一个初始进度为 x、进度标题为 title 的进度条。x 的值在[0,1]内，x0、y0 为进度条左下方在当前窗口内的位置，位置的单位由窗口 h_figure 的 Units 属性指定(默认是 pixels)。

② 使用该函数更新进度条进度格式：

mywaitbar(x,h)

③ 使用该函数更新进度条进度和进度标题格式：

mywaitbar(x,h,'title')

例如，在命令行输入：

```
>> h_figure = figure;
>> h = mywaitbar(0.1,'waiting...',h_figure,100,150)
```

生成的进度条如图 2.26-4 所示。

更新进度为 0.5，输入命令：

```
>> mywaitbar(0.5,h)
```

更新进度条进度为 0.9，进度条标题显示当前进度，命令如下：

```
>> mywaitbar(0.8,h,['当前进度为:',num2str(0.8)])
```

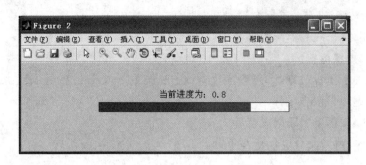

图 2.26－4 窗口内嵌进度条

2.27 技巧 34：在 MATLAB 程序中响应鼠标的操作

2.27.1 技巧用途

通过鼠标对 MATLAB 的图形用户界面程序进行操作是最常用的手段。当用户在窗口内触发了鼠标事件（如按下或释放一个鼠标键、双击鼠标键、移动鼠标等）时，希望程序能够处理这些鼠标事件（如在窗口内绘制图形、拖动对象等）。因此，用户有必要掌握如何处理鼠标输入的技巧。

2.27.2 技巧实现

MATLAB 为处理鼠标的输入预留了"接口"，这些"接口"保留在 figure 的属性中。

为了响应鼠标事件，MATLAB 在 figure 对象中设置了 WindowButtonDownFcn、WindowButtonMotionFcn、WindowButtonUpFcn、WindowScrollWheelFcn 4 个属性。WindowButtonDownFcn 和 WindowButtonUpFcn 用来响应鼠标按键按下和弹起事件；WindowButtonMotionFcn 用来响应鼠标移动事件；WindowScrollWheelFcn 用来响应鼠标滚轮滚动事件。用户在编程时，设置 figure 的这几个属性，就可以实现对鼠标的控制。

1. 取得鼠标指针的当前位置

如果用户想取得鼠标指针的当前位置，可以通过如下方式实现：

① pos = get(gcf,'CurrentPoint')

取得鼠标指针在 figure 中的当前位置，pos 是 1×2 的数组[pos1 pos2]，pos1＝pos(1)是鼠标指针所在位置的横坐标，pos2＝pos(2)是鼠标指针所在位置的纵坐标。这个横纵坐标是相对于 figure 的左下角而言的，坐标值的单位和 figure 的 Units 属性值是一致的。

② pos = get(gca,'CurrentPoint')

取得鼠标指针在当前坐标轴中的位置，pos 是 2×3 的数组，它定义了从坐标空间前面延伸到后面的一条三维直线。其中，pos(1)是鼠标指针在坐标轴中的横坐标，pos(3)是鼠标指针在坐标轴中的纵坐标。横纵坐标的范围为坐标轴的 XLim 和 YLim 属性值。

2. 区分鼠标左键、右键、中间键或鼠标双击事件

figure 对象的 SelectionType 属性有 4 个值：mormal、extend、alt 和 open。MATLAB 自动维护这个属性，提供在 figure 窗口中按下鼠标按键时的信息。

normal：表示按下鼠标左键。

extend：表示按下 shift＋鼠标左键或同时按下鼠标左右键。
alt：表示按下 Ctrl＋鼠标左键，或者按下鼠标右键，或者鼠标中间键。
open：表示双击鼠标按键。

在 figure 内按下鼠标按键时，可以通过查询 figure 的 SelectionType 属性来判断按下的是左键、右键、中间键还是双击鼠标。

3. 在 MATLAB 程序中取得鼠标输入

【例 2.27 - 1】 区分鼠标按键事件。

```
if strcmp(get(gcf,'SelectionType'),'normal')
    msgbox('按下了鼠标左键');
elseif strcmp(get(gcf,'SelectionType'),'alt')
    msgbox('按下了鼠标右键');
elseif strcmp(get(gcf,'SelectionType'),'extend')
    msgbox('按下了鼠标中间键');
elseif strcmp(get(gcf,'SelectionType'),'open')
    msgbox('鼠标双击操作');
end
```

【例 2.27 - 2】 使用鼠标在坐标轴内绘图。

该例综合演示了如何在 MATLAB 程序中取得鼠标单击位置的坐标、如何区分鼠标左键和右键单击事件，如何利用鼠标在指定的坐标轴内绘图等。

程序运行后，在坐标轴的绘图区域内按下鼠标左键，在两点之间绘制直线；按下鼠标右键，则停止绘图。

```
function usemouse
% 创建 figure 窗口和坐标轴
s.hf = figure('name','鼠标的使用',...
    'numbertitle','off',...
    'tag','figure1',...
    'units','normalized',...
    'position',[0.3 0.3 0.4 0.3]);
s.haxes = axes('parent',s.hf,...
    'units','normalized',...
    'position',[0.1 0.1 0.8 0.8],...
    'XTick',[],...
    'YTick',[],...
    'Box','on');
% 设置 figure 的 WindowButtonDownFcn 和 WindowButtonMotionFcn 属性
set(s.hf,'WindowButtonDownFcn',@figure1_windowbuttondownfcn);
set(s.hf,'WindowButtonMotionFcn',@figure1_windowbuttonmotionfcn);
% 定义一个标志,1 表示正在绘图,0 表示停止绘图
global draw_enable
draw_enable = 0;
function figure1_windowbuttondownfcn(hobj,event)
global draw_enable;
```

```
global x;
global y;
global h1;
%若figure的selectiontype属性值为normal,则表示单击鼠标左键,开始绘制折线
if strcmp(get(hobj,'SelectionType'),'normal')
    draw_enable = 1;
    p = get(gca,'currentpoint');
    x(1) = p(1);
    y(1) = p(3);
    x(2) = p(1);
    y(2) = p(3);
    h1 = line(x,y,'EraseMode','xor');
end
%如果figure的selectiontype属性值为alt,则表示单击鼠标右键,退出绘图状态
if strcmp(get(hobj,'SelectionType'),'alt')
    draw_enable = 0;
end
function figure1_windowbuttonmotionfcn(hobj,event)
global draw_enable;
global x;
global y;
global h1;
p = get(gca,'currentpoint');
if draw_enable == 1
    x(2) = p(1);
    y(2) = p(3);
    %鼠标移动时,随时更新折线的数据
    set(h1,'xdata',x,'ydata',y);
end
```

程序运行的结果如图 2.27 – 1 所示。

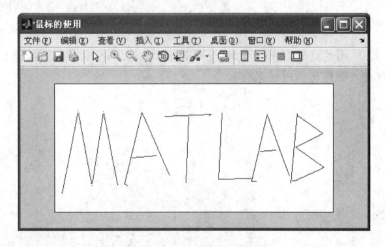

图 2.27 – 1 使用鼠标绘图

2.28 技巧35：在MATLAB程序中响应键盘的操作

2.28.1 技巧用途

和鼠标一样，键盘也是应用程序常用的输入设备。在MATLAB程序中，用户如果想通过键盘来控制程序的运行，首先需要确定键盘上的哪个按键被按下了，然后根据按键的类型来决定进行何种操作。同样，figure对象的属性中也提供了键盘输入的"接口"。

2.28.2 技巧实现

在MATLAB程序中，可以使用如下两种方法来取得键盘的输入：

① 利用figure的CurrentCharacter和KeyPressFcn属性来取得键盘输入。在MATLAB的figure对象的属性中，有两个重要的属性：CurrentCharacter和KeyPressFcn。CurrentCharacter常与KeyPressFcn相配合，主要用来监控figure窗口内是否有按键被按下。如果有按键被按下，则将按键所对应的字符保存到CurrentCharacter当中。因此，定义figure的KeyPressFcn函数，在其中取得CurrentCharacter的属性值，就可以取得键盘的输入。

【注】通过该方法取得的是键盘上对应的字符。键盘上的字符有：(0～9)、(a～z)、(;)、(')、(,)、(.)、(/)、(\)、()、(=)、(+)、(_)、(:)、(")、(<)、(>)、(?)、(|)、(*)、(&)、(^)、(%)、($)、(#)、(@)、(!)、(~)、()等。

【例 2.28 - 1】定义figure的CurrentCharacter和KeyPressFcn属性，来取得键盘输入。

```
function keyboardinput()
% 设置figure的KeyPressFcn回调函数，以响应键盘按下的事件
figure('KeyPressFcn',@keypress);
    function keypress(hobj,event)
        % 取得figure的CurrentCharacter属性值，并在命令窗口显示
        key = get(hobj,'CurrentCharacter');
        disp(key);
    end
end
```

运行该M文件，出现空的figure界面，按下键盘上的a、b、c、d、e、f按键，即在命令行窗口中显示按下的按键。程序运行的结果为：

```
>> keyboardinput
a
b
c
d
e
f
    'control'

control
```

② 通过KeyPressFcn回调函数中的事件结构来取得键盘输入。MATLAB的figure对象

的 KeyPressFcn 属性用来设置键盘按键按下事件的回调函数。定义这一属性为一个函数句柄，如@mykeypress，则 mykeypress 函数必须带有两个默认的参数，一个是 figure 的句柄，一个是事件结构。

按键的事件结构包含的字段如表 2.28-1 所列。

表 2.28-1 事件结构

域名称	包含的内容
Character	按下的按键所对应的字符，见本节①中的【注】
Modifier	该字段是 cell 数组，包含一个或多个被按下的修饰键，如 'control'、'alt'、'shift' 等
Key	被按下的按键的键码

字符 Key 可能是如下的数值：0~9、a~z、semicolon(;)、quote(')、comma(,)、period(.)、slash(/)、leftbracket([)、rightbracket(])、backslash(\)、return(Enter)、capslock(CapsLk)、shift(Shift)、control(Ctrl)、alt(Alt)、f1~f12(F1~F12)、delete(Delete)、insert(Insert)、home(Home)、end(End)、pageup(PgUp)、pagedown(PgDn)、pause(Pause)、scrolllock(ScrLk)、escape(Esc)以及上下左右键 uparrow、downarrow、leftarrow、rightarrow。

▲【例 2.28-2】 通过 KeyPressFcn 函数的按键事件结构来取得键盘输入。

```
function keyboardinput
% 定义 figure 的 KeyPressFcn 回调函数
figure('KeyPressFcn',@keypress);
function keypress(hobj,event)
% 通过结构体 event 来取得按键事件的各部分信息,并在命令窗口中显示
        keyChar = event.Character;
        keyModifier = event.Modifier;
        key = event.Key;
        disp(keyChar);
        disp(keyModifier);
        disp(key);
    end
end
```

2.29 技巧 36：MATLAB 图形用户界面开发基本方法

2.29.1 技巧用途

MATLAB 提供了用来开发图形用户界面程序的函数、工具和控件。在程序中添加图形用户界面，可使程序的运行更加直观，方便用户对程序进行控制。以下是在 MATLAB 中开发图形用户界面程序常用的几个技巧。

2.29.2 技巧实现

1. 编程实现将输入焦点移动到指定控件上

在 GUI 上，可以用鼠标来使控件获得焦点，也可以使用键盘上的 Tab 键来使控件获得焦

点。此外,可以通过编程来使控件获得焦点。例如,检查多个 Edit Text 控件的输入值,如果输入不满足要求,则将焦点指定到出错的 Edit Text 控件上,以提示用户重新输入。

MATLAB 中的 uicontrol 函数不仅可以用来创建控件,还可以用来将输入焦点指向指定的控件。uicontrol 函数的调用格式为:

uicontrol(object_handle)

其中,object_handle 为将取得焦点的控件的句柄。

```
% 将输入焦点指向编辑框 edit1
uicontrol(edit1_handle);
```

2. 给界面窗口添加背景图片

可以在界面窗口中显示背景图片,以此美化程序的界面。

【例 2.29 - 1】 为界面窗口添加背景图片。

① 把 figure 对象的 Resize 属性设置为 on。

② 在 figure 上创建坐标轴,把坐标轴的 Units 属性设置为 normalized,position 属性设置为 [0 0 1 1]。这样可以使坐标轴覆盖整个 figure 的可操作区域,并且当改变界面窗口的大小时,背景图片始终占据整个界面窗口。

③ 读入图片信息,并在坐标轴中显示。

```
% 创建 figure,设置其 Units 属性值为 normalized
hf = figure('units','normalized',...
    'position',[0.4 0.4 0.4 0.3]);
% 创建 axes,设置其 Units 属性和 Position 属性
haxes = axes('parent',hf,...
    'units','normalized',...
    'position',[0 0 1 1]);
% 读取图片并在坐标轴中显示
dat = imread('1.jpg');
axes(haxes);
image(dat);
% 关闭坐标轴线、刻度和标签
axis off
```

程序运行的结果如图 2.29 - 1 所示。

图 2.29 - 1　为界面窗口添加背景图片

3. 给按钮添加背景图片

MATLAB 的 Push Button 和 Toggle Button 控件有个 CData 属性,把该属性值设置为图片信息,可以在指定的按钮上显示背景图片。

【例 2.29 - 2】 为按钮添加背景图片。

① 设计一些按钮的图片,保存为.jpg 格式备用。

② 在 OpeningFcn 函数中,对按钮进行初始化,设置其 CData 属性值为图片的值。

```
% 为"播放"按钮添加背景图片
[a1,map1] = imread('play.jpg');
[r1,c1,d1] = size(a1);
x1 = ceil(r1/30);
y1 = ceil(c1/30);
g1 = a1(1:x1:end,1:y1:end,:);
set(handles.pushbutton1,'CData',g1);

% 为"暂停"按钮添加背景图片
[a2,map2] = imread('pause.jpg');
[r2,c2,d2] = size(a2);
x2 = ceil(r2/30);
y2 = ceil(c2/30);
g2 = a2(1:x2:end,1:y2:end,:);
set(handles.pushbutton2,'CData',g2);

% 为"停止"按钮添加背景图片
[a3,map3] = imread('stop.jpg');
[r3,c3,d3] = size(a3);
x3 = ceil(r3/30);
y3 = ceil(c3/30);
g3 = a3(1:x3:end,1:y3:end,:);
% g(g == 255) = 5.5 * 255;
set(handles.pushbutton3,'CData',g3);
```

程序运行的结果如图 2.29 - 2 所示。

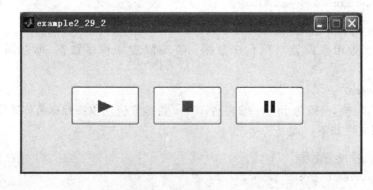

图 2.29 - 2 为按钮增加背景图片

4. 在一个 MATLAB 程序中调用其他 MATLAB 程序

一个 MATLAB 程序常常需要调用另外的 MATLAB 程序,程序的输入和输出经常通过不同的界面来实现,这就牵涉到不同的 MATLAB 程序的相互调用问题。

▲【例 2.29-3】 在例 2.29-2 中"播放"按钮的 Callback 中调用程序 example。
example.m 中的代码为:

```
figure;
x = 0:pi/50:2 * pi;
y = sin(x);
plot(x,y);
```

在"播放"按钮的 Callback 中加入如下代码即可调用 example:

```
% 调用 example 程序
example;
```

如果需要在两个界面窗口中传递数据,则可以参照"技巧 75:不同 MATLAB 程序之间的数据传递"。

5. 判断一个变量是否已保存到 handles 句柄结构中

在用 MATLAB 编程时,有时可能会遇到这样的报错信息"引用了不存在的字段 'value'"。这是因为在句柄结构中不存在 value 这个字段,而程序中的代码却试图引用这个字段的值,所以出错。因此,在引用句柄结构中的字段时,最好先判断该字段是否存在,然后再引用。方法如下:

```
% 判断变量 value 是否保存到 handles 结构中,如果是,则返回 1,否则返回 0
tf = isfield(handles, 'value');
if ~tf
    msgbox('字段 value 不存在');
end
```

6. handles 句柄结构中字段的清除

handles 结构是用 GUIDE 生成的 GUI 程序所特有的结构,用户修改时要注意,否则会造成程序不能正常运行。因此,只能从 handles 结构中移除用户自定义的字段。方法为:

```
% 假定 yourfield 是用户自加的字段
handles = rmfield(handles,'yourfield');
```

7. 清除由 setappdata 设置的应用程序数据

setappdata 函数用来设置应用程序数据。要清除应用程序数据,可以调用 rmappdata 函数。

rmappdata(h,name)

其中,h 为对象的句柄,一般为 figure 的句柄;name 为包含应用程序数据名称的字符串。

函数的使用方法如下:

```
% 为对象设置应用程序数据
setappdata(handles.figure1,'myname','string');
% 删除应用程序数据 myname
rmappdata(handles.figure1,'myname');
```

```
% 校验是否清除成功。若成功,则 val 的值为空
val = getappdata(handles.figure1,'myname');
```

8. 避免引用无效的对象句柄

在程序中删除某一个对象后,与对象相关联的句柄即失效。如果在程序的其他地方又引用了该对象的句柄,则会出现"引用无效的句柄"的错误,在编程时必须设法避免这种错误。

例如,运行下面的代码:

```
delete(handles.test);
set(handles.test,'enable','off');
```

出现错误提示:

```
错误使用 handle.handle/set
对象无效或已删除。
```

程序提示在调用 set 函数时引用了无效的句柄对象。可以有两种方法来避免这种错误:

① 在删除对象的同时删除其句柄:

```
% 删除对象
delete(handles.test);
% 把句柄的值从 handles 结构中移除
handles = rmfield(handles,'test');
```

② 在引用可能失效的句柄时,先用 ishandle 判断句柄是否有效:

```
if ishandle(handles.test)
    set(handles.test,'enable','off');
end
```

9. 使按钮变灰(不可用)

有时界面上的多个按钮之间会具有某种逻辑上的关联性,即当满足某些条件时,按钮才可用;否则,按钮显示为不可用。

按钮的 Enable 属性有 3 个值:on 表示按钮是可用的;inactive 表示按钮不可用,但不变灰;off 表示使按钮变灰。

例如,使按钮 pushbutton1 变灰,程序如下:

```
set(handles.pushbutton1,'enable','off');
```

edit、listbox、popupmenu、pushbutton、statictext、radiobutton、togglebutton 等控件都可以通过设置 Enable 属性使控件变灰。

10. 在程序中控制界面窗口的关闭过程

单击界面右上角的关闭按钮,MATLAB 会自动调用默认的函数 closereq 来关闭窗口,并删除当前的 figure 对象。用户可以通过设置 figure 对象的 CloseRequestFcn 属性,来控制窗口的关闭操作。

例如,在程序的运行过程中,用户使关闭按钮无效,以防止误操作;程序运行结束,重新使关闭按钮生效。方法如下:

① 程序运行时,调用下面的命令:

```
set(gcf,'CloseRequestFcn','');
```

该命令把 figure 对象的 CloseRequestFcn 属性值设置为空,就可以使关闭按钮无效。

② 程序运行结束,调用下面的命令:

```
set(gcf,'CloseRequestFcn','closereq');
```

该命令把 CloseRequestFcn 设置为 MATLAB 默认的 closereq 函数,就可以使关闭按钮生效。

2.30 技巧 37:MATLAB Notebook 的使用方法

2.30.1 技巧用途

Notebook 是 MATLAB 与文字处理软件 Microsoft Word 的结合,使用户可以在 Word 环境中访问 MATLAB,并将 MATLAB 的处理结果返回 Word 中,进行文字处理与科学计算的统一。合理有效地使用 Notebook,可以给用户带来很大方便,节省不必要的工作时间。

2.30.2 技巧实现

本节以 Microsoft Office Professional Plus 2010 为例,介绍在 MATLAB 中使用 Notebook 的方法。

1. Notebook 基础

Notebook 的安装是在 MATLAB 安装完成之后进行的,使用下面的命令:

```
>> notebook - setup
```

安装成功后会出现下面的提示:

```
欢迎使用 MATLAB Notebook 的设置程序
用于 MATLAB 和 Microsoft Word 的交互
设置完成
```

安装完成后,选择"文件"→"新建"→"我的模板",则弹出"新建"对话框,如图 2.30 - 1 所示。在"个人模板"属性页中发现模板 m - book.dot 已出现在文档模板列表中。

建立 m - book 文档后,在 Word 的界面中会出现"加载项"导航栏,单击"加载项"导航栏,将显示 Notebook 操作菜单命令,如图 2.30 - 2 所示。

实际上,Notebook 是将 MATLAB 作为自动化服务器提供给 Word 调用的,Word 即作为自动化客户端。用户在新建立 m - book 之后,MATLAB 会跟随 Notebook 一起启动。

如图 2.30 - 1 所示,选择 m - book.dot 模板并单击"确定"按钮后,即可启动 Notebook。此外,用户还可以直接在 MATLAB 中启动 Notebook。在命令行窗口中输入下面的命令:

```
>> notebook
```

或者输入:

```
notebook filename
```

来启动已存在的名称为 filename 的 Notebook 文档。

图 2.30-1　在模板库中添加了 m-book 文档模板

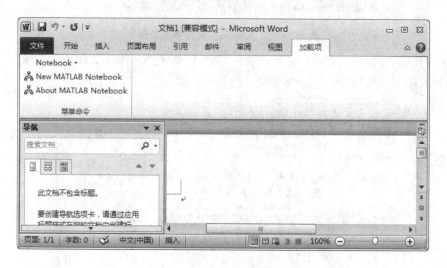

图 2.30-2　加载项导航栏

　　Notebook 通过单元(cell)与 MATLAB 传递数据,由 m-book 传入 MATLAB 的为输入单元,MATLAB 输出结果送回 m-book 中作为输出单元,输出单元必须依赖于相应的输入单元而存在。因此在 Notebook 中,定义输入单元是主要任务,而定义输入单元之后的执行和返回工作都由 MATLAB 自动完成。

　　要定义输入单元,可以在 m-book 中选中 MATLAB 命令,然后选择 Notebook 菜单中的 Define Input Cell 菜单项即可完成,如图 2.30-3 所示。

　　输入单元在 m-book 默认模板下的格式为绿色、Courier 粗体英文。输入单元定义好之后,可以通过 Notebook 菜单下的 Evaluate Cell 来执行。执行完毕,MATLAB 自动将输出结果送入 m-book。输出以输出单元形式出现,在 m-book 模板下的默认格式为蓝色、Courier 英文;如果出现错误,用红色加粗 Courier 英文提示。在 Notebook 中也可以先不定义输入单

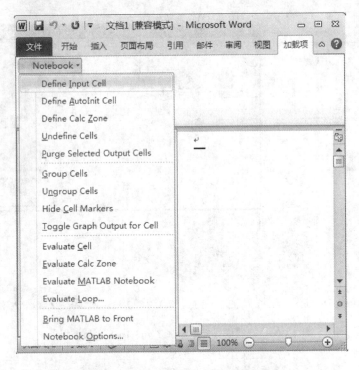

图 2.30-3 Notebook 操作命令菜单

元,直接执行代码,这时 Notebook 实际上执行了两个步骤:Notebook 自动定义输入单元;执行单元。输入单元和输出单元的示例如图 2.30-4 所示。

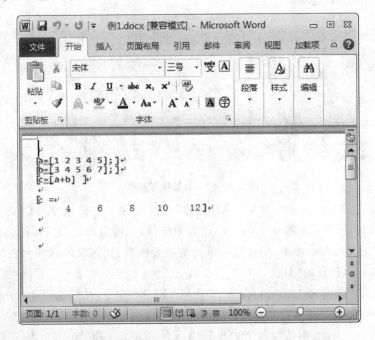

图 2.30-4 m-book 中的输入和输出单元

2. Notebook 的进阶使用技巧

Notebook 使用方便的一个很重要的原因在于 MATLAB 绘制的图形可以自动输出到 m-book 中去。比如在 Notebook 中输入下面的代码，按照本节"Notebook 基础"中的方法定义输入单元并执行，结果将送回 m-book 中，如图 2.30-5 所示。

```
% 在 M-book 中输入下面的语句并执行
t = -pi:0.01:pi;
x = sin(t);
plot(t, x)
```

默认输出图形的格式为"嵌入"类型。还可以选中图形，选择"加载项"→Notebook→Notebook Options 来修改输出图形的格式。Notebook Options 对话框如图 2.30-6 所示。

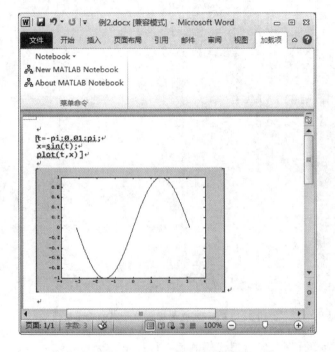

图 2.30-5　m-book 中输出图形

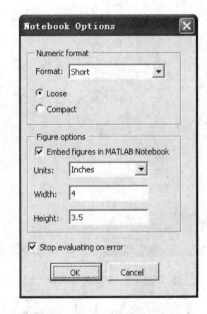

图 2.30-6　Notebook Options 对话框

默认图形输出格式中的 Embed figures in MATLAB Notebook 是选中的。另外，输出图形的大小及其单位等都可以在此设定。从图 2.30-6 中可以看到，除了图形输出的控制之外，还可以修改数值输出格式，类似于命令行窗口里面的数值输出效果，这里不再赘述。

细心的读者可能会发现，图 2.30-5 中的输入单元和图 2.30-4 的输入单元格式有所不同：图 2.30-5 的输入单元只有一对"[ ]"，而图 2.30-4 的输入单元是一句一对"[ ]"。原因是，图 2.30-5 使用的是输入单元组。

有时，用户希望 MATLAB 运行完一部分代码之后才给出结果；另外，在循环、分支等结构中，每一句作为一个输入单元会产生错误，这时就要使用输入单元组。输入单元组可以通过定义好的输入单元，选择需要归入输入单元组的语句，然后选择 Notebook 菜单项 Group Cells 来定义输入单元组。这样，Notebook 将这些语句作为组传递给 MATLAB，这些语句全部执行完毕之后，MATLAB 才将输出结果返回 m-book。下面的例子说明了输入单元和输入单元组的区别，以及在分支或者选择等结构下，只能使用输入单元组。

新建立 m-book 文档，输入下面的语句：

```
% 在 m-book 文件中输入下面的语句,分别使用输入单元和输入单元组执行
x = [1 2; 3 4]
y = [1 3; 2 4]
z = x * y
```

图 2.30-7 和图 2.30-8 所示分别定义为输入单元和输入单元组的输出结果。

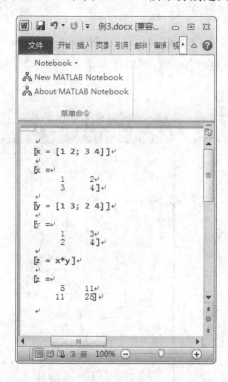

图 2.30-7　定义为输入单元的输出结果　　图 2.30-8　定义为输入单元组的输出结果

再次新建立 m-book 文档,输入下面的代码,然后把代码的每一行都定义为输入单元,执行后会出现错误提示信息,如图 2.30-9 所示。

```
for k = 1:10
    disp(k);
end
```

因此,在使用循环或者分支等配对使用的语句时,必须将所有的输入单元合并为输入单元组。如图 2.30-10 所示,程序运行正常。

3. 在 64 位 Microsoft Word 下如何正确安装 MATLAB Notebook

Notebook 的安装是在 MATLAB 安装完成之后进行的,使用下面的命令:

```
Notebook -setup
```

安装成功后会出现下面的提示:

```
Welcome to the utility for setting up the MATLAB Notebook
for interfacing MATLAB to Microsoft Word

Setup complete
```

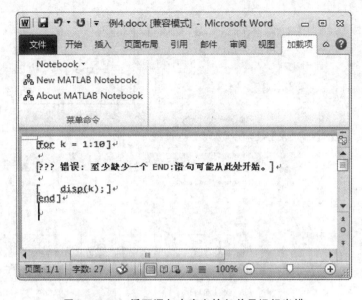

图 2.30-9　循环语句中定义输入单元运行出错

图 2.30-10　正确使用输入单元组来运行循环程序

　　Notebook 的安装会给 Word 软件增加一个新的模板文件——m-book.dot 模板（本节使用 Microsoft Office 2013 Professional plus 版本示意，可在"开发工具"→"文档模板"中寻找 m-book 模板并选用），如图 2.30-11 所示。

　　建立 m-book 文档后，Word 的界面中会出现 Notebook 菜单（在"加载项"标签栏内），如图 2.30-12 所示。

　　用户还可以直接在 MATLAB 中启动 Notebook。在 Command Window 中使用下面的命令：

MATLAB N个实用技巧(第2版)

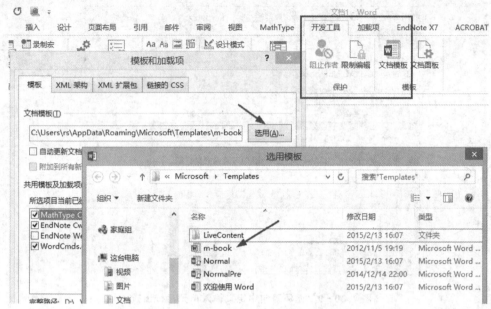

图 2.30-11 选用 m-book 模板

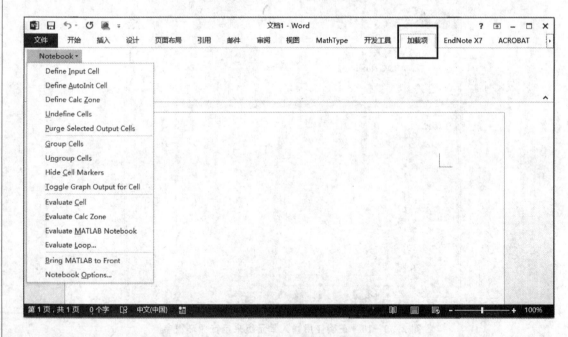

图 2.30-12 Notebook 菜单

```
notebook
% notebook filename 启动已存在的 notebook 文档
```

此时,用户会发现,无论是自行建立 m-book 文件,还是从 MATLAB 中启动 notebook,Word 均会给出如图 2.30-13 所示的错误信息。

随着该错误的出现,Microsoft Visual Basic for Applications 也会自行打开,并且定位到上述错误出现的地方,即两个声明(Declare)语句位置。根据错误提示,需要在 Declare 之后使

图 2.30-13 在 64 位 Word 软件中启动 Notebook 时的错误信息

用 PtrSafe 进行标记。两个声明语句分别为：

```
Private Declare Function WinHelp Lib "USER32.DLL" Alias "WinHelpA" (ByVal hWnd As Integer, ByVal lpHelpFile _
     As String, ByVal wCmd As Integer, ByVal dwData As String) As Integer
Private Declare Function GetActiveWindow Lib "USER32.DLL" () As Integer
```

需要将他们修改为：

```
Private Declare PtrSafe Function WinHelp Lib "USER32.DLL" Alias "WinHelpA" (ByVal hWnd As Integer, ByVal lpHelpFile _
     As String, ByVal wCmd As Integer, ByVal dwData As String) As Integer
Private Declare PtrSafe Function GetActiveWindow Lib "USER32.DLL" () As Integer
```

此后便可正常使用 Notebook 功能。

2.31 技巧38：符号函数、内联函数和匿名函数的操作方法

2.31.1 技巧用途

除了使用函数文件编写函数之外，MATLAB 还提供了符号函数、内联函数和匿名函数 3 种函数生成方式。其中内联函数和匿名函数类似于函数文件，可处理数值问题，只不过函数表达形式不同；符号函数处理符号运算问题，也可以通过对自变量赋值得到符号函数值。但是对于这 3 类函数的使用，初学者可能会比较迷惑，本节给出几种基本的使用方式。

2.31.2 技巧实现

1. 符号函数、内联函数和匿名函数的定义

（1）符号函数

符号函数可以通过单引号定义；或者首先定义符号函数自变量，然后做符号四则运算完成。即如下两种方式皆可：

```
% 通过单引号
f1 = 'sin(x)';
% 首先定义符号函数变量,然后做符号四则运算
syms x
f2 = sin(x);
```

f1 和 f2 均为符号函数,但是它们不完全相同。f1 和 f2 类型不同:f1 是字符串类型,f2 为 sym 类型。可以通过 class 函数查看函数类型。

(2) 内联函数

内联函数使用关键词 inline 定义,方法如下:

```
f3 = inline('sin(x)');
```

MATLAB 命令窗口通过如下方式显示内联函数:

```
f3 =
    Inline function:
    f3(x) = sin(x)
```

上面的定义中没有声明函数自变量,MATLAB 通过字母表顺序规定函数自变量顺序,比如下面的内联函数:

```
f4 = inline('sin(a + x + t)');
```

产生的内联函数 f4 如下:

```
f4 =
    Inline function:
    f4(a,t,x) = sin(a + x + t)
```

如果需要规定自变量顺序,那么使用下面的定义方式:

```
f5 = inline('sin(a + x + t)', 'x', 't', 'a');
```

产生的内联函数 f5 如下(可以与 f4 对比一下其不同之处):

```
f5 =
    Inline function:
    f5(x,t,a) = sin(a + x + t)
```

(3) 匿名函数

匿名函数通过函数句柄构造,当然函数句柄也可以指向非匿名函数,这是另外一种情况。一个匿名函数的定义如下:

```
f6 = @(x) sin(x);
```

匿名函数在 MATLAB 工作空间中的显示如下:

```
f6 =
    @(x)sin(x)
```

其中@表示函数句柄,上面说过,函数句柄可以指向非匿名函数,比如直接定义 f6=@sin。

2. 求解符号函数、内联函数和匿名函数的函数值

(1) 符号函数

◤【例 2.31-1】 求解符号函数的函数值。

对于使用上述两种方法定义的符号函数,均可以使用 eval 或者 subs 函数求解函数值:

```matlab
% 使用单引号定义
f1 = 'sin(x)';
x = pi/2;
eval(f1)
subs(f1)
% 首先定义符号变量,然后定义符号函数
syms x
f2 = sin(x);
x = pi/2;
eval(f2)
subs(f2)
```

但是对于含有多个变量,使用单引号形式生成的符号函数,只能通过 eval 函数求解函数值;而对于使用第 2 种方法,首先定义符号自变量,通过符号运算获得的符号函数,则不受限制。两种方式都可以带入部分变量的值。举例如下:

```matlab
% 对于多变量使用单引号定义的符号函数,只能通过 eval 函数求解函数值,使用第2种方式定义的符
% 号函数则不受限制
fun1 = 'x + y';
x = 1;
y = 2;
eval(fun1)

% 使用 subs 函数求解符号函数 fun2 在 x 取 1 时的值
syms x y
fun2 = x + y;
subs(fun2, x, 1)
% 或者使用
x = 1;
eval(fun2)

% 使用 subs 函数求解 x 取 1,y 取 2 时的值
subs(fun2, {x, y}, {1, 2})
% 或者使用
x = 1;
y = 2;
eval(fun2)

% 使用 subs 函数求解 y 取 2 时的值
subs(fun2, {x, y}, {x, 2})
```

(2) 内联函数和匿名函数

▲【例 2.31 - 2】 求解内联函数和匿名函数的函数值。

内联函数和匿名函数都可以直接使用数学中的表达方式,也就是如果 fun 为 x 和 y 的函数,那么求解(x,y)的值可以使用 fun(x,y)。举例如下:

```
f3 = inline('x + y.*z', 'x', 'y', 'z');
f3(1, 3, 4)

f4 = @(x, y, z) x.*y.*z;
f4([1 1], [2 2], [3 3])
```

如果需要求解部分自变量取值时的函数值,那么可以通过定义另外的自变量为符号变量,然后通过上面的方式求解函数值,其结果为一符号函数。但是对于匿名函数来说,有更为灵活的使用方式,这一点会在下一小节中介绍。

从上面的例子也可以看出,定义符号函数、内联函数以及匿名函数时要考虑求解函数值时的规则,注意点运算的使用。

3. 对匿名函数的灵活性说明

▲【例 2.31 - 3】 多变量匿名函数的灵活使用。

上一小节末尾指出了匿名函数的灵活之处,即多变量匿名函数可以方便地给部分变量赋值,而不用通过符号定义方式。其实这是一种多重的匿名函数。举例如下:

```
fun = @(x, y, t) (x + y).^2 + t.^2;
% 仅对自变量 t 赋值 t = 2
fun2 = @(x, y) fun(x, y, 2);
```

这里 fun 为 x、y 和 t 的三元函数,fun2 对 t 进行了赋值,可以看到 fun2 的显示结果:

```
fun2 =
    @(x,y)fun(x,y,2)
```

这里 fun2 中对 fun 函数的自变量 t 进行的赋值,但并没有显式地表达出来,其函数体仍然使用 fun 函数表示,但是第 3 个变量已经赋值为 2,达到了上面的要求,并且没有通过符号的定义形式。这里 fun2 的定义类似于如下的双重匿名函数:

```
fun3 = @(t)@(x, y) (x + y).^2 + t.^2;
```

这里 fun3 为双重匿名函数。首先 fun3 为 t 的函数,其函数体为 x 和 y 的匿名函数,比如带入 t 值:

```
fun2 = fun3(2);
```

这里仍然使用 fun2 表示,正是因为通过双重匿名函数对第一重赋值之后获得的函数和多元单重匿名函数对部分自变量赋值得到的结果一致。这里可以查看 fun2 的结果,仍然没有显式地表示出函数体。

```
fun2 =
    @(x,y)(x+y).^2+t.^2
```

4. 符号函数、内联函数和匿名函数的导数求解

(1) 符号函数的导数

可直接通过 diff 函数求解,比如:

```
syms x y z;
f1 = x + y*z;
diff(f1)
```

执行上述语句的结果如下：

```
ans =

1
```

即，对于多变量符号函数而言，diff 默认的求导（偏导）变量为 MATLAB 所识别的第一个函数变量。

（2）内联函数的导数

diff 函数不支持 inline 类型的函数，并且也不再支持字符串类型，因而先前版本通过将 inline 类型的函数转换为字符串类型，再进行求导的方式不再有效（可见本书第 1 版中的讲解），此时需要将 inline 类型的函数转换为符号函数，然后使用 diff 求导。比如：

```
f2 = inline('x + y*z');
f = sym(char(f2));
```

首先使用 char 函数将内联函数 f2 转换为字符串，然后使用 sym 函数将字符串转换为符号函数，最后使用 diff 函数求导。这里对 y 变量求偏导数：

```
diff(f, 'y')
```

结果为：

```
ans =

z
```

（3）匿名函数的导数

匿名函数可以通过 char 或者 func2str 函数将其转换为字符串表达式。但是需要注意的是，使用函数句柄表示的非匿名函数，使用 func2str 或者 char 的结果会自动去掉@符号，但是处理匿名函数时，匿名函数的@符号以及参数表在转换后仍然存在，需要手动去除。如下面的例子：

```
f2 = @(x, y, z) x + y*z;
f = char(f2);  % 或者使用 f = func2str(f2);
f = f(9:end);  % 根据参数个数确定起始点
```

上面程序中第 3 行便是手动去除@(x,y,z)的代码，需要根据处理的实际匿名函数确定。后面的操作就与内联函数一致了，即再次使用 sym 函数将其转换成符号函数，然后使用 diff 函数求导。这里对变量 z 求偏导，如下：

```
f = sym(f);
diff(f, 'z')
```

求解结果为：

```
ans =

y
```

第 3 章

绘图操作技巧

3.1 技巧 39：用 contour 函数绘制等高线图

3.1.1 技巧用途

等高线是地图上高度相等的各相邻点所连成的闭合曲线,在工程领域广泛使用。MATLAB 提供了用于绘制等高线图的 contour 函数,可以方便地绘制并修饰等高线图。

3.1.2 技巧实现

1. contour 函数

函数 contour 的基本用法如下：

contour(Z)：自动选取等高线条数(number of levels)和"海拔"值(level)绘制矩阵 Z 的等高线图。

contour(Z, n)：规定条数为 n,绘制矩阵 Z 的等高线图,自动选取合适的 level。

contour(Z, v)：规定绘制等高线的 level 值,v 为单调上升的向量。如果仅绘制某一个 level 值——v 处的等高线,则使用[v, v]的语法组成向量。

contour(X, Y, …)：规定绘制等高线的 x - y 平面坐标。

contour(…, name, value)：调节 contour 对象的属性。

【例 3.1 - 1】 绘制 MATLAB 自有 peaks 图形的等高线图。

```
[X, Y, Z] = peaks;

subplot(121)
contour(X, Y, Z, 20)
title('规定等高线条数为 20');

subplot(122)
contour(X, Y, Z, 10)
title('规定等高线条数为 10');
```

绘制的效果如图 3.1 - 1 所示。

2. 等高线图的修饰

等高线图的常用修饰主要包括：显示"海拔"值;突出某一或者某几"海拔"处的等高线。

(1) 显示"海拔"值

使用 contour 对象的 ShowText 属性或者 clabel 函数。

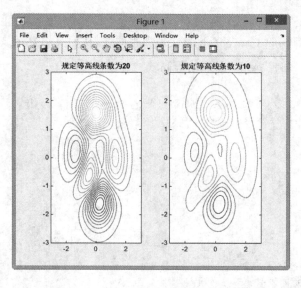

图 3.1-1 contour 函数绘制等高线图示例

【例 3.1-2】 分别使用 contour 对象的 ShowText 属性和 clabel 函数标记海拔值。

```
[X, Y, Z] = peaks;

subplot(121)
contour(X, Y, Z, 5, 'ShowText', 'on')
title('使用 contour 对象的 ShowText 属性');

subplot(122)
[C, h] = contour(X, Y, Z, 5);
clabel(C, h);
title('使用 clabel 函数');
```

绘制的效果如图 3.1-2 所示。

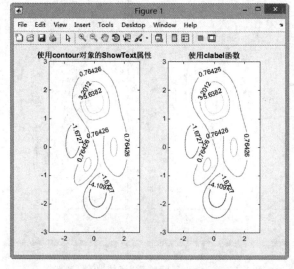

图 3.1-2 标记等高线的海拔值

(2) 突出显示特定"海拔"值的等高线

可以通过修改等高线的 LineWidth 属性来加粗曲线，从而突出显示该海拔处的等高线。

【例 3.1-3】 加粗 peaks 图形的等高线。

```
[X, Y, Z] = peaks;
zmin = floor(min(Z(:))); zmax = ceil(max(Z(:)));
zinc = (zmax - zmin) / 20;
vall = zmin:zinc:zmax;

subplot(121); hold on;
contour(X, Y, Z, vall)
% 突出中值处的等高线
v1 = median(vall);
contour(X, Y, Z, [v1 v1], 'LineWidth', 2);
title('加粗某一特定海拔值处的等高线');

subplot(122); hold on;
[C, h] = contour(X, Y, Z, vall);
% 每隔两条突出一条等高线
v2 = zmin:2:zmax;
contour(X, Y, Z, v2, 'LineWidth', 2);
title('加粗多个海拔值处的等高线');
```

绘制的效果如图 3.1-3 所示。

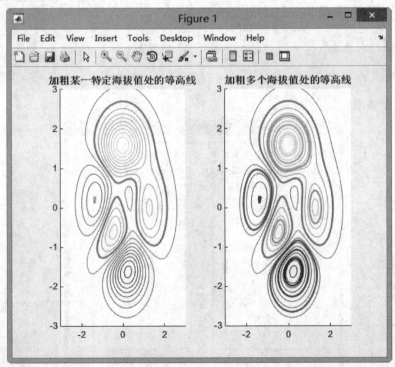

图 3.1-3 突出显示特定"海拔"值的等高线

3.2 技巧40：利用 annotation 命令实现图形的标注

3.2.1 技巧用途

在利用 MATLAB 作图时经常需要对图形进行标注，如标注坐标值、箭头、主题关键字等。利用 MATLAB 提供的函数，如 text、legend 等可以对图形进行初步标注。但是如果拉伸图形窗口，已有的标记框或箭头会发生位置改变。解决这一问题可以运用 MATLAB 提供的 annotation 函数。MATLAB 中的 Annotations 组件都是相对于坐标轴定位，所以无论图形如何改变，最初令箭头指向坐标轴中的某个坐标，则在图形窗口的大小改变后，箭头还指向同一坐标。annotation 命令也可以用于带箭头的坐标轴标注、曲线标注等。

3.2.2 技巧实现

1. annotation 函数说明

使用命令 annotation(annotation_type) 可以创建指定类型的标注对象。标注类型（annotation_type）如表 3.2-1 所列。

表 3.2-1 标注类型

类型参数	意 义	类型参数	意 义
'line'	直线	'textbox'	文本框
'arrow'	箭头	'ellipse'	椭圆
'doublearrow'	双箭头	'rectangle'	矩形
'textarrow'	带有文本框的箭头		

annotation 函数的调用格式如下：

- **annotation('line',x,y)**

创建由点[x(1) y(1)]到点[x(2) y(2)]的直线标注对象。

- **annotation('arrow',x,y)**

创建由点[x(1) y(1)]到点[x(2) y(2)]的箭头（单向）标注对象。

- **annotation('doublearrow',x,y)**

创建由点[x(1) y(1)]到点[x(2) y(2)]的箭头（双向）标注对象。

- **annotation('textarrow',x,y)**

创建由点[x(1) y(1)]到点[x(2) y(2)]的文本箭头标注对象，箭头尾部是文本。

- **annotation('textbox',[x y w h])**

创建左下角为[x y]、宽为 w、高为 h 的矩形文本对象。

- **annotation('ellipse',[x y w h])**

创建椭圆对象，其外接矩形为左下角[x y]、宽 w、高 h 的矩形。

- **annotation('rectangle',[x y w h])**

创建左下角为[x y]、宽为 w、高为 h 的矩形对象。

2. 程序实现

相关程序如下：

```
clc; clear all; close all;
% 创建一个球,使用地质颜色映射表
cla reset;
load topo;
[x y z] = sphere(45);
s = surface(x, y, z, 'facecolor', 'texturemap', 'cdata', topo);
colormap(topomap1);
% 增强显示颜色亮度
brighten(.6)
campos([2 13 10]);
camlight;
lighting gouraud;
axis off vis3d;
% 设置箭头文本框的位置信息
x = [0.7698 0.5851];
y = [0.3593 0.5492];
% 创建箭头文本对象
txtar = annotation('textarrow', x, y, ...
    'LineWidth', 2, ...
    'Color', 'r', ...
    'string', ' 文本标记 ', ...
    'FontSize', 16);
```

程序运行的结果如图 3.2-1 所示。

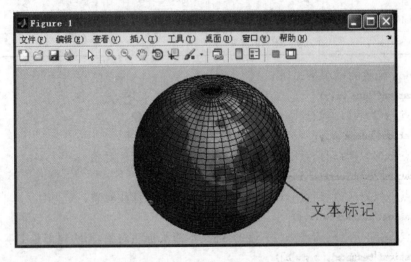

图 3.2-1　annotation 标注

3.3　技巧 41:坐标轴对象的 ButtonDownFcn 回调函数的调用

3.3.1　技巧用途

坐标轴对象相当于一个"容器",用来容纳其他的图形对象,如线条、图像等。坐标轴对象的 ButtonDownFcn 回调函数属性是用来处理用户在坐标轴中单击鼠标按键信息的。

有时用户想实现这样的功能:在一个窗口界面上建立多个坐标轴,分别显示不同的图像,每一个图像代表一个应用程序,用鼠标单击图像就能调用相应的应用程序。这时就需要对坐标轴的 ButtonDownFcn 回调函数的调用机理作深入分析。

3.3.2 技巧实现

ButtonDownFcn 属性是 MATLAB 图形对象的共有属性,它定义了当用鼠标单击图形对象时执行的回调函数。如果定义了坐标轴的 ButtonDownFcn 回调函数属性,则只有在未对坐标轴进行任何操作的情况下,在其上单击,坐标轴对象的 ButtonDownFcn 回调函数才被调用。如果在坐标轴上绘制了图形,则坐标轴的 ButtonDownFcn 回调函数的调用就需要作特别处理。

坐标轴的 ButtonDownFcn 函数的调用分两种情况:

1. 在坐标轴中绘制的图形对象不完全覆盖坐标轴区域

这时图形对象未完全覆盖坐标轴区域(如正弦曲线或余弦曲线等),可以在绘制完图形后重新设置坐标轴的 ButtonDownFcn 属性。

▲【例 3.3 - 1】 如图 3.3 - 1 所示,建立坐标轴,在其上显示正弦曲线。

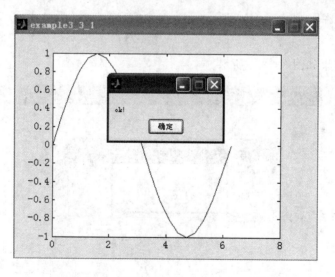

图 3.3 - 1 坐标轴的 **ButtonDownFcn** 示例

修改 OpeningFcn 函数的代码:

```
x = 0:pi/10:2 * pi;
y = sin(x);
axes(handles.axes1);
plot(x,y);
% 设置坐标轴的 ButtonDownFcn 回调函数属性
set(handles.axes1,'buttondownfcn',{@axes1_ButtonDownFcn,handles});
```

并定义 ButtonDownFcn 回调函数:

```
function axes1_ButtonDownFcn(hObject, eventdata, handles)
msgbox('ok!');
```

这时，只要在坐标轴区域内单击（不单击线条对象），则 ButtonDownFcn 函数都会被调用，从而弹出信息提示框。

2. 在坐标轴中绘制的图形对象完全覆盖坐标轴区域

如果在坐标轴中绘制的图形占据了整个坐标轴区域，则当单击时，坐标轴对象的 ButtonDownFcn 回调函数将不再被调用。此时，如果想继续捕捉鼠标单击这一事件，就需要设置坐标轴上"新建图形对象"的 ButtonDownFcn 属性。

▲【例 3.3 - 2】 在坐标轴上显示图片，单击图片后作出处理。

修改 OpeningFcn 函数的代码：

```
% 读取图片
dat = imread('mypic.jpg');
axes(handles.axes1);
% 在坐标轴上显示图片，并返回图形对象的句柄
h = imshow(dat);
% 设置图片对象的 ButtonDownFcn 属性
set(h,'buttondownfcn',{@myfunc,handles});
```

定义图片对象的 ButtonDownFcn 回调函数——myfunc 函数：

```
function myfunc(h,event,handles)
msgbox('ok!');
```

程序运行的效果如图 3.3 - 2 所示。

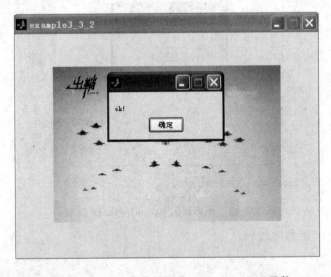

图 3.3 - 2 显示图片后调用 ButtonDownFcn 函数

3.4 技巧 42：坐标轴对象使用 subplot 后句柄失效的解决方法

3.4.1 技巧用途

在 MATLAB 的图形用户界面上创建一个坐标轴对象，将坐标轴对象的句柄传递给 subplot 函数创建子坐标轴对象后,如果用户再次调用 subplot 函数,就会出现"无效的句柄对象"的错误提示,后续的绘图操作将不能进行。那么,该问题应如何解决呢?

3.4.2 技巧实现

【例 3.4-1】 如图 3.4-1 所示,GUI 上有 2 个坐标轴(分别放在 2 个 panel 内)、4 个按钮,分别要实现如下的功能:

① "画图"按钮,将 sin 和 cos 曲线图合画在坐标轴 1 中,在坐标轴 2 中使用 subplot 分别画 sin 曲线和 cos 曲线;

② "清除坐标轴 1"按钮,清除坐标轴 1 上的图形,回到初始状态;

③ "清除坐标轴 2"按钮,清除坐标轴 2 上的图形,回到初始状态;

④ "退出"按钮,关闭 GUI。

单击"画图"按钮后的界面如图 3.4-2 所示。

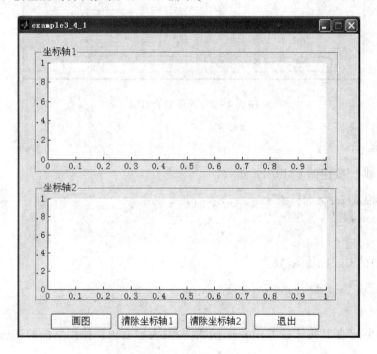

图 3.4-1 画图前的 GUI

"画图"按钮的 Callback 函数:

```
function pushbutton1_Callback(hObject, eventdata, handles)
axes(handles.axes1);
ezplot('sin(x)')
hold on;
ezplot('cos(x)')
hold off;

axes(handles.axes2);
subplot(121);
ezplot('sin(x)')
```

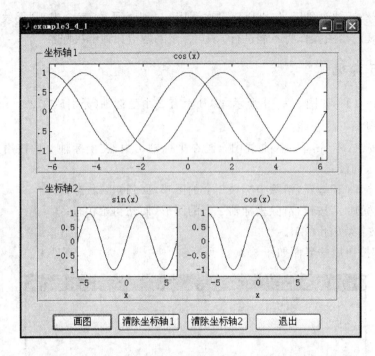

图 3.4-2 画图后的 GUI

```
subplot(122)
ezplot('cos(x)')
```

"清除坐标轴 1"按钮的 Callback 函数：

```
function pushbutton2_Callback(hObject, eventdata, handles)
axes(handles.axes1)
cla reset
```

"退出"按钮的 Callback 函数：

```
function pushbutton4_Callback(hObject, eventdata, handles)
close(gcf)
```

对于"清除坐标轴 2"按钮的 Callback 函数，一般大家会想到使用下面的方法：
方法 1：

```
function pushbutton3_Callback(hObject, eventdata, handles)
axes(handles.axes2)
cla
```

方法 2：

```
function pushbutton3_Callback(hObject, eventdata, handles)
axes(handles.axes2)
cla reset
```

方法 3：

```
function pushbutton3_Callback(hObject, eventdata, handles)
cla(handles.axes2)
```

方法 1 和 2 的错误提示信息为：

错误使用 axes
Invalid object handle

方法 3 的错误提示信息为：

错误使用 clo (line 41)
句柄错误

3 种方法下的错误提示信息均为与句柄相关的错误。

1. 产生错误信息的原因

在程序中明明拖放了一个 Tag 为 axes2 的坐标轴在 GUI 上，为什么使用 handles.axes2 引用坐标轴的句柄时会提示句柄无效的错误，而 handles.axes1 却可以正常清除？

在不使用 subplot 时，上面 3 种方法都是可以用来清除图形的，说明出错原因与调用 subplot 函数有关。经过研究发现，使用 subplot 分割 axes 时会将原来的 axes 删除掉。MATLAB 的帮助文件中是这样描述的：如果 subplot 产生的新 axes 对象与已经存在的 axes 重叠，那么 subplot 将删除已经存在的 axes 对象和 uicontrol 对象；如果 subplot 产生的 axes 与已经存在的 axes 对象位置完全匹配（不重叠），那么已经存在的 axes 不会被删除，新产生的 axes 将变成当前 axes。

虽然 GUI 中的 axes2 被删除了，但是 handles.axes2 的值却依然保存在 handles 中，所以用户通过 handle.axes2 引用 axes2 对象时，就会得到提示：无效的句柄。

2. 解决方法

怎样才可以清除使用 subplot 新建的坐标轴，使得界面恢复初始状态呢？这里提供两种方法：

方法 1：因为 subplot 新建的坐标轴也是 axes，所以用户可以记下其句柄值，进而对其进行操作（删除），并重新在原来位置再新建一个 Tag 为 axes2 的坐标轴。

下面分别对"画图"按钮和"清除坐标轴 2"按钮的 Callback 函数作一些修改。
"画图"按钮的 Callback 函数：

```
function pushbutton1_Callback(hObject, eventdata, handles)
axes(handles.axes1)
ezplot('sin(x)')
hold on
ezplot('cos(x)')
hold off
axes(handles.axes2)
handles.subaxes1 = subplot(121);    % 记录下 subplot 新建的坐标轴句柄
ezplot('sin(x)')
handles.subaxes2 = subplot(122);    % 记录下 subplot 新建的坐标轴句柄
ezplot('cos(x)')
guidata(hObject, handles);          %
```

"清除坐标轴 2"按钮的 Callback 函数：

```
function pushbutton3_Callback(hObject, eventdata, handles)
%% 方法 1
```

```
% 在 panel2 中新建一个 axes2
handles.axes2 = axes('parent',handles.uipanel2);
% 删除之前的 subplot
if ishandle(handles.subaxes1)
    delete(handles.subaxes1)
    delete(handles.subaxes2)
end
% 更新 handles
guidata(hObject, handles);
```

方法2：原来的GUI上的坐标轴2是使用subplot删除的，故依然可以在原来位置使用subplot来新建一个坐标轴2。在新建的同时，它会自动删除之前的subplot新建的坐标轴(因为现在新建的坐标轴与已经存在的坐标轴有重叠)，所以只需要修改"清除坐标轴2"按钮的Callback函数即可：

```
function pushbutton3_Callback(hObject, eventdata, handles)
% 方法 2
% 使用 subplot 在 panel2 中新建一个 axes2
handles.axes2 = subplot(1,1,1,'parent',handles.uipanel2);
% 更新 handles
guidata(hObject, handles);
```

3.5　技巧43：高维(四维)数据可视化技术

3.5.1　技巧用途

在学习MATLAB绘图技术时，已经了解了MATLAB如何作二维和三维图像。但在实际问题中，可能会涉及高维数据的可视化，比如三维网格图、曲面图的第四维输入数据等，要求基于四维数据进行可视化显示。

解决高维数据可视化的问题，一般是利用低维信息处理高维数据，比如用颜色属性表达高维信息。通过高维数据的显示，可以在可视化意义上反映出数据意义，可应用于论文插图等。

3.5.2　技巧实现

1. slice 函数说明

在MATLAB中可以使用切片图来显示四维数据，用slice命令。slice函数的调用格式如下：

- slice(V,sx,sy,sz)

其中，V为体数据，为 $m \times n \times p$ 的矩阵，默认对应的三维坐标为 $X=1:n$，$Y=1:m$，$Z=1:p$；sx、sy、sz 为 x、y、z 坐标轴方向的切片平面向量。

显示三维坐标所确定的超立体形V在x轴、y轴和z轴方向上的若干点的切片图，各点的坐标由sx、sy、sz确定。

- slice(X,Y,Z,V,sx,sy,sz)

其中,X、Y、Z 为对应于 V 的三维坐标;V 为体数据,为 m×n×p 的矩阵;sx、sy、sz 为 x、y、z 坐标轴方向的切片平面向量。

显示三维坐标所确定的超立体形 V 在 x 轴、y 轴和 z 轴方向上的若干点的切片图,各点的坐标由 sx、sy、sz 确定。

- slice(V,XI,YI,ZI)

其中,V 为体数据,为 m×n×p 的矩阵;XI、YI、ZI 为三维曲面坐标点。

沿着由矩阵 XI、YI 和 ZI 定义的曲面画穿过超立体形 V 的切片图。

- slice(X,Y,Z,V,XI,YI,ZI)

其中,X、Y、Z 为对应于 V 的三维坐标;V 为体数据,为 m×n×p 的矩阵;XI、YI、ZI 为三维曲面坐标点。

沿着由矩阵 XI、YI 和 ZI 定义的曲面画穿过超立体形 V 的切片图。

- slice(...,'method')

其中,'method' 为插值方法,有 linear 线性插值(默认)、cubic 立体插值和 nearest 近邻插值 3 种。

2. 利用 slice 函数做切片图

【例 3.5-1】 利用 slice 函数对球运动过程做切割。

程序如下:

```
clc; clear all; close all;
[x,y,z] = meshgrid(-2:.2:2, -2:.25:2, -2:.16:2);
v = x.*exp(-x.^2-y.^2-z.^2);
[xsp,ysp,zsp] = sphere;
figure; hold on; box on; view(3);
slice(x,y,z,v,[-2,2],2,-2);
for i = -2:2
    hsp = surface(xsp+i,ysp,zsp);
    rotate(hsp,[1 0 0],90)
    xd = get(hsp,'XData');
    yd = get(hsp,'YData');
    zd = get(hsp,'ZData');
    delete(hsp)
    hslicer = slice(x,y,z,v,xd,yd,zd);
end
xlim([-3,3])
view(-10,35)
axis tight
```

程序运行的结果如图 3.5-1 所示。

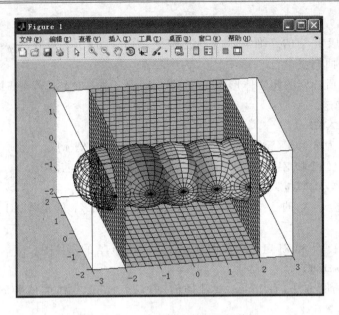

图 3.5-1　利用 slice 函数作切片图

3.5.3　技巧扩展

利用切片函数 slice 可以方便地显示四维数据的截图图像。如果需要将第四维数据作为颜色参数来显示曲面，就需要通过设置颜色映射表来进行。

【例 3.5-2】　利用颜色映射表作图。

```
close all; clc; clear all;
%  数据
A = [1 2 2 25
     1 3 3 21
     1 4 4 20
     2 5 5 19
     2 6 7 31];
x = A(:, 1)'; y = A(:, 2)'; z = A(:, 3)';
s = A(:, 4)';
xb = min(x); xe = max(x);
yb = min(y); ye = max(y);
zb = min(z); ze = max(z);
%  生成网格数据,注意到这里的 z 是对应于 z 本身维数的
y1 = linspace(yb, ye, 30);
z1 = linspace(zb, ze, 30);
x1 = ones(size(y1, 1), size(y1, 2)) * x(1);
[x0, y0] = meshgrid(x1, y1);
z0 = zeros(length(z1));
for i = 1 : size(z0, 1)
    z0(i, :) = z1;
end
%%  下面是设置颜色矩阵
%  由于是根据第四维数据绘图,所以使用了直接赋值的方法绘制
%  对应颜色的图像
```

```
[r, c] = size(z0);
rgb = ones(r, c);
for i = 1 : length(s)
    rgb((i-1)*6+1 : i*6, :) = rgb((i-1)*6+1 : i*6, :) * s(i);
end
figure;
surf(x0, y0, z0, rgb);
colorbar
shading flat; box on;
```

程序运行的结果如图 3.5-2 所示。

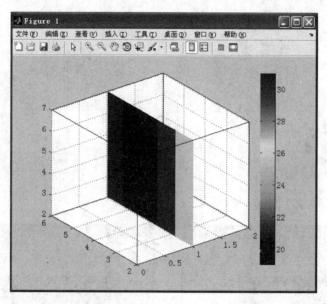

图 3.5-2 利用颜色映射表作图

3.6 技巧 44：图片的色图(colormap)控制

3.6.1 技巧用途

色图(colormap,或称之为色图矩阵)是 MATLAB 系统引入的概念,用于在 MATLAB 中控制图形色彩。色图是 m×3 的数值矩阵,它的每一行是一个 RGB 三元组。在 MATLAB 的图形窗口中,不论该窗口显示多少图片,它只能有一个色图矩阵。如果有些图片因区分需要使用不同的色图矩阵,或者使用不同的色图矩阵显示效果更好,这一特征就显示出其不利之处。此时要么将每一幅图片单独显示在不同的窗口中,每一个窗口使用合适的色图;要么对色图矩阵进行一些处理,使之能够适应不同的色图范围。后者是这一节要讲的主要内容。

需要注意的是,这里所讲的对色图矩阵的处理,仍然遵循 MATLAB"同一个图形窗口只能有一个色图"的规则,只是将该图形窗口的色图根据每一幅图的色图进行扩展,每一幅图映射在扩展的色图矩阵的对应部分。

3.6.2 技巧实现

由于色图的概念比较抽象,通过如下的演示程序来对该概念加以说明。

【例 3.6-1】 直观的色图概念。

通过载入 MATLAB 软件自带的两个图像矩阵 spine 和 flujet 来直观地解释一下色图的概念。spine 和 flujet 是两个 mat 文件,其中存储了图像矩阵以及每一幅图显示时的最佳色图矩阵。由于两幅图的色图矩阵不同,这里使用两个图形窗口显示出来,以便建立起色图的概念。其程序如下:

```
load spine
im1 = X;
map1 = map;
imagesc(im1);
colormap(map1);
colorbar;
load flujet
im2 = X;
map2 = map;
figure
imagesc(im2)
colormap(map2);
colorbar;
```

该程序的运行结果如图 3.6-1 和图 3.6-2 所示。

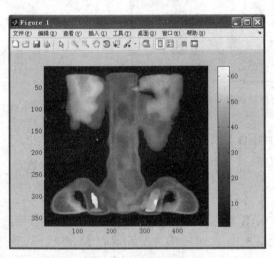
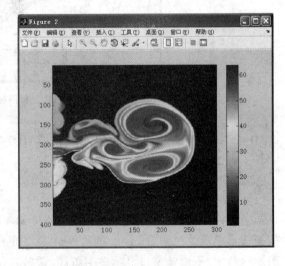

图 3.6-1　spine 图像　　　　　　　　图 3.6-2　flujet 图像

每一个图像窗口右侧的 colorbar 即为该窗口色图矩阵的直观显示。可以看出,两幅图的色图矩阵大小一致(都为 64×3),但是对每一幅图来说,具体的数值所代表的色彩不同,也即上面所说的使用的不同的色图。如果将两幅图显示在同一个图形窗口内,其程序如下:

```
figure
axis1 = subplot(211);
imagesc(im1);
axis2 = subplot(212);
imagesc(im2);
```

显示效果如图 3.6-3 所示。从图 3.6-3 即可很好地理解"每一个图形窗口只能有一个色图矩阵"的概念,比如,使用 colormap 函数更改图 3.6-3 的色图,使用如下语句:

```
colormap(hot)
```

更改后的效果如图 3.6-4 所示。可以看出,两幅图的色图同时被改动为 hot 类型的色图,hot 为 MATLAB 自定义的色图。这是色图矩阵在 MATLAB 中控制的方便之处,它可以使用用户自定义的矩阵,也可以使用 MATLAB 自带的一些类型的色图。

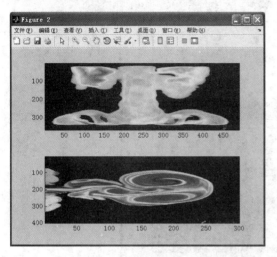
图 3.6-3 在图形窗口中用一个色图显示两幅图片

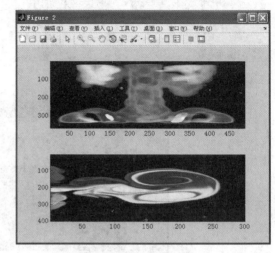
图 3.6-4 更改窗口的色图后的图片色彩效果

【例 3.6-2】 改进色图矩阵以改进显示效果。

由例 3.6-1 的演示,可以获得这样一个初步的概念:图像的色彩为图像在色图矩阵中的映射位置,即如果图像中某一点为[R,G,B],该点在色图矩阵中所表示的颜色为 color 颜色,那么该点所显示出来的颜色即为 color 颜色。如果将整个图形窗口的色图更改为该图形窗口中所有色图的总和,而对于每一个图像来说,其映射范围修改为原来的范围之内,那么,显示的效果类似于每一幅图使用不同的色图。

比如,两幅图的色图矩阵大小分别为 100×3 和 60×3,那么,可以将图形窗口的色图矩阵扩展为 160×3,即原来两幅图的色图矩阵的集合。在图形显示时,第 1 幅图的色图映射为 1～160,由于原来第 1 幅图的色图范围为 100,那么在 100～160 这个范围内是没有映射的,符合了第 1 幅图的原始色图;第 2 幅图的色图映射为 -99～60,由于第 2 幅图原始的色图范围为 60,那么在 1～100 内将不会有映射,这样也符合了第 2 幅图的原始色图。

相关程序如下:

```
figure
axis1 = subplot(211);
imagesc(im1);
clim1 = get(gca,'CLim');
axis2 = subplot(212);
imagesc(im2);
clim2 = get(gca,'CLim');
% 试图修改两个 axes 的色图为不同 colormap
colormap([map1;map2]);
```

```
clength = length(colormap);
% cdata 在 map 中的相对位置为 colormap 的索引值
% 即图形中显示的颜色为该值对 colormap 索引得到
% Clim 属性默认为 CData 的最大值和最小值
% 修改一个图像色图的方式即修改 clim 属性范围
% 那么在 figure 的 colormap 属性的映射位置改变,则颜色改变
% 得到新的 clim 值
% 即将图 1 的 cdata 映射到原来 map1 范围内的 colormap,而不是全部 colormap
set(axis1,'CLim',[1 clength]);
set(axis2,'CLim',[clim2(2) - clength + 1 clim2(2)]);
colorbar;
```

运行结果如图 3.6-5 所示。

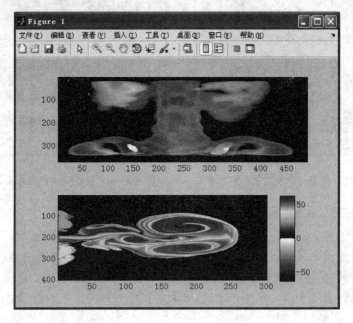

图 3.6-5　扩展色图矩阵

3.7　技巧 45：更改坐标轴的背景及原点位置

3.7.1　技巧用途

　　MATLAB 提供的二维基本绘图函数有 plot、semilogx、loglog、semilogy 等。在这些坐标系下绘图时,MATLAB 默认左下角为坐标系原点;但在实际生活中看到的坐标系,大部分都是带有箭头且位置在中心的坐标系。所以运用 MATLAB 以图片为背景建立坐标系,画出实际需要的图形是非常有意义的。

3.7.2　技巧实现

1. 更改坐标轴的背景

　　具体思想为,先通过经典的 MATLAB 绘图命令,画出在 MATLAB 默认坐标系下的坐标

图,称为第 1 个图形,然后根据此图再进一步作出我们想要的图形。有如下 3 个步骤:

① 在 MATLAB 默认坐标系下,得到此图的位置坐标、坐标刻度和坐标的范围。

② 在 MATLAB 中再建立一个复制图形,称为第 2 个图形。要使此图的坐标范围为前图的 1.2 倍(具体情况可以自己调整,在此规定为 1.2),并使得第 2 个图形和第 1 个图形有相同的坐标刻度。

③ 根据第 1 个图找出坐标(0,0)的位置,从而在第 2 个图中的(0,0)点将图形按水平和垂直方向分为 4 个区域,用 axes 命令分别建立坐标轴,然后用 annotation 命令标注箭头。

下面给出一个例子,其程序具有通用性,可结合具体情况作相应的修改。

▲【例 3.7 - 1】 以图片为背景建立坐标轴绘图。

```
function main()
close all; clc; clear all;
t = -1 : 0.01 : 10; x = cos(t); y = sin(t);
plot_to_center(x, y)  % 作出圆
a = 5; x = a * (2 * cos(t) - cos(2 * t)); y = a * (2 * sin(t) - sin(2 * t));
plot_to_center(x, y)  % 作出心形线

function plot_to_center(varargin)
x = []; y = []; xtick = []; ytick = [];
if nargin == 2
    x = varargin{1};
    y = varargin{2};
end
if nargin == 4
    x = varargin{1};
    y = varargin{2};
    xtick = varargin{3};
    ytick = varargin{4};
end
% 输入性检查
figure('Name','normal_plot','NumberTitle','off')
plot(x, y); fig_handle = gca;
figure('Name','plot_to_center','NumberTitle','off')
% 设置 figure 窗口,获取控制句柄
new_fig_handle = copyobj( fig_handle, gcf );
xL = xlim; yL = ylim;
x_x = max(abs(xL)); y_y = max(abs(yL));
xlim([-x_x * 1.2 x_x * 1.2]);ylim([-y_y * 1.2 y_y * 1.2]);
if isempty(xtick) && isempty(ytick)
    xt = get(gca,'xtick');
    yt = get(gca,'ytick');
else if ~isempty(xtick) && ~isempty(ytick)
        xt = xtick;
        yt = ytick;
    end
```

```
end
vx1 = find(xt == 0); vy1 = find(yt == 0);
if isempty(vx1) || isempty(vy1)
    msgbox('There is no point to zero!','check input');
end
xt1 = xt(vx1 : end); xt2 = xt(1 : vx1);
yt1 = yt(vy1 : end); yt2 = yt(1 : vy1);
xL = xlim; yL = ylim;
box off; set(gca, 'XTick', []);
set(gca, 'XColor', 'w'); set(gca, 'YTick', []);
set(gca, 'YColor', 'w'); pos = get(gca, 'Position');
% 获取位置坐标，分别设置坐标系
temp_1 = axes( 'Position', pos + [ pos(3)/2, pos(4)/2, ...
    - pos(3)/2, - pos(4)/2 ]);
xlim([0 xL(2)]); ylim([0 yL(2)]);
box off;
set(temp_1, 'XTick' ,xt1, 'YTick', yt1(2:end),...
    'Color', 'None');
temp_2 = axes( 'Position', pos + [ 0, pos(4)/2,...
    - pos(3)/2, - pos(4)/2 ]);
xlim([xL(1) 0]); ylim([yL(1) 0]); box off;
set(temp_2, 'XTick' ,xt2, 'Color', 'None',...
    'YTick', []);
set(gca, 'YColor', 'w');
temp_3 = axes( 'Position', pos + [ pos(3)/2, 0, ...
    - pos(3)/2, - pos(4)/2 ]);
xlim([xL(1) 0]); ylim([yL(1) 0]);
box off; set(temp_3, 'XTick' ,[], 'Color', 'None',...
    'YTick', yt2(1:end-1));
set(gca, 'XColor', 'w');
% 画箭头
annotation('arrow', [pos(1) pos(1) + pos(3)],...
    [pos(2) + pos(4)/2 pos(2) + pos(4)/2],'Color', 'k');
annotation('arrow', [pos(1) + pos(3)/2 pos(1) + pos(3)/2],...
    [pos(2) pos(2) + pos(4)],'Color', 'k');
```

程序运行的结果如图 3.7-1 所示。

2. 更改坐标轴的原点位置

在 MATLAB 中绘制的图形，其坐标原点有 4 种选择，即位于坐标轴边框的 4 个角点位置，对应的 x 和 y 坐标轴位置只能选坐标轴边框的 4 条边，用户可以通过设置 XAxisLocation 和 YAxisLocation 属性来完成。但有时，用户希望将坐标原点移到坐标轴的中心位置，这就要用到下面的技巧。

▲【例 3.7-2】 将坐标原点设置到坐标轴矩形区域的中心位置。

由于需要手动绘制坐标轴，因此先将原来的坐标轴隐藏掉，这可以通过 axis off 命令实现。为了保持新绘制的坐标轴与原始坐标轴的一致性，可以先记录下原坐标轴刻度标记的位

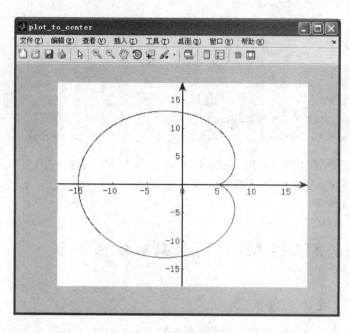

图 3.7-1 以图片为背景绘图

置以及标签值(可通过查询坐标轴的 XTick、XTickLabel 以及 YTcik 和 YTickLabel 属性值得到)。实现上述功能的代码如下：

```
axes(h)    % h 为坐标轴的句柄
axis off
X  = get(h, 'Xtick');
Y  = get(h, 'Ytick');
XL = get(h, 'XTickLabel');
YL = get(h, 'YTickLabel');
```

其中，变量 X 和 Y 存储的是绘制坐标刻度的位置；变量 XL 和 YL 为标签值信息。

根据坐标轴刻度位置，可以通过下面的代码绘制坐标轴和坐标轴刻度：

```
% 绘制坐标轴
plot(get(h, 'XLim'), [0 0], 'k');
plot([0 0], get(h, 'YLim'), 'k');
for k = 1:length(X)
    plot([X(k) X(k)], [0 YTickLength], '-k');
end
for k = 1:length(Y)
    plot([XTickLength 0], [Y(k) Y(k)], '-k');
end;
```

上述前两句代码用于绘制一条横贯坐标轴的直线作为 x 轴，以及一条纵贯坐标轴的直线作为 y 轴，坐标范围通过原坐标轴的 XLim 和 YLim 属性获得。由于 X 和 Y 已经记录了绘制刻度的位置，因此能够通过两个循环来绘制多条短直线，进而实现刻度的绘制，其中 XTickLength 和 YTickLength 分别为自定义的刻度线长度，可以根据实际需要灵活设置。

绘制好坐标轴和刻度之后，接下来的工作就是在刻度旁边添加标签。标签已经存储在

XL 和 YL 变量中。

```
% label 位置
Xoff = diff(get(h, 'XLim'))./15;
Yoff = diff(get(h, 'YLim'))./15;
% 增加 label
text(X, zeros(size(X)) - 2.*Yoff, XL);
text(zeros(size(Y)) - 2.*Xoff, Y, YL);
```

label 位置的确定通过前两句来完成，Xoff 和 Yoff 用来计算标签距离坐标轴的长度。当然，绘制不同的图形时，需要进行适当的修改来获得满意的效果。最后通过 text 对象来进行标注。

3.8 技巧46：MATLAB中隐函数的绘图方法

3.8.1 技巧用途

对于给定了显式表达式的函数，可以使用类似于"描点"法的绘图方式，也即定义自变量，通过函数表达式获得因变量的值，然后通过 plot 函数绘图。但如果函数使用隐函数形式给出，比如 $x^2+y^2=1$，则使用上面的方法就比较困难，特别是当表达式很难转化为某一个变量等于另外一个变量的代数式形式的时候。

对于二维隐函数的绘图，MATLAB 提供了 ezplot 函数，可以方便地完成上面的工作；对于三维曲线和曲面也有相应的隐函数绘图方式，其用法和二维的基本类似。因此，这里只介绍如何使用 ezplot 函数对隐函数绘图。

3.8.2 技巧实现

1. ezplot 的用法

① 对于函数 f=f(x)，ezplot 的调用格式为：

- **ezplot(f)**

在默认区间 $[-2\pi, 2\pi]$ 绘制 f=f(x) 图形。

- **ezplot(f, [a, b])**

在区间 [a,b] 绘制 f=f(x) 图形。

② 对于隐函数 f=f(x,y)，ezplot 的调用格式为：

- **ezplot(f)**

在默认区间 $-2\pi<x<2\pi, -2\pi<y<2\pi$ 绘制 f(x,y)=0 的图形。

- **ezplot(f, [xmin, xmax, ymin, ymax])**

规定 xmin<x<xmax, ymin<y<ymax 为绘图区间。

- **ezplot(f, [a, b])**

规定 a<x<b, a<y<b 为绘图区间。

③ 对于参数方程 x=x(t) 和 y=y(t) 表示的函数，ezplot 的调用格式为：

- **ezplot(x, y)**

在默认区间 $0<t<2\pi$ 绘制 x=x(t) 和 y=y(t) 的图形。

- **ezplot(x, y, [tmin, tmax])**

规定绘图区间为 tmin＜t＜tmax。

其中,函数 f 可以为符号函数、内联函数或者匿名函数中的任意一种。

【例 3.8－1】 使用 ezplot 绘图。

程序如下:

```
% 显函数绘图
subplot(211);
h1 = ezplot('x^2');
text(-3,30,['ezplot绘制显函数图形,类型为 ' h1.Type]);

% 隐函数绘图
subplot(212);
h2 = ezplot('x^2 + y^2 = 1');
axis([-1 1 -1 1]);
text(-.6,0,['ezplot绘制隐函数图形,类型为 ' h2.Type]);
```

结果如图 3.8－1 所示。

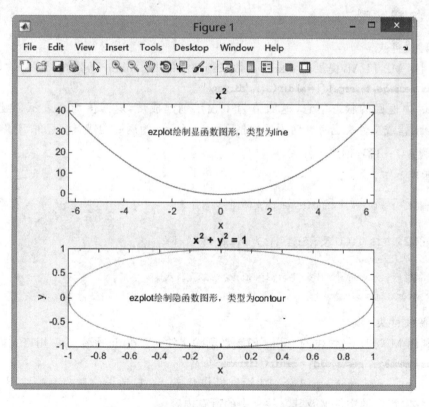

图 3.8－1 ezplot 绘制显函数和隐函数图形

【注】 在新的 MATLAB 版本中,ezplot 绘制的隐函数图形变为 contour 类型,而非之前的 line 类型,因而不能通过 get(Object,'Xdata') 或 get(Object,'Ydata') 获得所绘制曲线的散点值,这就意味着不能利用这些散点值,进一步使用 patch 函数进行图形的填充。

第 4 章
文件操作技巧

4.1 技巧 47：通过 MATLAB 程序创建和删除文件或文件夹

4.1.1 技巧用途

在使用 MATLAB 编程时，经常需要对文件和文件夹进行操作。用户可以在磁盘上创建某一类型的文件，如文本文件、Microsoft Excel 文件等来存储数据；也可以在磁盘的指定位置来创建文件夹，从而对文件进行分类管理等。对文件和文件夹的操作是用户需要掌握的基本技巧，利用 MATLAB 提供的函数可以方便地实现这些操作。

4.1.2 技巧实现

1. 创建文件夹

可以利用 MATLAB 提供的 mkdir 函数来创建文件夹。mkdir 函数的调用格式如下：

[status,message,messageid] = mkdir(...,'dirname')

其中，status 为返回的状态信息，返回值为 1 表示创建成功，返回值为 0 表示创建不成功。message 为出错或文件夹已存在时返回的信息，messageid 为返回的错误信息的 ID 号。

▲【例 4.1 – 1】 创建文件夹。

相关程序如下：

```
% 在当前目录下创建名称为 dirname 的文件夹
mkdir('dirname');
% 在当前目录的上一级目录下创建名称为 dirname 的文件夹
mkdir('../','dirname');
% 在指定的目录 parentdir 下创建名称为 dirname 的文件夹
mkdir('parentdir','dirname');
```

2. 删除文件夹

可以利用 MATLAB 提供的 rmdir 函数来删除文件夹。rmdir 函数的调用格式如下：

[status, message, messageid] = rmdir('dirname','s')

其中，status、message、messageid 分别为返回操作状态、信息、错误信息的 ID 号；'s' 参数是可选的，表示移除指定的文件夹及其文件夹中的所有内容。

▲【例 4.1 – 2】 删除 D 盘 work 目录下的 myfiles 文件夹。

```
rmdir('D:/ work/ myfiles');
```

3. 创建文件

MATLAB 提供了 fopen 函数用来打开文件。fopen 函数的调用格式为：

第4章 文件操作技巧

```
[fid, message] = fopen(filename, permission)
```

其中,fid 为打开的文件标识符,是 double 类型的整数。如果成功,则返回一个正整数用来标识打开的文件;如果不成功,则返回-1,并返回 MATLAB 预定义的出错信息。filename 是包含要打开的文件名称的字符串,permission 参数表示以何种方式打开文件。

当 permission 的取值为 'w'、'a'、'w+'、'a+' 时,如果指定的文件不存在,则 MATLAB 会首先自动创建该文件,然后再打开文件。

▲【例 4.1-3】 调用 fopen 函数创建文件。

```
clear;clc;
newdir = 'D:\matlab';
newfile = 'myfile.txt';
% 取得操作系统平台所支持的路径分隔符
sep = filesep;
full = [newdir sep newfile];
% 首先创建 D:\matlab 文件夹
mkdir(newdir);
try
% 创建文件,并以写的方式打开
[fid message] = fopen(full,'w');
% 关闭文件
fclose(fid);
catch
    disp(message);
end
```

如果文件创建成功,则 fid 为正整数,message 为空(' ');如果出现错误,则 fid 的返回值为 -1,同时给出错误信息,如"No such file or directory"等。

4. 删除文件

用户可以调用 delete 函数来删除磁盘中的文件,调用 rmdir 来删除磁盘中的文件夹。

● **delete filename**

将指定文件 filename 从磁盘中删除。

● **delete('filename')**

将指定文件 filename 从磁盘中删除。

● **rmdir('dirname')**

删除当前文件夹中的所有文件,如果文件夹包含子文件夹,则调用 rmdir('dirname','s')。

● **rmdir('dirname','s')**

删除当前文件夹以及子文件夹中的所有文件。

● **[status, message, messageid] = rmdir('dirname','s')**

删除当前文件夹及其文件夹中的所有内容,并给出返回信息。

▲【例 4.1-4】 删除文件和文件夹。

```
% 删除当前目录下的 myfile.mat 文件
delete('myfile.mat');
% 删除当前目录的上一级目录下的 0.jpg 文件
delete('..\0.jpg');
```

```
% 删除给定路径下的文件
delete('D:\matlab\work\myfile2.mat');
% 删除给定路径下的文件夹
rmdir('D:\works');
```

4.2 技巧48：对文件的路径名、扩展名等各部分信息的操作

4.2.1 技巧用途

在MATLAB程序中，用户常常需要对文件进行操作。例如：根据文件的全路径名称（D:\Matlab\work\myfile.jpg）取得各部分的信息，如文件路径（D:\Matlab\work）、文件名（myfile）、文件扩展名（.jpg）、文件版本信息等，然后根据文件的扩展名来判断多个文件是否属于相同格式的文件，等；或者根据文件的各部分信息合成文件名称或全路径名称等，用户可以根据需要来创建文件名以保存想要的数据，等。

4.2.2 技巧实现

1. 根据文件的全路径名称得到各部分信息

MATLAB提供了fileparts函数，该函数可以从一个文件的全路径名称中得到文件路径、文件名、文件扩展名、文件版本等信息。fileparts函数的调用格式为：

[pathstr, name, ext] = fileparts(filename)

其中，filename为包含文件的全路径名称的字符串；pathstr为文件路径；name为文件名；ext为文件的扩展名。

fileparts函数是和操作系统平台相关的，所使用的路径分隔符取决于所使用的操作系统平台。在Windows操作系统中，文件分隔符用"\"表示，例如：

```
file = 'D:\home\user4\matlab\classpath.txt'
```

在Unix操作系统中，文件分隔符用"/"来表示，例如：

```
file = '/home/user4/matlab/classpath.txt'.
```

为了防止出错，用户可以调用filesep命令来取得当前操作系统所支持的路径分隔符。

```
sep = filesep;
file = [sep 'home' sep 'user4' sep 'matlab' sep 'classpath.txt'];
```

▲【例4.2-1】 取得文件各部分的信息。

对于"C:\Users\liuhuanjin\Desktop\matlab\mygui9.m"这一全路径名称，调用fileparts函数后，可以得到其各部分信息：

```
file = 'C:\Users\lhj\Desktop\matlab\mygui9.m';
% 调用fileparts函数得到其各部分信息
[pathstr, name, ext] = fileparts(file)
pathstr =
C:\Users\lhj\Desktop\matlab
name =
```

```
mygui9
ext =
.m
```

2. 根据文件各部分信息得到全路径名称

MATLAB 提供的函数 fullfile 可以根据文件各部分的信息合成完整的路径名。其调用格式如下：

f = fullfile(dir1, dir2, ..., filename)

其中，f 为合成的文件名称；dir1、dir2、… 为文件路径；filename 为文件名。它们都是字符串类型。

▲【例 4.2-2】 接例 4.2-1,根据得到的各部分信息合成文件的全路径名称。

```
filename = fullfile(pathstr,[name ext versn]);
filename =
C:\Users\lhj\Desktop\matlab\mygui9.m
```

4.3 技巧 49：取得指定文件夹下的所有文件

4.3.1 技巧用途

在使用 MATLAB 编程时，常常需要对指定文件夹下的某一类型的文件进行批处理。例如：文件夹下有多个文本文件（.txt 文件）来存储原始数据，程序需要一次性地对所有文本文件中的数据进行处理；文件夹下有很多图片文件，程序需要对所有图片进行处理，等。在这种情况下，如果手工输入文件名，就显得非常烦琐，因此有必要在程序中实现自动获取所需要的文件。

4.3.2 技巧实现

利用 MATLAB 提供的两个函数——ls 函数和 dir 函数，就可以很方便地自动获取指定文件夹下的指定类型的所有文件。下面介绍这两个函数的使用方法。

1. ls 函数

ls 函数返回一个 m×n 的字符数组，m 代表指定目录下文件及子文件夹的个数，n 代表文件中最长文件名所包含的字符数。文件名少于 n 个字符的用空格补齐。

ls 函数的调用格式如下：

● **file = ls**

ls 命令中不带参数，返回当前目录下的所有文件（包括子文件夹的名称）到变量 file。

● **file = ls('dirname')**

该命令返回指定文件夹下的文件列表（包括子文件夹的名称）到 file 变量中。如果参数 dirname 未指定，则返回当前目录下的所有文件。用户可以在 dirname 参数中使用绝对路径、相对路径以及通配符（*）。

▲【例 4.3-1】 调用 ls 函数取得 MATLAB 当前文件夹下的所有 M 文件。

```
% 在文件名和文件扩展名中使用通配符(*)
>> file = ls('*.*')
file =
.
..
example4_3_1.m
```

【例 4.3 - 2】 取得"C:\Users\Default\Pictures"目录下所有.jpg格式的图片文件。

```
% 指定绝对路径名称
file = ls('C:\Users\Default\Pictures \ * .jpg');
```

要查询在 file 中返回了多少个文件,调用 size 函数:

```
number_of_files = size(file,1);
```

其中,返回变量 file 为 m×n 的数组,参数 1 代表取得数组的行数,即文件的数目。

要取得 file 中第 i 个文件的名称,使用如下的语句:

```
file_i = file(i,:);
```

2. dir 函数

dir 函数的调用格式为:

- **file = dir**

列出当前工作目录下的所有文件到输出变量 file 中。返回的结果是按照文件在操作系统中的顺序排列的,MATLAB 并不对文件自动排序。

- **file = dir('dirname');**

列出指定文件夹下的文件列表(包括子文件夹的名称)到 file 变量中。如果参数 dirname 未指定,则返回当前目录下的所有文件。用户可以在 dirname 参数中使用绝对路径、相对路径以及通配符(*)。

如果 dirname 为指定的文件夹名称,则 dir 返回的是 dirname 文件夹中的所有文件(包括子文件夹)。返回变量 file 是一个 m×1 的结构体,结构体的各个字段包含文件的所有信息。该结构体所包含的字段如表 4.3 - 1 所列。

表 4.3 - 1 dir 函数返回值的结构体中的字段

字段名称	描述	数据类型
name	文件名,如 'myfile.jpg'	字符串
date	文件最后修改的日期,如 '04 ——月 - 2010 11:24:28'	字符串
bytes	文件的大小,如 4376	双精度数字
isdir	1 表示文件夹;0 表示文件	逻辑值
datenum	修改的日期,如 734142.475324074,单位为 s	双精度数字

【例 4.3 - 3】 列出"C:\Users\Default\Pictures"目录下所有.jpg格式的图片文件。

```
filename = dir('C:\Users\Default\Pictures\ *.jpg');
```

要取得 filename 中保存的文件的数目，调用 length 函数：

```
number_of_files = length(filename);
```

以下的代码用于取得 filename 中第 ii 个文件的名称：

```
fileii = filename(ii).name;
```

【注】 由于用 dir 得到的数据类型是结构数组，占用的空间比较大，而用户在实际操作时往往只需要文件名而忽略其他信息，因此可以把文件名保存到元胞数组中。方法如下：

```
file_name = {filename(:).name};
>> whos file_name
  Name          Size       Bytes    Class       Attributes
  file_name     1x13       1002     cell
```

得到的 file_name 是 1×13 的元胞数组，13 表示文件的数目。

如果想取得 filename 中第 5 个文件的名称，可以使用如下的代码：

```
>> file5 = file_name{5}
file5 =
myfile.jpg
```

4.4 技巧50：通过 MATLAB 程序复制或移动文件/文件夹

4.4.1 技巧用途

对文件和文件夹进行复制或移动是对文件常用的操作。用户可以在资源管理器中使用"复制"命令（快捷键为 Ctrl+C）或"剪切"命令（快捷键为 Ctrl+X）来复制或剪切所选的文件和文件夹，然后使用"粘贴"命令（快捷键为 Ctrl+V）将文件和文件夹粘贴到指定的位置。如果能在 MATLAB 程序中直接调用 MATLAB 命令来实现相同的功能则不失为一种简捷的方法。

4.4.2 技巧实现

1. 复制文件或文件夹

MATLAB 提供了 copyfile 函数，供用户复制文件/文件夹。copyfile 函数的常用调用格式为：

- **copyfile('source','destination')**

该命令复制源文件或源文件夹中的内容到目标文件或目标文件夹。如果 source 是一个文件夹，则 MATLAB 会复制文件夹中的所有内容到指定的文件夹中，而不是复制文件夹本身。destination 表示的文件名称可以和 source 不相同，如果 destination 表示的文件已存在，copyfile 函数会直接替换文件，而不给出警告信息。在 source 参数中可以使用通配符"*"。

- **copyfile('source','destination','f')**

该命令把源文件或源文件夹中的内容复制到只读文件或文件夹。

● [status,message,messageid] = copyfile('source','destination','f')

该命令在复制文件时返回操作状态、信息以及 MATLAB 错误信息的 ID 号。status 为 1 表示成功,为 0 表示出错。status 返回参数是必需的,其他两个参数是可选的。

【例 4.4-1】 在当前文件夹中复制文件,并修改文件的名称。

```
% 复制文件 myfun.m,并更名为 myfun2.m
copyfile('myfun.m','myfun2.m');
% 或 copyfile('.\myfun.m','.\myfun2.m');
```

【例 4.4-2】 复制当前文件夹中的文件到另一个文件夹中,可以不修改文件名称。

```
% 将当前文件夹中的 myfun.m 文件复制到 d:\work\目录下,文件名为 myfile.m
copyfile('myfun.m','d:\work\myfile.m');
% 或 copyfile('.\myfun.m','d:\work\myfile.m');
```

【例 4.4-3】 使用通配符来复制符合条件的文件或所有文件。

```
copyfile('myfiles\my*','..\newprojects');
copyfile('myfiles\*.*','..\newprojects');
```

第 1 条命令用来复制 myfiles 文件夹中所有以 my 开头的文件到目标文件夹中。newprojects 文件夹和 myfile 文件夹在同一个目录下。

第 2 条命令用来复制 myfiles 文件夹中的所有文件到目标文件夹中。

【例 4.4-4】 复制文件到指定的文件夹,并返回操作信息。

```
[s,mess,messid] = copyfile('myfiles.jpg','d:\work\myfile.jpg')
s =
     1
mess =
     ''
messid =
     ''
```

若要复制的文件不存在,则返回如下信息:

```
s =
     0
mess =
未找到匹配的文件。
messid =
MATLAB:COPYFILE:FileDoesNotExist
```

【例 4.4-5】 复制文件到只读文件夹中。

如果目标文件夹是只读的,使用 copyfile 命令仍然可以向其中复制文件:

```
copyfile('myfile.jpg','d:\work\restricted.jpg','f');
```

【注】 如果目标文件或文件夹已经存在,则 copyfile 命令会替换目标文件或文件夹,而不会给出提示信息。这一点要特别注意。

如果源文件或文件夹是只读的,复制到目标文件或文件夹时,只读属性将被取消。

2. 移动文件或文件夹

MATLAB 提供了 movefile 函数,供用户移动文件或文件夹。movefile 函数的常用调用格式为:

- **movefile('source')**

将名称为 source 的文件或文件夹移动到当前目录中。source 包含文件或文件夹的全路径名或相对路径名称。在 source 参数中可以使用通配符"*"。

- **movefile('source','destination')**

将源文件或源文件夹中的内容移动到目标文件或目标文件夹。

- **[status,message,messageid] = copyfile('source','destination','f')**

将源文件或源文件夹中的内容移动到目标文件或目标文件夹,忽略目标文件或文件夹 destination 的只读属性。

该命令在移动文件或文件夹时返回操作状态、信息以及 MATLAB 错误信息的 ID 号。status 为 1 表示成功,为 0 表示出错。status 返回参数是必需的,其他两个参数是可选的。

▲【例 4.4-6】 将指定的文件移动到当前目录中。

```
% 将 MATLAB 根目录中的 license.txt 文件移动到当前目录中
>> str = fullfile(matlabroot,'license.txt')
str =
D:\Program Files\MATLAB\R2008a\license.txt
>> movefile(str)
```

▲【例 4.4-7】 将 MATLAB 当前目录中的文件 myfile.jpg 移动到 D:\work 路径下的只读文件夹 restricted 中,并将文件更名为 test.jpg。

```
[status,message,messageid] = movefile('myfile.jpg','D:\work\restricted\test.jpg','f')
```

如果要移动的文件存在,并且移动操作成功,则 MATLAB 返回如下信息:

```
status =
     1
message =
     ''
messageid =
     ''
```

如果要移动的文件不存在,则 MATLAB 返回如下错误信息:

```
status =
     0
message =
未找到匹配的文件。
messageid =
MATLAB:MOVEFILE:FileDoesNotExist
```

▲【例 4.4-8】 将 D:\work\restricted 下的文件夹 test 移动到 MATLAB 的当前目录中。

```
>> [status,message,messageid] = movefile('D:\work\restricted\test')
status =
     1
message =
     ''
messageid =
```

▲【例4.4-9】 将MATLAB目录中所有名称以my开头的文件移动到D:\work\restricted目录中。

```
[status,message,messageid] = movefile('my*','D:\work\restricted')
status =
     1
message =
     ''
messageid =
```

4.5 技巧51：向同一个数据文件（.txt或.mat）中追加存储数据

4.5.1 技巧用途

在多数情况下，用户在调用MATLAB函数向指定的文件中存储数据时，都是一次性地将数据写入文件中。但有时，用户有必要分多次把计算得到的相同类型的数据保存到同一个文件中。也就是说，在先前保存的数据的末尾再追加存储数据，而不是覆盖掉先前保存的数据。

4.5.2 技巧实现

查看MATLAB的帮助文件，会发现有几个对文件进行"写操作"的函数带有可选的参数"-append"，该参数指定写文件时是否向文件的末尾追加数据，而不是覆盖掉先前存储的数据。因此，通过这种方法可以多次向同一个文件中追加存储数据。

1. dlmwrite函数

可以调用dlmwrite函数来实现上述功能。dlmwrite函数允许用户向ASCII码文件中写入数据，数据以ASCII码的形式保存，数据的行与行之间或列与列之间可以由用户来指定分隔符。dlmwrite函数的调用格式为：

● dlmwrite(filename, M,'-append')
● dlmwrite(filename, M,'-append',attribute-value-list)

其中，filename为文件名，M为数据矩阵；'-append'参数表示追加存储数据，若不指定'-append'参数，则会覆盖已存储的数据。

▲【例4.5-1】 把矩阵数据写入一个文件，然后在文件的末尾再写入另一个矩阵。

```
clc;clear;
% 生成3×3的魔方矩阵
M = magic(3);
```

```
%将数据写入文件中
dlmwrite('myfile.txt',[M M],'delimiter',',');
%生成3×3的随机矩阵
N = rand(3);
%在myfile.txt文件末尾追加存储数据
dlmwrite('myfile.txt', N, '-append','roffset', 1, 'delimiter', ' ');
```

其中,写入矩阵 M 时,数据之间的分隔符用逗号(,)表示;写入矩阵 N 时,数据之间的分隔符用空格(' ')表示;roffset 参数表示在 M 的末尾隔行写入矩阵 N。

程序执行完成后,在命令窗口中可以调用 type 命令查看 myfile.txt 文件的内容:

```
>> type myfile.txt

8,1,6,8,1,6
3,5,7,3,5,7
4,9,2,4,9,2

0.81472 0.91338 0.2785
0.90579 0.63236 0.54688
0.12699 0.09754 0.95751
```

当用 dlmread 函数从 myfile.txt 读取两个矩阵的数据时,列数是以两个矩阵列数的最大值为基准的,列数小的矩阵通过补零来对齐。

▲【例 4.5 - 2】 调用 dlmread 读取数据。

```
>> A = dlmread('myfile.txt')
A =
    8.0000    1.0000    6.0000    8.0000    1.0000    6.0000
    3.0000    5.0000    7.0000    3.0000    5.0000    7.0000
    4.0000    9.0000    2.0000    4.0000    9.0000    2.0000
    0.8147    0.9134    0.2785         0         0         0
    0.9058    0.6324    0.5469         0         0         0
    0.1270    0.0975    0.9575         0         0         0
```

2. save 命令

用户也可以调用 save 函数来实现追加存储数据的功能。save 函数的调用格式为:

save filename content options

其中,filename 为文件名;content 为要保存的数据;options 参数可以取如下数值:

- append——向文件中写入新的数据而不覆盖原先的数据;
- format——用二进制或 ASCII 码格式保存文件。

▲【例 4.5 - 3】 向 myfile.txt 文件中追加存储数据。

```
clc;clear;
M = magic(3);
A = [M M];
N = rand(3);
%存储数据 A
save myfile.txt A -ascii;
```

```
% 追加存储数据 N
save myfile.txt N - append - ascii;
```

【例 4.5 - 4】 将数据追加存储到 MAT 文件中。

```
clc;clear;
M = magic(3);
A = [M M];
N = rand(3);
% 存储数据 A
save myfile A;
% 追加存储数据 N
save myfile N - append;
```

【例 4.5 - 5】 调用 load 函数读取由 save 追加存储的数据。

```
>> load myfile.mat
>> A
A =
     8     1     6     8     1     6
     3     5     7     3     5     7
     4     9     2     4     9     2
>> N
N =
    0.7922    0.0357    0.6787
    0.9595    0.8491    0.7577
    0.6557    0.9340    0.7431
```

4.6 技巧 52：读/写 Microsoft Excel 文件

4.6.1 技巧用途

利用 Microsoft Excel 文件来存储数据，数据的显示格式整齐、直观。因此，除了使用文本文件来保存数据之外，使用 Microsoft Excel 文件来进行数据存储也是不错的选择。MATLAB 也提供了对 Microsoft Excel 文件进行读写的函数。

4.6.2 技巧实现

MATLAB 提供了 xlsread 和 xlswrite 函数，可以非常方便地对 Microsoft Excel 工作表文件进行读写操作。MATLAB 启动 Microsoft Excel 程序作为一个 COM 服务器，从而允许用户调用 xlsread 和 xlswrite 对文件进行读写操作。

1. xlsread 函数

xlsread 函数将 Microsoft Excel 文件中的数据读取到 MATLAB 中。xlsread 函数有如下几种调用格式：

- **num = xlsread(filename)**

该命令将 Excel 文件的第一个工作表中的数据读入 MATLAB 中。其中,filename 为 Excel 文件的名称,其值为以单引号括起来的字符串,如 'myfile.xls';num 为 double 类型的数组,存储从 Excel 文件中读取的数据。

【注】 如果工作表中既包含数字数据,又包含文本数据,则调用 xlsread 命令只会把数字数据读入 num 中。如果文本数据在工作表的第一行或最后一行或最左边的一列或最右边的一列,则调用 xlsread 命令时,MATLAB 会忽略这些文本行或列;除此之外的数字和文本混杂的行或列中,在将数据读入 num 时,会在文本出现的相应位置用 NaN 来代替。

【例 4.6-1】 Excel 文件 1.xlsx 的 sheet1 中的数据如图 4.6-1 所示,调用 xlsread 读取文件。

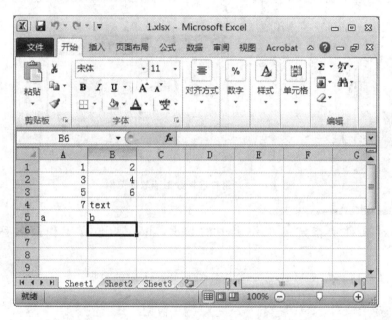

图 4.6-1 包含文本和数字的 Excel 文件

程序如下:

```
% 读取文件,num 中对应 text 的位置用 NaN 代替,a 和 b 所在的行被忽略
>> num = xlsread('1.xlsx')
num =
     1     2
     3     4
     5     6
     7   NaN
```

● **num = xlsread(filename, -1)**

打开 Excel 文件,弹出对话框,如图 4.6-2 所示,允许用户选择要读取的数据范围。

【例 4.6-2】 读取 1.xlxs 文件中工作表 sheet1 中用户选择的数据。

```
>> num = xlsread('1.xls', -1)
% 选择第一列,然后单击"确定"按钮,继续读取数据
num =
     1
```

```
3
5
7
```

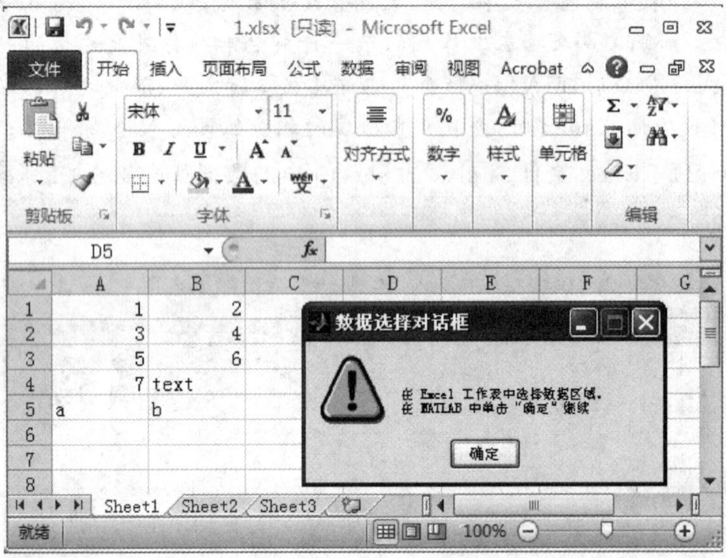

图 4.6-2 用户选择数据读取的范围

- **num = xlsread(filename, sheet)**

读取 Excel 文件中指定的工作表中的数据，sheet 为包含工作表名称的字符串，如 'sheet1'。

▲【例 4.6-3】 读取 1.xlsx 文件中工作表 sheet1 中的数据。

```
num = xlsread('1.xls','sheet1');
```

- **num = xlsread(filename, 'range')**

从 Excel 文件的第一个工作表中读取 range 范围指定的数据。range 参数的格式如 A1:B12, B2:E20 等。

▲【例 4.6-4】 读取 1.xlsx 文件第一个工作表中 A1:B3 的数据。

```
num = xlsread('1.xlsx','A1:B3');
```

- **num = xlsread(filename, sheet, 'range')**

从指定的工作表 sheet 中读取指定的 range 范围内的数据。

▲【例 4.6-5】 读取 1.xlsx 文件第二个工作表中 A1:B3 的数据。

```
num = xlsread('1.xlsx','sheet2','A1:B3');
```

- **[num, txt] = xlsread(filename, ...)**

前面的【注】中指出了文本和数字混杂情况下的数据读取方法，而在该调用格式中增加了输出参数 txt。输出参数 txt 是个元胞数组，存储了要读取的数据中所包含的文本信息。

▲【例 4.6-6】 读取 Excel 文件中的数字和文本信息。

```
>> [num, txt] = xlsread('1.xlsx','sheet1')
num =
     1     2
     3     4
     5     6
     7    NaN
txt =
    ''      'text'
    'a'     'b'
```

2. xlswrite 函数

该函数将 MATLAB 中的数据写入 Excel 文件中。xlswrite 的常用格式为：

`[status, message] = xlswrite(filename, M, sheet, range)`

其中，filename、sheet、range 与 xlsread 函数中的定义相同；M 是要写入的数组；status 返回写入操作是否成功的标志，其中 1 表示写入成功，0 表示写入错误；message 为返回的错误信息，message 是一个结构体，包含 2 个字段：message 字段包含错误信息；identifier 字段包含错误标志。

【例 4.6-7】 将下列 name 和 M 数组中的数据写入 1.xlsx 文件中。

```
name = {'x坐标' 'y坐标'}; M = [1 2;3 4;5 6;7 8];
% 将 name 中的数据写入 A1:B1
xlswrite('1.xls',name,'sheet1','A1:B1');
% 将 M 中的数据写入 A2:B5
xlswrite('1.xls',M,'sheet1','A2:B5');
```

程序运行结果如图 4.6-3 所示。

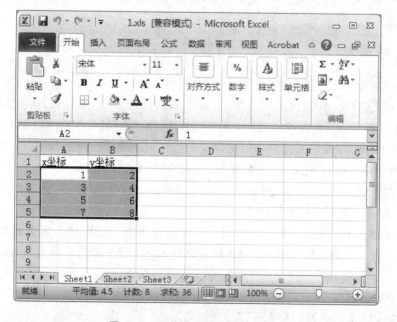

图 4.6-3 将数据写入 Excel 文件

【注】 在实际写入或读取数据时，有时需要动态修改 range 参数，以读取指定范围的数据

或把数据写入工作表的指定范围,可以通过调用 strcat 函数和 num2str 函数来实现。

【例 4.6-8】 动态生成 range 字符串。

```
beginNum = 5;
endNum = 18;
% 得到数据的范围 dataRange = 'A5:E18',调用 xlswrite 写入数据
dataRange = strcat('A',num2str(beginNum),':','E',num2str(endNum));
xlswrite('myfile.xls',name,'sheet1',dataRange);
```

4.7 技巧 53:在 MATLAB 程序中创建 Microsoft Excel 文档

4.7.1 技巧用途

作数据分析时,很多时候用户希望数据分析的结果可以保存为常用的文件格式,比如.doc 或者.xls 文件。MATLAB 有专门的读写 Excel 文档的函数 xlsread 和 xlswrite,可以根据用户需要将数据结果保存到 Excel 中指定的单元区域或者将 Excel 文件中指定区域的数据读入 MATLAB 工作空间。

对于图形结果,MATLAB 没有提供现成的函数,但是 MATLAB 完全可以将图形结果输出到 Excel 工作簿中,甚至可以操作 Excel 编程,比如控制 Excel 对某一个区域的数据进行分析,绘制 Excel 提供的各类统计图表等。这时需要一种称为 OLE(object linking and embedding,对象链接与嵌入)的技术,它是 ActiveX 技术的前身,基于 COM(component object model,组件对象模型),是不同的软件环境之间共享程序功能的一种方式。这一节介绍 MATLAB 控制 Excel 文件的方式,熟练地使用 MATLAB 操作 Excel 文件,可以建立符合用户需要的专业报表。

4.7.2 技巧实现

1. MATLAB 自动化功能介绍

MATLAB 支持组件自动化(COM automation),这是一个 COM 协议,该协议允许一个程序或者组件去控制另一个程序或者组件。MATLAB 支持的组件技术分为以下 3 个内容:

① 在 MATLAB 下运行其他软件的组件;

② 在其他程序下运行 MATLAB 的组件(包括 MATLAB 本身);

③ 将所需的 MATLAB 功能(通常由若干.m 和.mex 文件构成)利用 MATLAB 自身的 COM Builder 编译成组件供其他程序使用。

MATLAB 控制 Excel 文件操作属于上述①,即将 MATLAB 作为自动化客户端,调用 Excel 服务器实现一系列功能。MATLAB 打开创建 COM 服务器的函数为 actxserver。其基本用法如下:

actxserver('prodid');

其中,prodid 为 COM 服务器的标识号。

使用 MATLAB 操作 COM 服务器时,可以使用 get 函数获得某个 COM 服务器的属性,使用 invoke 函数触发某项方法。

2. 利用 MATLAB 建立空白 Microsoft Excel 文档

一个完整的 Microsoft Excel 文档，即 Workbook，需要以下 3 个步骤进行创建：
① 打开 Excel 服务器；
② 获取 Excel 服务器的 Workbooks 属性；
③ 触发 Workbooks 的 Add 方法增加 Workbook。

如果需要打开工作簿，可以设置 Excel 服务器的 Visible 属性为真。下面为创建新的 Workbook 并打开（本书使用 Microsoft Office Professional Plus 2013 版本）的例子。

【例 4.7 - 1】 创建 Microsoft Excel 空白工作簿。

```
he = actxserver('Excel.Application');
hw = he.Workbooks;  % 或者使用 hw = get(he, 'Workbooks');
hworkbook = hw.Add;  % 或者使用 hworkbook = Add(hw);
set(he, 'Visible', 1);
```

运行之后，MATLAB 会自动打开一个 Microsoft Excel 工作簿，名为工作簿1，如图 4.7 - 1 所示。

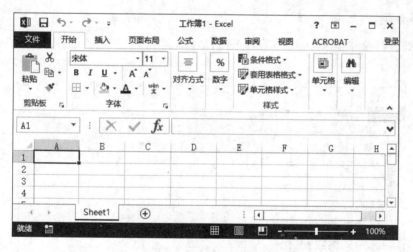

图 4.7 - 1 创建空白工作簿

如需对工作簿进行后续的操作，需要激活某一个工作表(sheet)。这里通过 Workbook 的 Sheets 属性获得所有的表，然后通过 Item 方法激活第 1 个工作表，代码如下：

```
hsheets = get(hworkbook, 'Sheets');
hsheet = Item(hsheets, 1);
```

对表的任何操作，Excel 服务器都提供了可以供 MATLAB 调用的属性或者方法，可以通过 get 函数或者 invoke 函数查看属性或者方法以寻找需要的函数。更好的方法是通过 Microsoft 提供的宏功能。首先开始录制宏；然后直接在 Excel 表中操作，完毕之后停止录制；最后查看所录制的宏，根据宏代码（VBA 代码）中使用的属性或者方法，利用 MATLAB 编程完成。

3. 表中固定区域的选择方法

区域的选择通过表的 Range 方法实现，规定好区域范围之后，直接将范围作为 Range 方法的参数即可。下面的宏代码为录制的一段选定区域的"粘贴"功能（这里都假设系统剪切板中有相应内容）：

```
Sub Macro1()
'
' Macro1 Macro
'

'
    Range("D6").Select
    ActiveSheet.Paste
End Sub
```

可以看到，粘贴功能的完成可以分为两步：第 1 步，选择粘贴区域；第 2 步，执行表的 Paste 方法。

MATLAB 程序如下：

```
hrange = Range(hsheet,'B2');
hrange.Select;
hsheet.Paste;
```

假设系统剪贴簿中具有文本内容"MATLAB"，运行以上程序之后，结果如图 4.7-2 所示。

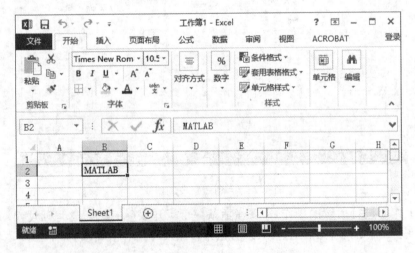

图 4.7-2　利用 MATLAB 向 Excel 粘贴文本

上面演示了使用 MATLAB 操作 Microsoft Excel 文档的一般方法，其他功能的实现，都可以通过上面介绍的录制宏代码，然后使用 MATLAB 实现的方式来完成，当然，对于 VBA 很熟悉的读者来说，实现这些功能不是困难之事。

4. 将 MATLAB 图形结果导入 Excel

上面演示的都是文字结果和 Excel 之间的操作，这一类操作完全可以通过 MATLAB 提供的 xlswrite 函数完成。下面介绍的是将 MATLAB 的图形结果导入 Excel 的方法。COM 技术的方便之处就在于通过一种软件可以使用另外一种软件提供的几乎所有功能，大大提高了编程的灵活性。

下面的例子首先在 MATLAB 中绘制一幅图，然后通过 COM 技术将该图形导入到 Excel

中,位置为 A1 处(导入图形的左上角位于 A1 单元格)。

【例 4.7-2】 将图片保存到 Excel 文件。

```
% 首先绘制一幅图
ezplot('x^2 - y^2 = 1');
set(gcf, 'Units', 'centimeter', 'Position', [5 4 8 5]);
% 调用 hgexport 函数将图形导入到剪切板中
hgexport(gcf, '-clipboard');
close all

% 选择粘贴区域
hrange = Range(hsheet, 'A1');
hrange.Select;
% 粘贴图形
hsheet.PasteSpecial;
```

运行结果如图 4.7-3 所示。由于粘贴位置只能通过单元格位置确定,因此如果与实际有所偏差,可以继续通过程序对粘贴进 Excel 中的图形进行修饰,比如移位、旋转操作等,这里不再一一介绍。

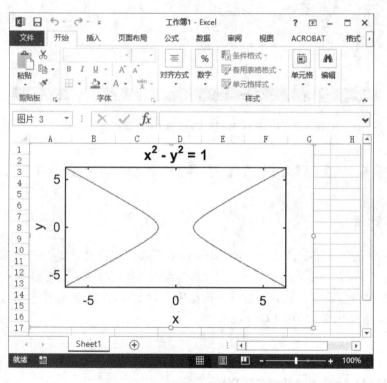

图 4.7-3 将 MATLAB 图形结果导入 Excel 电子表格中

5. MATLAB 控制 Excel 绘图

Excel 软件之所以被大量用于数据的统计,其中一个很重要的原因在于其有丰富的统计功能,并可以产生多样的统计图表。当然,对于 MATLAB 来说,绘制这些图表更不在话下,但对于一些简单的图表来说,完全可以交给 Excel 进行处理。例如,使用 Excel A1~A5 中的数据绘制折线图(假设 A1～A5 中有数据 1、5、7、1、5)。

```
hdata = Range(hsheet, 'A1:A5');
% 新建图表
hchart = hsheet.ChartObjects.Add(0, 0, 200, 100).Chart;
% 设置绘图数据来源
SetSourceData(hchart, hdata);
% 设置图表类型
hchart.ChartType = 'xlLine';
```

运行结果如图 4.7-4 所示。

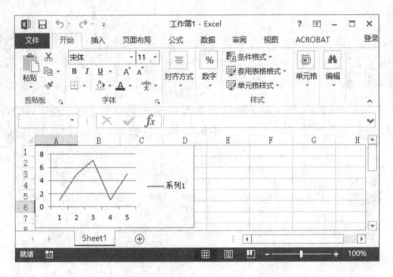

图 4.7-4　使用 MATLAB 控制 Excel 绘制统计图表

4.8　技巧 54:在 MATLAB 程序中创建 Microsoft Word 文档

4.8.1　技巧用途

4.7 节中介绍了使用 MATLAB 创建 Microsoft Excel 文档的方式,本节介绍使用 MAT-LAB 创建 Microsoft Word 文档的方式。当然,MATLAB 可以通过 Notebook 完成与 Word 的通信,但是很多时候这种方式并不能完全满足用户的要求,比如说 MATLAB 自动生成报表等,这时仍然需要本节所介绍的 COM 技术。

4.8.2　技巧实现

1. 利用 MATLAB 创建 Microsoft Word 文档

和在 MATLAB 中建立 Excel 文档类似,MATLAB 创建 Word 文档也可以分为如下 3 步:

① 打开 Word 服务器;
② 使用 Word 服务器的 Documents 属性建立 Documents;
③ 使用 Documents 的 Add 方法增加新的 Document。

同样,如果需要打开 Word 文档,可以使用 Word 服务器的 Visible 属性。下面的程序可实现新建立空白 Word 文档,并打开。

```
hw = actxserver('Word.Application');
hd = hw.Documents;
hdocument = hd.Add;
set(hw,'Visible',1);
```

效果如图 4.8 – 1 所示。

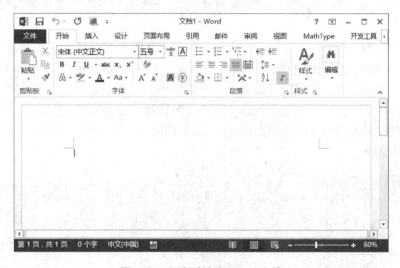

图 4.8 – 1　创建空白 Word 文档

2. 文字信息的输入

使用 MATLAB 向 Word 写入文本以 Document 的 Content 属性为基础,Content 的 Start 和 End 属性分别为写入文本的开始和结束,Text 属性为写入的内容。比如,在 Document 的开始写入"MATLAB",并修饰其字体和字号,代码如下:

```
hc = hdocument.Content;
hc.Start = 0;
hc.Text = 'MATLAB';
hc.Font.Name = 'Times';
hc.Font.Size = 20;
```

写入后,可以通过 hc.End 查看 Content 的结尾位置。如果需要继续在后面写内容,可以将 hc.Start 定位于 hc.End 位置,比如继续在"MATLAB"后添加"N 个常用技巧",代码如下。代码中最后一句是为了记录最后输入文字后的结尾位置,防止后面对其他位置文字进行修改后,Content 的尾部位置改变:

```
hc.Start = hc.End;
hc.Text = 'N';
hc.Font.Name = 'Times';
hc.Font.Size = 30;
hc.Font.Italic = 1;
hc.Start = hc.End;
hc.Text = '个常用技巧';
```

```
hc.Font.Name = 'Times';
hc.Font.Size = 30;
hc.Font.Italic = 0;

hcEnd = hc.End;
```

如需设置所写入文本的格式,比如字体等,可以使用 Content 的 Font 属性。**需要注意的是**,只能设置最近更改的 Content 的 Text 内容,比如,上面首先写入了"MATLAB",然后又写入了"N 个常用技巧",如果最后使用 Font 属性设置,那么只能设置后面增加的"N 个常用技巧"的字体格式。

段落格式的设置可以通过 Content 的 Paragraphs 属性来统一设置。如需在某一个位置换行,即输入回车符,方法是使用 Word.Application 的 Selection 属性的 TypeParagraph 方法。比如在上面所输入的"MATLAB N 个常用技巧"中的"MATLAB"之后换行,可以首先将 Selection 的 End 属性设置为 6(注意 Start 和 End 属性都设置为 6,防止 Start 和 End 不在同一个位置,则其中间的内容被选中,输入回车之后会删除掉原有的文字),然后使用 TypeParagraph 方法。代码如下:

```
% 使当前段落居中显示
hc.Paragraphs.Alignment = 'wdAlignParagraphCenter';
% 分段
hw.Selection.End = 6;
hw.Selection.Start = 6;
hw.Selection.TypeParagraph;
```

上述程序产生的 Word 文档如图 4.8-2 所示。

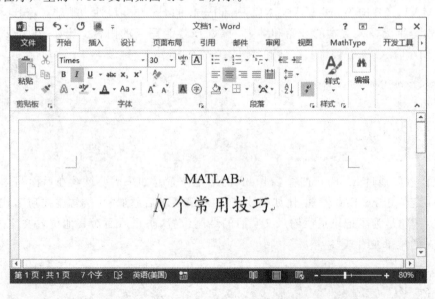

图 4.8-2　Word 中文字信息的输入

3. 插入表格

在 Word 中插入表格可以使用 Content 的 Tables 属性中的 Add 方法,比如在上面所写的"N 个常用技巧"之后换行,然后插入一个 3×3 的表格,代码如下:

```
% 定位
hw.Selection.End = 18;
hw.Selection.Start = 18;
hw.Selection.TypeParagraph;
hw.Selection.TypeParagraph;
% 插入表格
ht = hc.Tables;
htable = ht.Add(hw.Selection.Range, 3, 3);
```

表格默认没有任何边框,可以设置 Borders 属性,代码如下:

```
htable.Border.OutsideLineStyle = 'wdLineStyleSingle';
htable.Border.InsideLineStyle = 'wdLineStyleSingle';
```

当然,也可以设置边框宽度、每一个单元格的大小等,这里不再一一演示。下面在第一行第二类的单元格中写入文字"李鹏"并修饰格式,代码如下:

```
htable.Cell(1, 2).Range.Text      = '李鹏';
htable.Cell(1, 2).Range.Font.Name = '隶书';
```

其他单元格添加文字都可以使用这种方式。

以上各个步骤运行完毕之后,生成的 Word 文件如图 4.8-3 所示。

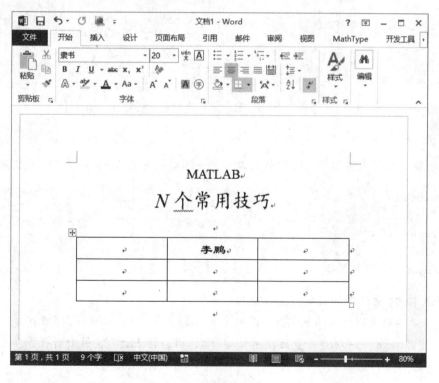

图 4.8-3 使用 MATLAB 建立 Word 文档的效果

以上演示了在 Word 中经常用到的几个功能,对于其他功能的实现,可以根据 4.7 节中所讲的方法,在 Word 中录制 VBA 代码,通过 VBA 代码中使用的属性或者方法来编写 MATLAB 代码。

4.9 技巧55：MAT文件的操作技巧

4.9.1 技巧用途

MAT文件是MATLAB环境下的一种标准二进制格式文件，扩展名为.mat。它支持MATLAB中所有的数据类型，MATLAB可以方便地读写MAT文件。

在使用MATLAB开发和进行数据处理时，使用MAT文件可以实现与使用其他常用格式的数据文件同样的功能，并且读写简单、快速、方便。因此，如果数据仅仅在MATLAB环境中操作，不涉及其他软件，可以首先考虑使用MAT文件。同时，MATLAB也提供了一个MAT文件操作库，通过该库可以使用高级语言读写MAT文件。

4.9.2 技巧实现

MATLAB通过save和load函数来存储和加载MAT文件。

1. 输出数据至MAT文件

save函数可以把工作区中的变量输出到二进制或者ASCII文件。在文件名缺省的情况下，将输出到matlab.mat文件。使用方式如下：

```
% 保存工作变量中的全部数据
save filename
% 选择某几个变量保存
save filename var1 var2 ... varN
```

可以使用通配符(*)。比如将以s开头的所有变量保存到filename中：

```
save filename s*
```

下面的程序保存当前工作空间中所有以n开头的变量至名为nmat的MAT文件中：

```
n1 = ones(10);
n2 = zeros(20);
n3 = 'string';
n4 = rand;
save nmat n*
```

2. 载入MAT文件中的数据至工作空间

使用load函数可以将MAT文件中的数据载入到工作空间。load可以看作是save的逆过程，其用法和save一一对应。直接使用load函数，可以将MAT文件中所有数据载入；如果使用带有返回参数的load函数，会将MAT文件中所有的数据载入到返回变量。

```
load nmat
S = load('nmat');
```

使用whos函数查看工作空间的变量，可以看到，除了nmat中的数据之外，还有一个S结构体：

```
>> whos
Name        Size          Bytes     Class       Attributes

S           1x1           4516      struct
n1          10x10         800       double
n2          20x20         3200      double
n3          1x6           12        char
n4          1x1           8         double
```

和 save 类似,如果需要导入某几个变量,可以给 load 命令增加选项,或者使用通配符导入以某个字母或者某个字符串开头的变量。

3. 查看 MAT 文件中的变量

MAT 文件中的变量可以通过 load 导入 MATLAB 之后确定其内容,也可以直接通过 whos 函数查看。whos 函数可以查看 MAT 文件中的变量信息:变量名、变量大小以及变量类型。比如上面存储的 nmat 文件,使用 whos 函数查看如下:

```
>> whos -file nmat
Name        Size          Bytes     Class       Attributes

n1          10x10         800       double
n2          20x20         3200      double
n3          1x6           12        char
n4          1x1           8         double
```

4. 保存结构体的方式

上面介绍了导出 MAT 文件至结构体的方式,如果工作空间中具有结构体 S,可以直接通过 save 函数将 S 存储到 MAT 文件中。此外,用户也可以选择 S 中的字段进行保存。下面的示例程序中,保存结构体 S 中的 n1 和 n2 字段至 MAT 文件 Snpart 并查看该文件内容:

```
save Snpart -struct S n1 n2
whos -file Snpart
```

whos 函数给出的结果如下:

```
Name        Size          Bytes     Class       Attributes
n1          10x10         800       double
n2          20x20         3200      double
```

如果保存所有的字段至 MAT 文件,而不是将结构体保存,可以直接使用 -struct 选项,如下:

```
save Sn -struct S
whos -file Sn
Name        Size          Bytes     Class       Attributes

n1          10x10         800       double
n2          20x20         3200      double
n3          1x6           12        char
n4          1x1           8         double
```

5. 在已有 MAT 文件中添加数据

见 4.5 节"向同一个数据文件(.txt 或.mat)中追加存储数据"。

6. 关于数据压缩和字符编码的说明

MATLAB 7.X 以上版本在使用 save 函数保存数据至 MAT 文件中时，自动对数据进行了压缩，MAT 文件采用了 Unicode 编码（当然 load 时自动进行了解压）。如果共享数据的 MATLAB 平台版本一致或者都是用高于 7.0 的版本，那么不用考虑数据压缩以及编码的问题；但是，如果将高版本的 MATLAB 存储的 MAT 文件提供给低版本的 MATLAB 使用，则数据不会被正常载入，因为 6.X 版本不支持数据的压缩，并且不支持 Unicode 编码。另外，在 64 位系统中，可以使用－v7.3 选项存储超出 2GB 的变量。

如果使用时考虑版本的差异，可以使用－v6 选项，如下：

```
save nmat6 n* -v6
```

为了说明－v6 的使用效果，分别使用 7.X 版本及 6.X 版本的 MATLAB 进行保存，看其大小差异，也即压缩的 MAT 文件和未压缩的 MAT 文件的差异：

```
d1 = dir('nmat.mat');
d2 = dir('nmat6.mat');
d1.bytes
d2.bytes
ans =
    430
ans =
    616
```

如果希望在整个操作期间禁止压缩并禁止使用 Unicode 编码，可以设置 MATLAB 的选项(Preference)，如图 4.9-1 所示，选择"MATLAB Version 5 or later(save-v6)"选项。

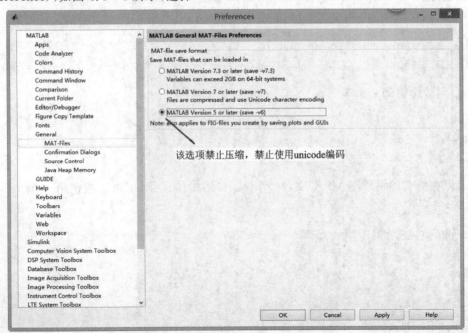

图 4.9-1　设置 MATLAB 选项禁止数据压缩和 Unicode 编码

4.10 技巧56：在MATLAB中读/写文本文件(.txt文件)

4.10.1 技巧用途

利用文本文件(.txt文件)来存储数据，是用户在使用MATLAB时比较常用的方法。因此，熟悉文本文件的读/写操作是非常重要的。

4.10.2 技巧实现

MATLAB提供了多种读写文本文件的方法，以下结合示例代码详细介绍这些函数的使用方法。

1. save 和 load 函数

save 和 load 函数不仅可以读写.mat文件，也可以读写文本文件。

▲【例4.10-1】 使用save和load函数访问文本文件。

```
%生成数据矩阵
M=[1 2 3;4 5 6;7 8 9];
%把数组M中的数据以ASCII码的形式保存到1.txt文件中,文件可以调用Windows记事本等
%程序打开
save 1.txt M -ascii
%把1.txt文件中保存的数据读取到数组M中
M=load('1.txt');
M =
    1    2    3
    4    5    6
    7    8    9
```

2. importdata 函数

从磁盘文件载入数据到MATLAB。函数的调用格式为：
- **importdata(filename)**
- **A = importdata(filename)**
- **A = importdata(filename,delimiter)**
- **A = importdata(filename,delimiter,headerline)**

其中，filename为包含文件名的字符串；delimiter为各列的分隔符；headerline为文件标题行所在的位置(数字类型)；importdata函数从headerline+1处开始读取数据。

▲【例4.10-2】 2.txt中的内容如下所示，调用importdata函数来读取。

```
%2.txt中的内容
Day1     Day2     Day3     Day4     Day5     Day6     Day7
95.01    76.21    61.54    40.57    5.79     20.28    1.53
23.11    45.65    79.19    93.55    35.29    19.87    74.68
60.68    1.85     92.18    91.69    81.32    60.38    44.51
```

```
    48.60    82.14    73.82    41.03     0.99    27.22    93.18
    89.13    44.47    17.63    89.36    13.89    19.88    46.60
>> M = importdata('2.txt')
M =
% 文件中的数值数据
        data: [5x7 double]
% 文本数据
    textdata: {'Day1' 'Day2' 'Day3' 'Day4' 'Day5' 'Day6' 'Day7'}
% 标题行的内容
    colheaders: {'Day1' 'Day2' 'Day3' 'Day4' 'Day5' 'Day6' 'Day7'}
>> M.data
ans =
   95.0100   76.2100   61.5400   40.5700    5.7900   20.2800    1.5300
   23.1100   45.6500   79.1900   93.5500   35.2900   19.8700   74.6800
   60.6800    1.8500   92.1800   91.6900   81.3200   60.3800   44.5100
   48.6000   82.1400   73.8200   41.0300    0.9900   27.2200   93.1800
   89.1300   44.4700   17.6300   89.3600   13.8900   19.8800   46.6000
```

3. textread 函数

textread 函数既可以读取纯数字类型的文本文件，也可以读取包含文本信息和数值信息的文本文件。

▲【例 4.10 - 3】 利用 textread 函数读取 2.txt 文件。

```
[c1 c2 c3 c4 c5 c6 c7] = textread('2.txt','%s %s %s %s %s %s %s',...
'headerlines',1)
```

其中，c1～c7 为 7×1 的 cell 数组，分别包含文件中各列的数据；headerlines 参数设置为 1，用来指示函数从文件的第 2 行开始读取数据。

如果文本文件是纯数值信息，读取方式会更简单。

▲【例 4.10 - 4】 3.txt 中的内容如下所示，调用 textread 函数把数据读到矩阵 M 中。

```
% 3.txt 文件的内容
    95.01    76.21    61.54    40.57     5.79    20.28     1.53
    23.11    45.65    79.19    93.55    35.29    19.87    74.68
    60.68     1.85    92.18    91.69    81.32    60.38    44.51
    48.60    82.14    73.82    41.03     0.99    27.22    93.18
    89.13    44.47    17.63    89.36    13.89    19.88    46.60
>> M = textread('3.txt')
M =
   95.0100   76.2100   61.5400   40.5700    5.7900   20.2800    1.5300
   23.1100   45.6500   79.1900   93.5500   35.2900   19.8700   74.6800
   60.6800    1.8500   92.1800   91.6900   81.3200   60.3800   44.5100
   48.6000   82.1400   73.8200   41.0300    0.9900   27.2200   93.1800
   89.1300   44.4700   17.6300   89.3600   13.8900   19.8800   46.6000
```

如果 txt 文件中的内容是纯文本或文本和数字的集合，则采用如下的方式读取：

```
str = textread('222.txt','%s','whitespace','');
```

4. dlmread/dlmwrite 函数

这两个函数用来对 ASCII 分隔文件进行读写操作。其调用格式为：

```
M = dlmread(filename, delimiter, R, C);
```

将 filename 中数字类型的数据读到矩阵 M 中。参数 R 和 C 指定开始读取的行列号，文件最左上角数据的位置为 0 行 0 列；delimiter 参数为数据之间的分隔符。

【例 4.10 - 5】 使用 dlmread 函数来读取文件 2.txt 中的数据。

```
% 指定从第 2 行第 1 列开始读取,即不读取各列的标题;delimiter 为空字符串 ''
>> M = dlmread('2.txt','',1,0)
M =
  95.0100   76.2100   61.5400   40.5700    5.7900   20.2800    1.5300
  23.1100   45.6500   79.1900   93.5500   35.2900   19.8700   74.6800
  60.6800    1.8500   92.1800   91.6900   81.3200   60.3800   44.5100
  48.6000   82.1400   73.8200   41.0300    0.9900   27.2200   93.1800
  89.1300   44.4700   17.6300   89.3600   13.8900   19.8800   46.6000
% 从文件的第 3 行第 4 列开始读取
>> dlmread('2.txt','', 2, 3)
ans =
  93.5500   35.2900   19.8700   74.6800
  91.6900   81.3200   60.3800   44.5100
  41.0300    0.9900   27.2200   93.1800
  89.3600   13.8900   19.8800   46.6000
```

【例 4.10 - 6】 调用 dlmwrite 函数向文本文件中写入数据。

```
% 把矩阵 M 中的数据写入 myfile.txt 文件
>> M = rand(5,8);   M = floor(M * 100);
>> dlmwrite('myfile.txt', M)
>> type myfile.txt
43,48,27,49,75,95,84,34
38,44,67,95,25,54,25,19
76,64,65,34,50,13,81,25
79,70,16,58,69,14,24,61
18,75,11,22,89,25,92,47
```

【例 4.10 - 7】 将界面上编辑控件中的内容保存到 txt 文件。

```
% 定位文件的路径,输入文件名称
[file,path] = uiputfile('*.txt','保存为文本文件');
% 取得编辑控件中的内容(假设界面上有编辑控件 edit1)
content = get(handles.edit1,'string');
% 合成文件名
filename = strcat(path,file);
% 将编辑控件中的内容写入 txt 文件
dlmwrite(filename,content,'delimiter','','newline', 'pc');
```

5. csvread/csvwrite 函数

对以逗号作为数据之间分隔符的数据文件进行读写操作。

【例 4.10 - 8】 myfile.txt 文件的内容如下，调用 csvread 函数来读取。

```
02,04,06,08,10,12
03,06,09,12,15,18
05,10,15,20,25,30
07,14,21,28,35,42
11,22,33,44,55,66
>> M = csvread('myfile.txt')
M =
     2     4     6     8    10    12
     3     6     9    12    15    18
     5    10    15    20    25    30
     7    14    21    28    35    42
    11    22    33    44    55    66
```

【例 4.10 - 9】 将矩阵 M 中的数据写入 yourfile.txt。

```
>> csvwrite('yourfile.txt',M)
>> type yourfile.txt
2,4,6,8,10,12
3,6,9,12,15,18
5,10,15,20,25,30
7,14,21,28,35,42
11,22,33,44,55,66
```

6. fgetl 函数

利用 fgetl 函数来读取文本文件时，首先需要调用 fopen 函数打开文件，取得文件标识符，然后调用 fgetl 函数来逐行读取。

【例 4.10 - 10】 使用 fgetl 函数读取上述文本文件 2.txt。

```
% 以只读的方式打开文本文件，得到文件标识符
fid = fopen('2.txt','r');
% 首先读取文件的第一行内容到 str 字符串中
str = fgetl(fid);
% 调用 strread 函数来取得 str 字符串中的格式化数据，分别保存到 str1~str7 中
[str1 str2 str3 str4 str5 str6 str7] = ...
strread(str,'%s %s %s %s %s %s %s','delimiter',' ');
% 把 str1~str7 字符串中的内容保存到 headertext 数组中，headertext 是 1×7 的 cell 类型的数组
headertext = [str1 str2 str3 str4 str5 str6 str7];
count = 1;
% 使用 while 循环来读取文件各行的数据，如果未读到文件的末尾则继续读取
while feof(fid) == 0
```

```
        str = fgetl(fid);
        if ~isempty(str)
%读取每一行的数据
[value1 value2 value3 value4 value5 value6 value7] = strread(str,'%f %f %f %f %f %f %f',...
'delimiter',' ');
%保存每一行数据
value(count,:) = [value1 value2 value3 value4 value5 value6 value7];
            count = count + 1;
        end
    end
%关闭文件
fclose(fid);
```

在命令窗口中可以查看读取的结果：

```
>> value
value =
    95.0100   76.2100   61.5400   40.5700    5.7900   20.2800    1.5300
    23.1100   45.6500   79.1900   93.5500   35.2900   19.8700   74.6800
    60.6800    1.8500   92.1800   91.6900   81.3200   60.3800   44.5100
    48.6000   82.1400   73.8200   41.0300    0.9900   27.2200   93.1800
    89.1300   44.4700   17.6300   89.3600   13.8900   19.8800   46.6000

>> headertext
headertext =
    'Day1'    'Day2'    'Day3'    'Day4'    'Day5'    'Day6'    'Day7'
```

7. fscanf 函数

fscanf 函数可以从磁盘文件中读取格式化的数据。

【例 4.10 - 11】 调用 fscanf 函数来读取 1.txt 文件中的数据。

首先以"只读"方式打开文件，然后调用 fscanf 函数读取文件，最后调用 fclose 函数关闭打开的文件。

```
fid = fopen('3.txt','r');
[a,cnt] = fscanf(fid,'%f',[5,7]);
fclose(fid);
disp(a);
    95.0100   20.2800   93.5500    1.8500   44.5100    0.9900   17.6300
    76.2100    1.5300   35.2900   92.1800   48.6000   27.2200   89.3600
    61.5400   23.1100   19.8700   91.6900   82.1400   93.1800   13.8900
    40.5700   45.6500   74.6800   81.3200   73.8200   89.1300   19.8800
     5.7900   79.1900   60.6800   60.3800   41.0300   44.4700   46.6000
```

4.11 技巧 57：打开/保存文件对话框的使用方法

4.11.1 技巧用途

在利用 MATLAB 编程时，经常进行如下操作：在程序中读取指定文件中的数据，经程序运算处理后,把运算结果保存到文件中。MATLAB 提供打开文件对话框和保存文件对话框,方便用户直观、快速地定位指定的文件。

4.11.2 技巧实现

1. 对话框的一般应用

在命令窗口中输入命令 uigetfile 或 uiputfile,即可以以缺省的方式打开上述这两个对话框。两个对话框的界面如图 4.11-1 和图 4.11-2 所示。

图 4.11-1　打开文件对话框　　　　图 4.11-2　保存文件对话框

在程序中,通过调用函数 uigetfile 来显示打开文件对话框,通过调用函数 uiputfile 来显示保存文件对话框。

uigetfile 函数的调用格式为:
- **FileName = uigetfile**
- **[FileName,PathName,FilterIndex] = uigetfile(FilterSpec)**
- **[FileName,PathName,FilterIndex] = uigetfile(FilterSpec,DialogTitle)**
- **[FileName,PathName,FilterIndex] = uigetfile(FilterSpec,DialogTitle,DefaultName)**
- **[FileName,PathName,FilterIndex] = uigetfile(...,'MultiSelect',selectmode)**

uiputfile 函数的调用格式为:
- **FileName = uiputfile**
- **[FileName,PathName] = uiputfile**
- **[FileName,PathName,FilterIndex] = uiputfile(FilterSpec)**
- **[FileName,PathName,FilterIndex] = uiputfile(FilterSpec,DialogTitle)**
- **[FileName,PathName,FilterIndex] = uiputfile(FilterSpec,DialogTitle,DefaultName)**

其中,FileName 和 Pathname 参数分别为选择的文件名称和文件所在的路径名称;FilterIndex 参数是可选的,返回选择的文件类型在对话框上的"文件类型"列表中的序号,其值为 1、2、…;DialogTitle 为对话框的标题,用户可以将对话框默认的标题(图 4.11-1 中的"选择要打开的文件"和图 4.11-2 中的"选择要写入的文件")修改为自己想要的标题;DefaultName 为对话框默认的文件名,可以为文件名或路径名+文件名,也可以是文件夹的名称(其后带"\"或"/"符号)。

例如,对话框的标题为"我的对话框标题",文件类型为".jpg",默认打开的文件名称为"test.m",文件所在的路径为"D:\aaa — MATLAB N 个使用技巧\MATLAB 程序调试\4.11",

代码如下:

```
[FileName,PathName,FilterIndex] = uiputfile('myfile.jpg','我的对话框标题','D:\aaa - MATLAB N
个使用技巧\MATLAB 程序调试\4.11\test.m')
```

运行结果如图 4.11-3 所示。

图 4.11-3　带默认文件名称的打开文件对话框

FilterSpec 是文件筛选器,用来指定要选择何种类型的文件。文件筛选器可以是如下 2 种形式:

① FilterSpec 是一个包含文件名的字符串,如 'myfile.jpg'。这时,myfile.jpg 将添加到 "文件名"编辑框中,而文件扩展名(.jpg)则添加到"文件类型"或"保存类型"列表框中,程序如下:

```
[FileName,PathName] = uigetfile('myfile.jpg');
[FileName,PathName] = uiputfile('myfile.jpg');
```

运行结果如图 4.11-4 所示。

② FilterSpec 是包含"."或".."或"\"的字符串。例如:

'*.jpg' 查找根目录下(如 C:\、D:\等)所有.jpg 格式的文件。

'.*.jpg' 查找当前目录下所有.jpg 格式的文件。

'..*.jpg' 查找上一级目录下所有.jpg 格式的文件。

```
[FileName,PathName] = uigetfile('\*.jpg');
[FileName,PathName] = uigetfile('.\*.jpg');
[FileName,PathName] = uigetfile('..\*.jpg');
[FileName,PathName] = uiputfile('\*.jpg');
[FileName,PathName] = uiputfile('.\*.jpg');
[FileName,PathName] = uiputfile('..\*.jpg');
```

FilterSpec 是一个 cell 类型的数组,数组的第 1 列包含文件扩展名,数组的第 2 列是可选的,内容是对第 1 列各文件扩展名的说明。第 2 列的说明信息会代替第 1 列的信息显示在文

图 4.11-4 FilterSpec 为 'myfile.jpg' 时的打开文件对话框

件类型列表中。

```
% 设置文件过滤器
FileSpec = { …
'*.m;*.fig;*.mat;*.mdl','MATLAB Files (*.m,*.fig,*.mat,*.mdl)';…
'*.m','M-files (*.m)';…
'*.fig','Figures (*.fig)';…
'*.mat','MAT-files (*.mat)';…
'*.mdl','Models (*.mdl)';…
'*.*','All Files (*.*)'};
% 调用对话框
[FileName,PathName] = uigetfile(FileSpec);
[FileName,PathName] = uiputfile(FileSpec);
```

程序运行结果如图 4.11-5 所示。

2. 对话框的改进

MATLAB 自带的 uigetfile、uiputfile 函数，在打开/保存文件时，其对话框默认的路径总是 MATLAB 当前的路径，不会记录上次访问过的路径。例如，在 MATLAB 的命令窗口中输入 uigetfile 命令，则弹出"选择要打开的文件"对话框，如图 4.11-6 所示。在对话框的"查找范围"组合框中显示 MATLAB 当前路径（"D:\aaa — MATLAB N 个使用技巧\MATLAB 程序调试\4.11"）中的最后一个目录（4.11），并在对话框中显示当前目录中的所有 MATLAB 文件（M 文件）。但是，当用户频繁地访问同一目录下的文件时，如果能在对话框中记录上次访问过的路径就可以大大节省用户查找的时间。下面对 uigetfile、uiputfile 函数进行改进，使其满足这些要求。

（1）对 uigetfile 函数进行改进

既然 uigetfile 函数打开的对话框默认路径总是 MATLAB 当前路径，那么可以通过临时修改 MATLAB 当前目录为上一次 uigetfile 对话框访问路径，再次调用 uigetfile 函数时，其对话框默认路径自然就是上次访问的路径了。为了达到这个目的，需要解决几个问题：

图 4.11-5　FilterSpec 为 cell 数组时的打开文件对话框

图 4.11-6　打开文件对话框

① 记录 uigetfile 上次访问的路径；
② 记录 MATLAB 当前目录（用来还原 MATLAB 当前路径）；
③ 更改 MATLAB 当前目录；
④ 还原 MATLAB 当前目录。

在这里，可以使用一个全局变量来记录 uigetfile 上次访问的路径（或者将路径赋给一个变量，然后保存为 .mat 文件，以供下次调用）。此外，还需要在函数体的开头增加代码来记录当前路径，以备函数退出时还原路径。

改进的函数名为 uigetfile_new，函数代码为：

```
function [FileName,PathName,FilterIndex] = uigetfile_new(varargin)
% 输入和输出保持与 uigetfile 的用法一致
global global_lastpth;        % 定义全局变量(记录上次访问目录,作为下次访问的默认路径)
oldpath = cd;                 % 记录当前目录
if isempty(global_lastpth)    % 如果上次访问路径为空(说明是第一次使用打开/保存对话框)
    global_lastpth = cd;      % 修改访问路径
else
    cd(global_lastpth);       % 修改 MATLAB 当前路径为上次访问路径
end
[FileName,PathName,FilterIndex] = uigetfile(varargin{:});
cd(oldpath);                  % 还原 MATLAB 当前目录
if PathName~ = 0              % 如果选择了文件,则当前路径为下一次默认访问路径
    global_lastpth = PathName;    % 修改上次访问路径为当前访问路径
end
```

改进的函数 uigetfile_new 的用法与函数 uigetfile 的用法完全一样。

(2) 对 uiputfile 函数进行改进

uiputfile 函数的改进思路与 uigetfile 的改进思路完全一样。改进的函数名为 uiputfile_new,函数代码为:

```
function [FileName,PathName,FilterIndex] = uiputfile_new(varargin)
% 输入和输出保持与 uiputfile 的用法一致
global global_lastpth;        % 定义全局变量(记录上次访问目录,作为下次访问的默认路径)
oldpath = cd;                 % 记录当前目录
if isempty(global_lastpth)    % 如果上次访问路径为空(说明是第一次使用打开/保存对话框)
    global_lastpth = cd;      % 修改访问路径
else
    cd(global_lastpth);       % 修改 MATLAB 当前路径为上次访问路径
end
[FileName,PathName,FilterIndex] = uiputfile(varargin{:});
cd(oldpath);                  % 还原 MATLAB 当前目录
if PathName~ = 0              % 如果选择了文件,则当前路径为下一次默认访问路径
    global_lastpth = PathName;    % 修改上次访问路径为当前访问路径
end
```

4.12 技巧58:动画图片内容修改

4.12.1 技巧用途

GIF 动画是一种常见的序列图像自动播放文件,具有制作简单、自动播放等优点。本技巧结合 MATLAB 图形绘制、图像处理的基础知识,通过对已有 GIF 图像进行读取,获取图像帧序列,并加入指定的内容修改元素,以 GIF 文件写出的方式来完成动画的生成。通过本节的内容,读者可以了解图像读取及写出的机制,进而也能够对图像序列化处理、自定义动画生成等应用提供支撑。

4.12.2 技巧实现

1. 动画读取

对于包含动画信息的 GIF 图像,首先是要获取静态图像序列。本案例中的 GIF 动画来自网络,通过 MATLAB 图像处理工具箱中最为基础的 imread 函数来获取静态图像序列,并导出到指定位置。具体代码如下:

```
clc; clear all; close all;
% 读取动画
[A, map, alpha] = imread(fullfile(pwd, 'GIF', 'in.gif'), 'frames', 'all');
foldername_out = fullfile(pwd, 'GIF_OUT');
if ~exist(foldername_out, 'dir')
    mkdir(foldername_out);
end
% 对图像序列进行显示及写出
for i = 1 : size(A, 4)
    figure(1);
    imshow(A(:,:,:,i), map);
    pause(0.1);
    imwrite(A(:,:,:,i), map, fullfile(foldername_out, sprintf('%02d.jpg', i)));
end
```

运行后将得到图像序列显示及保存(以图像帧序号为标准进行命名_),如图 4.12-1 所示。

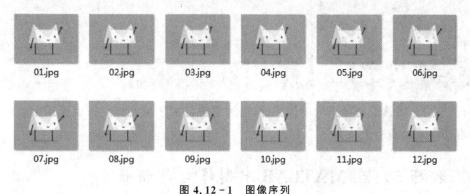

图 4.12-1 图像序列

2. 动画生成

为了增加动画演示的效果,我们对实验动画进行处理,定位出目标的眼、嘴,进行标记,并增加指定的延时效果,通过 MATLAB 的图像捕获函数来获取显示的结果,导出到指定的动画中,生成相应的 GIF 文件。具体代码如下:

```
clc; clear all; close all;
fn = 35;
filename_out = fullfile(pwd, 'out.gif');
tp = 0.1;
for i = 1 : fn
    filename = fullfile(pwd, 'GIF_OUT', sprintf('%02d.jpg', i));
    Img = imread(filename);
```

```
            % 修改模块,定位脸部目标
            bw = im2bw(Img, 0.9);
            bw = ~bw;
            bw = imclose(bw, strel('disk', 5));
            [L, num] = bwlabel(bw);
            stats = regionprops(L);
            Ar = cat(1, stats.Area);
            [~, ind_maxAr] = max(Ar);
            stats(ind_maxAr) = [];
            % 显示
            figure(1); imshow(Img, []); hold on;
            for k = 1 : length(stats)
                rectangle('Position', stats(k).BoundingBox, 'EdgeColor', 'r', 'FaceColor', 'r');
            end
            % 捕获
            f = getframe(gca);
            f = frame2im(f);
            [f, map] = rgb2ind(f, 256);
            % 写出
            if i == 1
                imwrite(f, map, filename_out, 'DelayTime', tp, 'LoopCount', inf);
            else
                imwrite(f, map, filename_out, 'DelayTime', tp, 'WriteMode', 'Append');
            end
            hold off;
        end
        % 增加最后的视觉延时
        imwrite(f, map, filename_out, 'DelayTime', 5, 'WriteMode', 'Append');
```

运行该代码,将读取已导出的图像序列,通过定位目标区域并标记进而显示出动画效果,得到具有动画效果的 GIF 文件。

4.13 技巧 59:在 MATLAB 中制作电子相册

4.13.1 技巧用途

将自己的照片制作成相册,就可以与别人共同分享了。然而,纸质的相册成本太高,制作起来也相当麻烦,选择电子相册已经是大势所趋。电子相册作为高速信息时代的一个重要的新生产物,具有很大的发展潜力。传统的相册占用空间,容易丢失,保存期有限,时间久了会变得模糊,携带也不方便;而电子相册就可以很好地解决这几个问题。

在 MATLAB 中制作电子相册,是指将多张图像按先后顺序,有时间延迟地播放出来。与基于 MATLAB 制作.gif 文件相似。如果需要给电子相册添加一个相框,即每张照片都以相框图片为背景,需要首先找出相框的中心位置,然后根据照片的大小对其作相应调整,最后,将照片对应放入相框图片。

4.13.2 技巧实现

1. 相关知识

(1) 动画图片制作

在 4.14 节"技巧 60:视频文件的读取与制作"中,将详细讲解 MATLAB 制作 GIF 格式图像的方法,这里不再赘述。

(2) 图像处理

制作电子相册,难以避免所处理图像出现大小不一致的情形。为了方便处理,同时达到动态效果,首先选择一幅较大尺寸的图像作为动画背景,然后将待处理图像放大处理,对应添加到背景图像中,最后写入动画图像。

图像缩放需要用到的函数为 imresize,其调用格式为:

B = imresize(A, [mrows ncols], method)

该函数可对输入图像按指定大小缩放,可选择不同的图像缩放算法,表 4.13-1 列出了缩放算法参数的意义。

表 4.13-1 imresize 部分参数使用说明

名 称	说 明
'nearest'	近邻插值,返回距离最近位置的像素值
'bilinear'	双线性插值,返回该位置 2×2 邻域像素的加权平均值
'bicubic'	双三次插值(默认方法),返回该位置 4×4 邻域像素的加权平均值

2. 程序代码

选择一组常用的 MATLAB 图像,通过上述方法制作动态图像,达到电子相册的效果。程序首先定义背景图像,然后逐步添加指定的图像到背景上,写入动画文件。

```
clc; clear all; close all;
% 添加背景
I_bg = imread('fabric.png');
sz_bg = size(I_bg);
filename = 'move.gif';
[I_tm, map] = rgb2ind(I_bg, 256);
imwrite(I_tm, map, filename, 'DelayTime', 0.1, 'LoopCount', inf);
picname = {'cameraman.tif','onion.png','rice.png','testpat1.png',...
'pout.tif'};
num = length(picname); step = 10;
% 添加图片
for i = 1 : num
    I_pic = imread(picname{i});
    sz_i = size(I_pic);
    if ndims(I_pic) == 2
        I_pic = cat(3, I_pic, I_pic, I_pic);
    end
    I_bgi = I_bg; k = 0;
```

```
            while sz_i(1) + step * k < sz_bg(1) && sz_i(2) + step * k < sz_bg(2)
                I_pict = imresize(I_pic, [sz_i(1) + step * k  sz_i(2) + step * k], ...
                    'bilinear');
                rs = round((sz_bg(1) - sz_i(1) - step * k)/2);
                cs = round((sz_bg(2) - sz_i(2) - step * k)/2);
                domr = rs : rs + sz_i(1) + step * k - 1;
                domc = cs : cs + sz_i(2) + step * k - 1;
                I_bgi(domr, domc, :) = I_pict;
                [I_tm, map] = rgb2ind(I_bgi, 256);
                imwrite(I_tm, map, filename, 'DelayTime', 0.1, 'WriteMode', 'Append');
                k = k + 1;
            end
end
```

程序运行后,在 MATLAB 当前目录中生成名为 move.gif 的动画文件,双击即可查看该动画。图 4.13-1 为动画截图。

图 4.13-1　电子相册效果图

4.13.3　技巧扩展

基于 MATLAB 来制作电子相册采用了图像写入 GIF 动画的方法,这里还使用了帧图像顺序放大和缩小的方式,来达到电子相册的效果。可以将这一方法应用于另外的相片集中,结合文件夹读取技巧、图像处理相关内容,即可自动处理批量图像并达到多种效果。

将图像序列写入方式扩展到视频处理中,结合 MATLAB 的 avifile 等相关函数,可以将相关方法平行移植到视频制作中。结合使用多种图像处理技巧,基于 MATLAB 得到动态图像文件和视频文件,达到电子相册的效果。

4.14 技巧60：视频文件的读取与制作

4.14.1 技巧用途

视频本质上是由图像序列组成的，对视频的处理很大程度上都归结为对其帧图像的处理，因此读取视频并获取其图像序列具有较多的应用场景。

本技巧通过对视频进行载入、读取信息、提取帧图像输出到本地文件的方式实现视频文件到图像序列的转换；通过对指定的图像序列进行循环读取、添加到视频输出对象句柄的方式实现图像序列到视频文件的转换。程序将综合利用 MATLAB 视频读取、文件操作函数，设计通用的 MATLAB 视频读取框架，实现视频文件的帧图像序列提取的核心功能，为视频处理项目提供基础的功能模块。

4.14.2 技巧实现

1. 读取视频文件生成图像序列

本案例选择的视频为 video 文件夹下的 rhinos.avi，为了显示及处理方便，案例中通过调用 MATLAB 库函数 VideoReader 将其转换为帧图像序列并写出到文件夹 video_images 进行保存，核心代码如下：

```matlab
function Video2Images(videoFilePath)
clc;
if nargin < 1
    videoFilePath = fullfile(pwd, 'video/rhinos.avi');
end
nFrames = GetVideoImgList(videoFilePath);

function nFrames = GetVideoImgList(videoFilePath)
% 获取视频图像序列
% 输入参数：
%    vidioFilePath——视频路径信息
% 输出参数：
%    videoImgList——视频图像序列

xyloObj = VideoReader(videoFilePath);
% 视频信息
nFrames = xyloObj.NumberOfFrames;
video_imagesPath = fullfile(pwd, 'video_images');
if ~exist(video_imagesPath, 'dir')
    mkdir(video_imagesPath);
end
% 检查是否已经处理完毕
files = dir(fullfile(video_imagesPath, '*.jpg'));
if length(files) == nFrames
    return;
end
% 进度条提示框
```

```
h = waitbar(0, '', 'Name', '获取视频图像序列...');
steps = nFrames;
for step = 1 : nFrames
    % 提取图像
    temp = read(xyloObj, step);
    % 自动保存
    temp_str = sprintf('%s\\%03d.jpg', video_imagesPath, step);
    imwrite(temp, temp_str);
    % 显示进度
    pause(0.01);
    waitbar(step/steps, h, sprintf('已处理: %d %% ', round(step/nFrames * 100)));
end
close(h)
```

执行该函数,执行时会弹出进度条,并在本地文件夹下自动生成 video_images 文件夹存储视频的帧图像序列,如图 4.14-1 所示。

图 4.14-1 视频帧图像序列

因此,通过修改视频文件路径的方式可以得到对不同视频的帧图像序列导出文件,为后续的处理提供数据支撑。

2. 图像序列生成视频文件

本案例选择的图片为 video_images 文件夹下的图像序列,为了显示及处理方便,案例中通过调用 MATLAB 库函数 VideoWriter 将其写入视频对象句柄进行保存,核心代码如下:

```
function Images2Video(imgFilePath, startnum, endnum)
clc;
if nargin < 1
```

```
    imgFilePath = fullfile(pwd, 'video_images');
    startnum = 1;
    endnum = 114;
end
video_outPath = fullfile(pwd, 'video_out');
if ~exist(video_outPath, 'dir')
    mkdir(video_outPath);
end
filename = fullfile(video_outPath, 'out.avi');
writerObj = VideoWriter(filename);
writerObj.FrameRate = 25;
open(writerObj);
% 进度条提示框
h = waitbar(0, '', 'Name', '图像序列写入视频...');
steps = endnum - startnum;
for num = startnum : endnum
    file = sprintf('%03d.jpg', num);
    file = fullfile(imgFilePath, file);
    frame = imread(file);
    frame = im2frame(frame);
    writeVideo(writerObj,frame);
    % 显示进度
    pause(0.01);
    step = num - startnum;
    waitbar(step/steps, h, sprintf('已处理:%d%%', round(step/steps * 100)));
end
close(writerObj);
close(h);
```

执行该函数,系统会弹出进度条,并在本地文件夹下自动生成 video_out 文件夹存储图像序列所生成的视频文件,如图 4.14-2 所示。

图 4.14-2 图像序列生成视频文件

因此,通过修改图像帧序列读取方式模块可以得到由不同图像序列导出的视频文件,进而得到图像序列的视频显示效果。

4.15 技巧61:图像特效集锦

4.15.1 技巧用途

随着图像采集设备的不断发展,人们已经能够使用数码相机拍出越来越接近现实的照片。但是,普通的数码照片已经不能完全满足人们的需求了,将数码照片处理成虚化、浮雕等具有艺术风格的照片成为人们新的追求。这种照片的处理技术不仅仅能给人们的日常拍照过程提供一种新的娱乐方式,同时还能使照片更加具有艺术风格及价值。本技巧将介绍图像特效的产生机制以及常用效果配置,利用 MATLAB 对输入图像进行雾化滤波、浮雕变换、水中倒影这三种特效处理,进而展现 MATLAB 在图像特效处理方面的应用,并进行了 GUI 框架集成,演示了图像的特效效果。

4.15.2 技巧实现

对图像进行雾化滤波处理可以呈现聚焦降低的视觉效果,如图 4.15-1 所示,例如常见的磨砂雾化,就类似于磨砂玻璃经漫反射分离而产生的模糊现象。对图像进行雾化处理可以理解为将一幅图用水浸泡,进而图像颜色迅速扩散而引起颜色雾化,呈现出画面分散的整体效果。将随机选取的点作为定位的目标图像的任意一点,来代替原来图像中的像素点,使之与像素雾化算法对应。

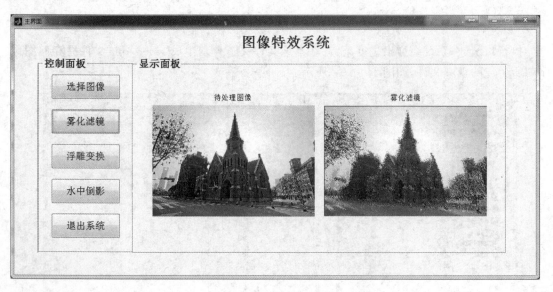

图 4.15-1 雾化滤镜

浮雕是雕刻的一种,指雕刻者在一块平板上将他要塑造的形象雕刻出来,使它脱离原来材料的平面,如图 4.15-2 所示。浮雕是雕塑与绘画结合的产物,用压缩的办法来处理对象,靠透视等因素来表现三维空间,并只供一面或两面观看。浮雕一般是附属在另一平面上的,因此在建筑上使用更多,用具器物上也经常可以看到。由于其压缩的特性,所占空间较小,所以适用于多种环境的装饰。近年来,它在城市环境美化中占了越来越重要的地位。浮雕在内容、形式和材质上与圆雕一样丰富多彩。浮雕的材料有石头、木头、象牙和金属等。浮雕为图像造型浮凸于石料表面(与沉雕正好相反),是半立体型雕刻品。根据图像造型脱石深浅程度的不同,又可分为浅浮雕和高浮雕。浅浮雕是单层次雕像,内容比较单一;高浮雕是多层次造像,内容较为繁复。浮雕的雕刻技艺和表现体裁与圆雕基本相同。古今很多大型纪念性建筑物和高档府第、民宅都附有此类装饰,其主要作品有壁堵、花窗和龙柱(早期)及柱础等。

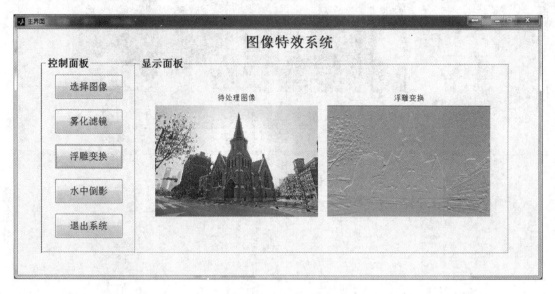

图 4.15-2　浮雕变换

　　图像几何变换又称为空间变换,是将一幅图像中的坐标位置映射到另外一幅图像中的新坐标位置。它不改变图像的像素值,只是在图像平面上进行像素的重新安排。通过几何变换,可以根据应用的需要使原图像产生大小、形状和位置等各方面的变化。也就是说,几何变换可以改变像素点所在的几何位置以及图像中各物体之间的空间位置关系,这种运算可以被看成是将各物体在图像内移动,特别是图像具有一定的规律性时,一个图像可以由另一个图像通过作几何变换来产生。图像的镜像变换分为两种:一种是水平镜像,另外一种是垂直镜像。图像的水平镜像操作是将图像的左半部分和右半部分以图像垂直中轴线为中心镜像进行对换;图像的垂直镜像操作是将图像的上半部分和下半部分以图像水平中轴线为中心镜像进行对换,如图 4.15-3 所示。一般图像的旋转是以图像的中心为原点,旋转一定的角度。旋转后,图像的显示大小一般会改变,即可以把转出显示区域的图像截去,或者扩大图像范围来显示所有的图像。

　　如今,图像特效技术算法已经融入人们的生活之中,并且不断地发展增加,让人们的生活更加便利丰富,相信不久以后它将会应用到更多领域。

图 4.15-3 水中倒影

第 5 章 论文中的图片绘制技巧

5.1 技巧62：图片尺寸和子图规划

5.1.1 技巧用途

图片是作者用于展示研究结果的重要形式之一，其涵盖的信息往往是成千上万的文字叙述所无法代替的。清晰、美观的图片一方面会吸引审稿人的目光，使审稿人在第一时间捕捉到论文的核心成果，提高论文接受率；另一方面也会给读者留下深刻印象，为增加论文引用率、提高作者知名度埋下伏笔。当前，几乎所有的国际主流期刊都对其刊载论文中图片的尺寸、颜色、格式、分辨率、子图、图例甚至线型、字符大小、字符样式等有明确规定。本节将主要介绍使用 MATLAB 绘制符合国际期刊论文发表要求的图片时如何设计图片的基本样式并进行子图规划，在接下来的章节将逐步介绍坐标轴的控制、格式和分辨率设定、字符设计、图例设计以及部分专用统计图的设计等。

5.1.2 技巧实现

1. 尺寸控制

通过 figure 对象的 Units 和 Position 属性控制图片尺寸。其中，Units 可设定参数为 inches、centimeters、normalized、pixels、points 和 characters 等，其中 inches（英寸）和 centimeters（厘米）在绘制论文图片时较为常用；Position 属性定义为长度为 4 的向量，向量元素的意义分别表示图片左下角距离屏幕左侧的横向距离、距离屏幕底部的纵向距离、图片宽度和图片高度，其单位即通过 Units 属性所设定的单位。

2. 子图规划

子图规划包括子图的个数、排列形式和背景颜色等。

子图个数需要作者在设计图片前定义，可根据结果展示的需要灵活选择。需要通过 MATLAB 来进行规划的是子图的排列形式和背景颜色。

（1）子图的排列

可通过两种方式设计子图的排列方式，一是使用 subplot 函数，二是使用底层操作方法。

1) subplot 函数

函数调用格式为

subplot(m, n, p);

其中，m 表示子图总的行数；n 表示子图总列数；p 为当前子图的索引。在这种调用格式下，所有子图的个数为 m×n。subplot 函数使用简单，但在设计论文图片的子图时具有局限性，比如子图的个数必须是合数（即具有因数，能够表示为 m×n 的形式），否则设计出的图片不可避免地在某一或某几个子图位置出现空白（本身没有这么多子图需要绘制），再如子图的间距固定，如需调整要再次通过底层操作进行。因而在设计论文图片时,本书推荐使用底层操作方法。

2) 底层操作方法

使用axes对象产生坐标轴,通过其Units和Position属性定义坐标轴在figure对象中的位置,其含义与figure对象的Units和Position属性一致,只不过Position所规定距离是相对figure对象而言的。在使用底层操作控制子图的排列时,需要预先根据图片大小和子图总数预算每一子图相对figure左下角的横向和纵向距离、宽度和高度,为坐标轴的刻度标签和坐标轴名称预留空间。

(2) 子图颜色设置

使用axes对象的Color属性设置子图颜色。一般情况下,论文的背景色为白色,坐标轴的背景色也为白色,但有些时候作者为了突出某一子图的结果,可能会用较淡的底色凸显该子图。此时可使用Color属性,除定义为MATLAB已规定好的w(白)、r(红)、g(绿)、b(蓝)、y(黄)、m(品红)等颜色外,还可使用RGB向量自行定义,比如[0.8 0.8 0.8]为浅灰色的RGB值。注意,RGB向量的元素均在[0,1]区间取值;此外,还可以规定Color属性为none,即无色透明,从而实现子图的叠加,避免上层的子图覆盖下层子图的内容。

▲【例5.1-1】 根据IEEE Transactions期刊要求,设计通栏图片,图片中包含12个子图,其中前6个子图为一组结果,后6个子图为一组结果。编制程序实现图片框架。

分析:IEEE汇刊通常要求通栏图片的宽度为7.16英寸(18.1 cm),高度不超出8.5英寸(21.6 cm),可通过figure的Units和Position属性设置;由于包含两组结果,因此希望前6个子图与后6个子图中间预留较大的间隔,为保证图片内容的清晰,每行绘制3个子图,因此共4行;美观起见,各子图大小均一。

```
hf = figure('Units', 'inches', 'Position', [3 1 7.16 6], 'Color', 'w');   % 除Units和Position属性
                                                                            % 外,通常设定坐标轴背景为白色

% 预定义参数
subW = 0.25; subH = 0.16;       % 规定子图的宽度和高度,下面程序会持续使用这两个参数,因而预先定
                                 % 义,方便统一修正

% 子图规划
ha11 = axes('Parent', hf, 'Units', 'Normalized', 'Position', [0.08 0.82 subW subH]);
ha12 = axes('Parent', hf, 'Units', 'Normalized', 'Position', [0.40 0.82 subW subH]);
ha13 = axes('Parent', hf, 'Units', 'Normalized', 'Position', [0.72 0.82 subW subH]);

ha21 = axes('Parent', hf, 'Units', 'Normalized', 'Position', [0.08 0.60 subW subH]);
ha22 = axes('Parent', hf, 'Units', 'Normalized', 'Position', [0.40 0.60 subW subH]);
ha23 = axes('Parent', hf, 'Units', 'Normalized', 'Position', [0.72 0.60 subW subH]);

ha31 = axes('Parent', hf, 'Units', 'Normalized', 'Position', [0.08 0.32 subW subH]);
ha32 = axes('Parent', hf, 'Units', 'Normalized', 'Position', [0.40 0.32 subW subH]);
ha33 = axes('Parent', hf, 'Units', 'Normalized', 'Position', [0.72 0.32 subW subH]);

ha41 = axes('Parent', hf, 'Units', 'Normalized', 'Position', [0.08 0.10 subW subH]);
```

```
ha42 = axes('Parent', hf, 'Units', 'Normalized', 'Position', [0.40 0.10 subW subH]);
ha43 = axes('Parent', hf, 'Units', 'Normalized', 'Position', [0.72 0.10 subW subH]);

% 颜色修正
set(findobj('Type', 'axes'), 'XColor', [0 0 0], 'YColor', [0 0 0]);
```

【注】 上述程序末尾句用于修改坐标轴颜色为黑色（RGB=[0 0 0]），具体可参考本书5.2节（在 MATLAB 的历史版本中，坐标轴颜色默认为黑色，因而不需要做此改动；本书所采用的 MATLAB R2014b 版本中，MATLAB 将坐标轴的默认颜色更改为灰色（RGB=[0.15 0.15 0.15]）了，因此此处做了改动）。

上述程序输出的论文图片如图5.1-1所示（关于图片的输出，请参阅本书5.4节）。

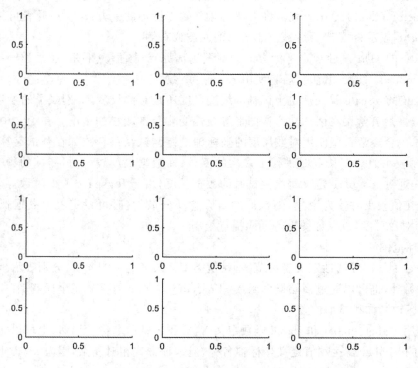

图 5.1-1　图片尺寸和子图设计实例

5.2 技巧63：坐标控制和字符设置

5.2.1 技巧用途

进行坐标轴的二次设计、控制坐标刻度和标签、设计坐标名称和位置、在指定坐标位置输出文字信息并控制字符的大小和方向等，可获得更为专业、美观的论文图片。

5.2.2 技巧实现

1. 坐标轴设计

（1）坐标轴颜色

使用 axes 对象的 XColor、YColor 及 ZColor 属性可设置坐标轴颜色，三个属性分别代表

X、Y 和 Z 轴的颜色,其中 Z 轴的设计仅在绘制三维图形时有效。为方便表述,本书以下使用 x 表示 X、Y、Z 或者其一,例如颜色属性使用 xColor 统一表示。一般情况下,坐标轴统一使用黑色线,颜色的设置通常在绘制包含双 Y 甚至多 Y 坐标轴的图形时使用。

(2) 坐标轴刻度和刻度标签

使用 axes 对象的 xTick 属性设定刻度位置,使用 xTickLabel 属性设定刻度标签。其中,xTick 属性的赋值类型为向量,每一元素表示刻度标签的一个位置;xTickLabel 属性的赋值类型为字符单元,其长度与 xTick 一致。另外,还可以通过 xMinorTick 设计次级刻度,本书不再详细展开。

(3) 坐标轴位置、方向和尺度

XAxisLocation 和 YAxisLocation 属性分别用于设置 X 轴和 Y 轴的位置,其中,前者可选择参数为 bottom(默认)或 top,表示将 X 坐标轴放置于图形的下方或上方;后者可选值为 left(默认)或 right,表示将 Y 坐标轴放置于图形的左侧或右侧。

使用 axes 的 xDir 属性规定坐标方向为逐渐远离原点(图形左下角)还是逐渐接近原点,前者定义为 normal 参数(默认),后者使用 reverse 参数。

使用 axes 的 xScale 属性规定坐标轴为线型尺度还是对数尺度,分别赋予的参数为 linear(默认)和 log。后者常用在诸如功率谱图形等线性变化范围较小的情况。在论文中进行某些算法测试时,也会经常希望使用对数尺度的坐标轴绘制测试结果。比如在测试某算法的稳健性时,希望在较小的数据长度时进行更多次的测试,而数据长度较大时,测试的频率降低;此时,可以预先通过 logspace 定义每次测试时的数据长度,由于 logspace 遵循对数等间隔规则,所产生向量在值较小时较为密集,随数值的增大愈加分散,这时可设定表示数据长度的坐标(如 X 轴)为对数尺度,以保证图形等间隔描点绘制。

(4) 坐标范围

使用 axes 的 xLim 属性定义坐标范围,赋值类型为长度为 2 的向量,分别表示坐标轴的下限和上限。另外,也可以通过高层操作函数 xlim、ylim 或 zlim 直接修正坐标范围。

(5) 坐标轴名称和显示位置

分别使用 xlabel、ylabel 和 zlabel 函数定义 X、Y 和 Z 轴的名称。当然,也可以通过底层操作,为 axes 的 xLabel 属性赋值定义坐标轴名称,但这种方式相对复杂,因为 xLabel 属性的赋值参数必须是 text 对象的句柄。

上述 3 个函数的范围参数为表示坐标轴名称的 text 对象之句柄,可通过该 text 对象的 Position 属性控制其显示的位置。另外,该 text 对象的 Color 属性的默认取值与对应坐标轴的 xColor 一致。

(6) 双 Y 坐标轴设计

双 Y 坐标轴在底层对象上看实际上是两个重叠的 axes 对象,其中位于上层的对象其 Color 属性为 none,避免覆盖在下层坐标轴所绘制图形;另外,定义其一坐标轴的 YAxisLocation 为 right,从而得到双 Y 轴。双 Y 坐标轴通常用于在同一位置显示取值范围具有明显差异的两条曲线。除使用这种底层操作方法外,还可以通过 plotyy 函数绘制简单的双 Y 坐标轴图形,但需进一步通过句柄操作,定义其坐标轴在整个 figure 中的位置(plotyy 的第一个返回参数为包含两个坐标轴句柄的向量)。

(7) 多 Y 坐标轴设计

多 Y 坐标轴可能出现在坐标轴的左、中、右任意位置,由于 YAxisLocation 属性只能定义为 left 或 right,实际具有多条 Y 轴时一般是首先隐掉其原有的 Y 轴(定义 YColor 为 w),然后用程序绘制另外的 line 对象来代替原有的 Y 轴,并根据需要添加坐标轴刻度和标签,使用 text 函数添加坐标轴名称。

(8) 在指定坐标位置显示文字信息

使用 text 函数在指定的坐标位置显示需要的文字信息,常用方法:

① text(x, y, 'string');

② text(x, y, 'string','Interpreter', value);

其中,x 和 y 分别表示显示文字信息的 X、Y 坐标值;Interpreter 属性规定 MATLAB 使用何种语法规则来解释 string 中所包含的特定字符串,其可选参数包括 tex(默认)、latex 或 none。那么,由于 MATLAB 支持 TeX 或 LaTeX 语法规则,我们可以方便地在图形需要位置添加特殊字符、字母甚至数学公式。关于 TeX 或 LaTeX 的具体语法规则,读者可参阅其他的专业书籍。默认 TeX 属性能够解析的特殊字符如表 5.2－1 所列,更为专业和复杂的数学公式可通过 LaTeX 语法定义。

表 5.2－1   MATLAB 支持的 TeX 字符

TeX 字串	符 号	TeX 字串	符 号	TeX 字串	符 号
\alpha	α	\upsilon	υ	\sim	~
\angle	∠	\phi	φ	\leq	≤
\ast	*	\chi	χ	\infty	∞
\beta	β	\psi	ψ	\clubsuit	♣
\gamma	γ	\omega	ω	\diamondsuit	♦
\delta	δ	\Gamma	Γ	\heartsuit	♥
\epsilon	ε	\Delta	Δ	\spadesuit	♠
\zeta	ζ	\Theta	Θ	\leftrightarrow	↔
\eta	η	\Lambda	Λ	\leftarrow	←
\theta	θ	\Xi	Ξ	\Leftarrow	⇐
\vartheta	ϑ	\Pi	Π	\uparrow	↑
\iota	ι	\Sigma	Σ	\rightarrow	→
\kappa	κ	\Upsilon	Υ	\Rightarrow	⇒
\lambda	λ	\Phi	Φ	\downarrow	↓
\mu	μ	\Psi	Ψ	\circ	°
\nu	ν	\Omega	Ω	\pm	±
\xi	ξ	\forall	∀	\geq	≥
\pi	π	\exists	∃	\propto	∝
\rho	ρ	\ni	∋	\partial	∂
\sigma	σ	\cong	≅	\bullet	•
\varsigma	ς	\approx	≈	\div	÷
\tau	τ	\Re	ℜ	\neq	≠

续表 5.2-1

TeX 字串	符 号	TeX 字串	符 号	TeX 字串	符 号
\equiv	≡	\oplus	⊕	\aleph	ℵ
\Im	ℑ	\cup	∪	\wp	℘
\otimes	⊗	\subseteq	⊆	\oslash	⊘
\cap	∩	\in	∈	\supseteq	⊇
\supset	⊃	\lceil	⌈	\subset	⊂
\int	∫	\cdot	·	\o	o
\rfloor	⌋	\neg	¬	\nabla	∇
\lfloor	⌊	\times	×	\ldots	…
\perp	⊥	\surd	√	\prime	′
\wedge	∧	\varpi	ϖ	\0	∅
\rceil	⌉	\rangle	〉	\mid	∣
\vee	∨	\langle	〈	\copyright	©

另外，MATLAB 支持使用 TeX 修饰符进一步限定显示字串的格式，MATLAB 支持的修饰符如表 5.2-2 所列。

表 5.2-2 MATLAB 支持的 TeX 修饰符

修饰符	描 述	示 例
^{ }	上标	'A^{a}'
_{ }	下标	'A_{a}'
\bf	加粗	'\bf A'
\it	印刷斜体（italic）	'\it A'
\sl	斜体（Oblique，通常与 italic 一致）	'\sl A'
\rm	正体	'\rm A'
\fontname{specifier}	规定字体	'\fontname{Courier} text'
\fontsize{specifier}	规定字号	'\fontsize{8} text'
\color{specifier}	规定固定颜色	'\color{magenta} text'
\color[rgb]{specifier}	使用 RGB 值规定颜色	'\color[rgb]{0,0.5,0.5} text'

【注】 MATLAB 的 TeX 或 LaTeX 解析器支持所有的 text 对象，比如使用 xlabel 等产生的坐标轴名称、使用 title 生成的图形名称以及本书 5.3 节将要讲述的图例中的文本信息等。

(9) 字符字体、颜色、大小和方向设计

使用 text 对象的 FontName、Color、FontSize 和 Rotation 属性设定字体、颜色、字号和方向。其中，FontName 的赋值需是标准字体名称，比如 Times New Roman 等（可使用 times 简写表示），Rotation 为旋转角度，默认为 0。另外，坐标轴标签可通过 xTickLabelRotation 属性定义字符方向；也可以使用 axes 的 FontSize 属性定义 axes 的 text 子对象字号。

【例 5.2 - 1】 在例 5.1 - 1 的基础上，分别示意本节所介绍的坐标轴控制和字符设置方法。

```matlab
hf = figure('Units', 'inches', 'Position', [3 1 7.16 6], 'Color', 'w');  % 除 Units 和 Position 属性
                                                                          % 外,通常设定坐标轴背景为
                                                                          % 白色
subW = 0.25; subH = 0.16;

% ++++++++++++++++++++++++++++++ 行1 ++++++++++++++++++++++++++++++
ha11 = axes('Parent', hf, 'Units', 'Normalized', 'Position', [0.08 0.82 subW subH], 'FontSize', 8);
% 设置子图 ha11 为双 Y 坐标轴,右侧 Y 轴范围为[50 100],每 10 个单位标记一刻度
ha11r = axes('Parent', hf, 'Units', 'Normalized', 'Position', [0.08 0.82 subW subH], 'FontSize', 8, ...
'YAxisLocation', 'right', 'Color', 'none', 'YColor', [.1 .8 .8]);
set(ha11r, 'YLim', [50 100], 'YTick', 50:10:100, 'XTickLabel', '');  % 设定 ha11r 的 X 坐标标签为
                                                                      % 空,防止与 ha11 的 X 坐标标签
                                                                      % 重叠

ha12 = axes('Parent', hf, 'Units', 'Normalized', 'Position', [0.40 0.82 subW subH], 'FontSize', 8);
% 定义 ha12 的 X 轴逐渐接近原点,范围[0 100],每 20 个单位标记一刻度
set(ha12, 'XDir', 'reverse', 'XLim', [0 100], 'XTick', 0:20:100);

ha13 = axes('Parent', hf, 'Units', 'Normalized', 'Position', [0.72 0.82 subW subH], 'FontSize', 8);
% 在此显示一个数学公式
text(0.3, 0.45, '$ $ \int_0^x\!\int_y dF(u,v) $ $ ', 'Interpreter', 'latex', 'FontSize', 10);

% ++++++++++++++++++++++++++++++ 行2 ++++++++++++++++++++++++++++++
ha21 = axes('Parent', hf, 'Units', 'Normalized', 'Position', [0.08 0.60 subW subH], 'FontSize', 8);
% 与子图 ha11 类似,设定为双 Y 坐标轴
ha21r = axes('Parent', hf, 'Units', 'Normalized', 'Position', [0.08 0.60 subW subH], 'FontSize', 8, ...
'YAxisLocation', 'right', 'Color', 'none', 'YColor', [.1 .8 .8]);
set(ha21r, 'YLim', [50 100], 'YTick', 50:10:100, 'XTickLabel', '');

ha22 = axes('Parent', hf, 'Units', 'Normalized', 'Position', [0.40 0.60 subW subH], 'FontSize', 8);
% 定义 ha22 的 X 轴逐渐接近原点,范围[0 100],每 20 个单位标记一刻度
set(ha22, 'XDir', 'reverse', 'XLim', [0 100], 'XTick', 0:20:100);

ha23 = axes('Parent', hf, 'Units', 'Normalized', 'Position', [0.72 0.60 subW subH], 'FontSize', 8);
% 显示并修饰 TeX 字符
text(0.2, 0.45, '\fontsize {10}\alpha\beta\fontsize {20}\gamma\fontsize {10}\color {red}\clubsuit\color {black}\fontname {times}\it {name}\rm\bf {Peng Li}');

% ++++++++++++++++++++++++++++++ 行3 ++++++++++++++++++++++++++++++
ha31 = axes('Parent', hf, 'Units', 'Normalized', 'Position', [0.08 0.32 subW subH], 'FontSize', 8);
% 设定 Y 坐标轴名称,并调整位置
ylb31 = ylabel('Y 坐标 (单位)');
lp31 = get(ylb31, 'Position'); lp31(1) = lp31(1) - 1.8; lp31(2) = lp31(2) + 500; set(ylb31, 'Pos', lp31);
```

```
ha32 = axes('Parent', hf, 'Units', 'Normalized', 'Position', [0.40 0.32 subW subH], 'FontSize', 8);
ha33 = axes('Parent', hf, 'Units', 'Normalized', 'Position', [0.72 0.32 subW subH], 'FontSize', 8);
% 定义该行所有子图的Y轴对数坐标,范围[0 10000],自定义刻度
set([ha31 ha32 ha33], 'YScale', 'log', 'YLim', [0 10000], 'YTick', [0 5 500 10000]);
% 与ha41的X轴对应,为防止文字重叠,仅保留坐标刻度,将坐标签置空
set([ha31 ha32 ha33], 'XLim', [-.5 6.5], 'XTick', 0:6, 'XTickLabel', '');

% ++++++++++++++++++++++++++ 行4 ++++++++++++++++++++++++++
ha41 = axes('Parent', hf, 'Units', 'Normalized', 'Position', [0.08 0.10 subW subH], 'FontSize', 8);
ha42 = axes('Parent', hf, 'Units', 'Normalized', 'Position', [0.40 0.10 subW subH], 'FontSize', 8);
ha43 = axes('Parent', hf, 'Units', 'Normalized', 'Position', [0.72 0.10 subW subH], 'FontSize', 8);
% 假定该行所有子图的X轴表示分组信息,组别为6个国家China、Japan、South Korea、Russia、Mongolia、
% Ukraine
set([ha41 ha42 ha43], 'XLim', [-.5 6.5], 'XTick', 0:6, 'XTickLabel', ...
    {'China', 'Japan', 'South Korea', 'Russia', 'Mongolia', 'Ukraine'}, 'XTickLabelRotation', 30);

% 颜色修正
set([ha11 ha12 ha13 ha21 ha22 ha23 ha31 ha32 ha33 ha41 ha42 ha43], 'XColor', [0 0 0], 'YColor', [0 0 0]);
```

上述程序输出的论文图片如图5.2-1所示。

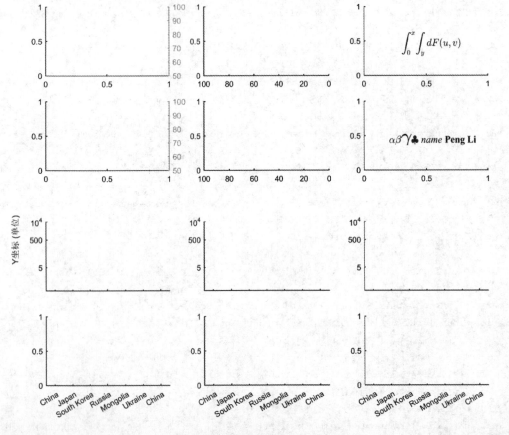

图5.2-1 坐标控制和字符设置实例

5.3 技巧64：图例设置

5.3.1 技巧用途

图例也是科技论文图片不可或缺的组成部分，专业、明了的图例会增加论文图片的可读性，最大限度地降低审阅人或读者的阅读负担，方便其理解论文结果。本节将重点讲解如何使用 MATLAB 设置符合需求的图例。

5.3.2 技巧实现

1. 基本图例设置方法

MATLAB 提供了 legend 函数，方便用户进行图例设置，其基本用法如下：

① `legend('string1',...,'stringN');`
② `legend(entries, 'string1',..., 'stringN');`

前者为绘制的前 N 个图形增加图例，图例内容即由 N 个 string 所定义；后者通过 entries 参数限定显示特定图形的图例，entries 即表示需要显示图例的图形句柄集合。**注意**，本文 5.2 节已提及，图例中的字符支持 TeX 或 LaTeX 语法，并且可通过诸如 FontSize、FontName 等属性控制字号和字体等格式，在使用这些属性设置属性参数时，需要将上述 string1 到 stringN 的字符串使用 {} 定义为单元类型，避免 MATLAB 将 FontSize 等属性名识别为图例内容。

▲【例 5.3-1】显示所有图形的图例和显示特定图形的图例。

```
% 图形数据
x = linspace(0, 3*pi)';
y1 = sin(x);
y2 = sin(x - pi/4);
y3 = sin(x - pi/2);
y4 = sin(x - 3*pi/4);
y5 = sin(x - pi);

% 绘图，左图显示所有图形的图例，右图仅显示 y1 和 y5 的图例
figure('Units', 'Centimeter', 'Position', [5 3 16.5 8], 'Color', 'w');
ha1 = axes('Parent', gcf, 'Units', 'Norm', 'Pos', [0.05 0.1 0.42 0.85]);
h1 = plot(x, [y1 y2 y3 y4 y5]);
set(ha1, 'YLim', [-1 1.4], 'Box', 'off', 'XColor', 'k', 'YColor', 'k');
legend({'sin(\itx\rm)', 'sin(\itx\rm-\pi/4)', 'sin(\itx\rm-\pi/2)', 'sin(\itx\rm-3\pi/4)',
'sin(\itx\rm-\pi)'}, 'FontName', 'times', 'EdgeColor', 'k'); % EdgeColor 用于设置 legend 的边框颜色，默
                                                              % 认颜色为灰色

ha2 = axes('Parent', gcf, 'Units', 'Norm', 'Pos', [0.55 0.1 0.42 0.85]);
h2 = plot(x, [y1 y2 y3 y4 y5]);
set(ha2, 'YLim', [-1 1.4], 'Box', 'off', 'XColor', 'k', 'YColor', 'k');
legend(h2([1 5]), {'sin(\itx\rm)', 'sin(\itx\rm-\pi)'}, 'FontName', 'times', 'EdgeColor', 'k');
```

上述程序输出的论文图片如图 5.3-1 所示。

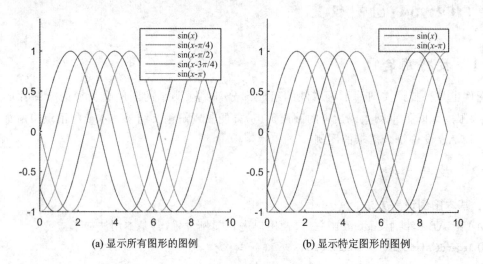

(a) 显示所有图形的图例　　　　(b) 显示特定图形的图例

图 5.3-1　基本图例设置方法示例

2. 变换图例的位置或排列方式

可使用 legend 的 Location 属性变换其位置。Location 属性有 19 个标准赋值可供用户选取，分别为图形内部东（east）、西（west）、南（south）、北（north）、东南（southeast）、西南（southwest）、东北（northeast）、西北（northwest）8 个方向和图形外部的上述 8 个方向（分别加后缀 outside）加上内部最佳（best）、外部最佳（bestoutside）以及无规定（none），其默认值为内部东北位置。

图例的排列方式可通过 legend 的 Orientation 属性设置，MATLAB 提供了两个赋值选项——垂直（vertical，默认值）和水平（horizontal）。

3. 拆分图例

MATLAB 中，legend 被封装为 figure 的子对象并与坐标轴子对象一一对应，每一坐标轴子对象只能对应一个 legend 子对象。图形较多时，集合在一起的 legend 会覆盖部分图形，有时甚至遮盖图片的重要部分，除了修正图例的显示位置或排列方式外，还有一种方式是将集合在一起的图例拆分显示在图形的不同区域。此时，我们需要为额外多出的 legend 对象"虚拟"出对应的坐标轴子对象。这可通过在坐标轴的同一位置产生新的不可见坐标轴来实现，并通过 legend 的下述语法规则定义与该 legend 所关联的坐标轴：

`legend(hAxes, entries, 'string1', ..., 'stringN');`

其中，hAxes 为与该 legend 所关联的坐标轴句柄。

4. 自定义图例位置

可通过鼠标手工移动图例至适合的位置；或者通过图例的 Position 属性进行精确定位，该属性的赋值为包括 4 个元素的向量，分别表示图例相对坐标轴左下角的横向距离、纵向距离和图例的宽度以及高度。

▲【例 5.3-2】变换图例的位置、排列方式和拆分图例并控制各图例位置，使之美观。

```
figure('Units', 'Centimeter', 'Position', [5 3 16.5 8], 'Color', 'w');
%　++++++++++++++++++++++ 左侧图形 ++++++++++++++++++++++
```

```matlab
x = linspace(0, 3*pi)';
y1 = sin(x);
y2 = sin(x - pi/4);
y3 = sin(x - pi/2);
y4 = sin(x - 3*pi/4);
y5 = sin(x - pi);

% 绘图,在图形顶部显示水平排列的图例
ha1 = axes('Parent', gcf, 'Units', 'Norm', 'Pos', [0.05 0.1 0.42 0.8]);
h1 = plot(x, [y1 y2 y3 y4 y5]);
set(ha1, 'YLim', [-1 1.4], 'Box', 'off', 'XColor', 'k', 'YColor', 'k');
hl1 = legend({'sin(\itx\rm)', 'sin(\itx\rm-\pi/4)', 'sin(\itx\rm-\pi/2)', 'sin(\itx\rm-3\pi/4)', 'sin(\itx\rm-\pi)'}, 'FontName', 'times', ...
    'Location', 'northoutside', 'Orientation', 'horizontal', 'EdgeColor', 'k');   % 定义图例位于正上
                                                                                   % 方,水平排列
% 由于图例过长,再次修正图例位置
pl1 = get(hl1, 'Pos'); pl1([1 2]) = [0.12 0.92]; set(hl1, 'Pos', pl1);
% ++++++++++++++++++++++++++++++++++++++++++++++++++++++++++++


% +++++++++++++++++++ 右侧图形 +++++++++++++++++++++++
x = -pi:pi/20:pi;
y1 = sin(x);
y2 = cos(x);

% 绘图,图例拆分为 2 个,并控制图例位置
ha2 = axes('Parent', gcf, 'Units', 'Norm', 'Pos', [0.55 0.1 0.42 0.8]);
h2 = plot(x, y1, '-ro', x, y2, '-.b');
set(ha2, 'YLim', [-1 1.4], 'Box', 'off', 'XColor', 'k', 'YColor', 'k');
% 设置第一个 legend
legend(h2(1), {'sin(\itx\rm)'}, 'FontName', 'times', 'EdgeColor', 'k');

% 为第二个 legend 虚拟坐标轴
ha2V = axes('Parent', gcf, 'Units', 'norm', 'Pos', get(ha2, 'Pos'), 'Visible', 'off');
% 设置第二个 legend
legend(ha2V, h2(2), {'cos(\itx\rm)'}, 'FontName', 'times', 'Location', 'northwest', 'EdgeColor', 'k');
% ++++++++++++++++++++++++++++++++++++++++++++++++++++++++++++
```

上述程序输出的论文图片如图 5.3-2 所示。

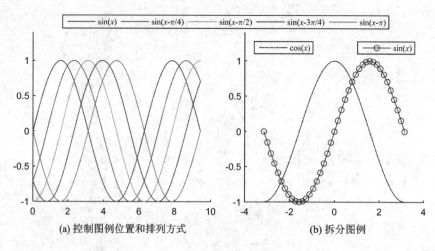

图 5.3-2　图例的位置、排列和拆分图例

5.4　技巧 65：图片输出

5.4.1　技巧用途

期刊一般对论文中的图片尺寸、格式和分辨率具有严格要求，本书 5.1 节详细介绍了图片尺寸的控制方法，本节将介绍如何向本地硬盘输出符合期刊要求的图片。

5.4.2　技巧实现

1. 命令模式

使用 print 函数向硬盘输出绘制好的图片，其常用函数格式为：

```
print(handle, 'filename', '-dformat', '-rresolution');
```

其中，handle 为 figure 对象的句柄；filename 用于定义输出后图片文件的名称；-dformat 用于定义输出格式；-rresolution 用于定义输出图片的分辨率(dpi)。

【注】MATLAB 提供了几乎所有常用图片格式的输出驱动，比如论文中常用的 EPS 或 TIFF 格式，可分别使用 -deps 或 -dtiff 参数来输出，更为具体的格式命令符可参考 MATLAB 提供的帮助文件(doc print)；另外，一般论文倾向于使用向量图(EPS 格式)，在使用压缩图片时，分辨率一般要求至少为 300 dpi，此时可使用参数 -r300 来定义。

在循环输出多幅图片时，使用命令模式能够节省大量的人力，节约操作时间。但命令模式需要进行烦琐的参数设置，因此在进行单幅论文图片的输出时，本书推荐使用下面所介绍的 GUI 交互操作模式。

2. GUI 交互操作模式

MATLAB 的强大和易用之处在于其为常用功能提供了用户交互界面，从而使任务的完成通过单击几个按钮即可，不需要进行任何代码的编写。对于图片的输出，MATLAB 提供了 Export Setup 界面交互式工具(在 figure 窗口单击菜单栏的 File，选择 Export Setup)，如图 5.4-1 所示。

在上述界面中可以设置导出 figure 的具体属性以及导出格式等。下面介绍几个常用的属

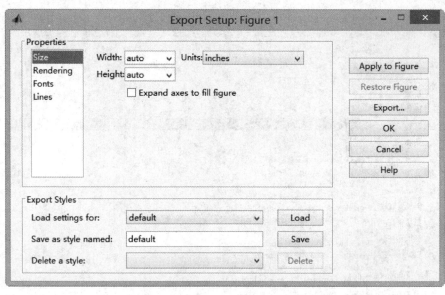

图 5.4-1 Export Setup 界面交互式工具

性设置：

（1）颜色和分辨率设置

单击图 5.4-1 中 Properties 列表控件中的 Rendering 属性，右侧会出现渲染的具体设置，包括颜色、分辨率以及描绘器（Renderer）等，可以根据具体需要，选择颜色属性中的彩色（RGB color）或者黑白（black and white）、灰度（grayscale）等，这里选择 RGB color；以及分辨率属性中的某个具体数值，一般论文要求至少 300dpi。

（2）字体和线型设置

字体和线型设置可以在 Properties 属性列表中的 Fonts 以及 Lines 中进行：一般绘图时已经规定了每条曲线的线型，除非特殊需要，一般不再另行设置；可以规定图形中所有字的大小均为某个固定值，比如 10points，或者自动匹配，字体类型可以根据具体需要选择，这里不进行设置。

（3）预　　览

单击 Apply to Figure 按钮，则可以将上述设置应用到所绘制图片中，预览输出效果，观察是否满意，不满意可再次调整。

（4）输　　出

单击 Export 按钮，出现 Save As 界面，如图 5.4-2 所示。

该界面与 Windows 系统大多数应用的"另存为"界面一样，可以输入文件名称并选择文件格式。导出格式可以按照论文或者实际需要选择，一般论文图片要求为分辨率较高的 TIFF 格式或者 EPS 格式。如果选择 TIFF 格式，则上面设置中的分辨率设置会起作用，一般分辨率越高，图片所占用的存储空间越大；如果选择 EPS 格式，则分辨率不会影响图片质量，因为 EPS 格式本身是通过曲线的解析方程来保留图片信息的，因此其质量相对较高，看起来会更清晰一些。当然，如果想对 EPS 图形进行二次编辑，读者还需要熟悉其他的专用软件，比如 Adobe 系列中的 Adobe Illustrator 软件等。

【注】 上述导出图形的技巧只是一种辅助手段，绘制一幅质量较高、信息充分且明确的图形才是前提，也是关键。除了 5.1～5.3 节所讲解的内容外，本节提供以下经验思想供绘图时

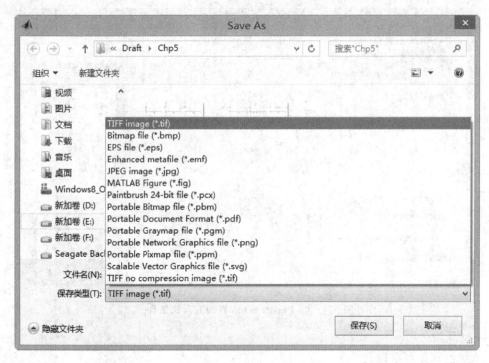

图 5.4-2 Save As 界面

参考：

① 为每条曲线设置不同的颜色和线型。区分不同曲线的最好方法是设置不同的颜色，但是一般情况下，彩色印刷成本昂贵，需要作者额外承担彩色印刷费，所以设置不同的线型可以使彩色图片转化为灰度图时也有较好的区分力度。

② 尽量使曲线布满整个坐标轴，也即将坐标轴范围设置到刚好能够显示完整的图形，这样可以保证信息的完整充分，并且避免没有必要的空白区域。

③ 为每一个图形定义图例，且合理放置图例位置，避免覆盖有用的图形信息。

④ 设置明确的坐标轴名称和单位。

⑤ 尽量避免同一幅图片中字母的字号以及曲线的粗细等出现明显的差异。

5.5 技巧 66：常用统计图形的绘制

5.5.1 技巧用途

统计图形是对论文研究结果的统计特征进行的科学描述，是可视化定量描述数据统计特征的常用工具。数据的统计特征包括均值、中值、标准差、分位数和置信区间等，常用的统计图形囊括了上述统计特征中的一种或多种，并通过线、箱和色块等可视化形式展示数据集的本质特征。优质的统计图形也是增强论文结果可信性的关键手段。MATLAB 的统计学工具箱（statistics toolbox）具有强大的数据统计功能，并提供了常用统计图的绘制函数；此外，MATLAB 的基本绘图工具箱中也提供了一些用于定量描述数据的图形函数。本节将主要介绍常出现在论文中的条状图、误差图和箱线图的绘制。

5.5.2 技巧实现

1. 条状图(bar graph)

条状图也称柱状图,用于均值的对比。MATLAB 提供了函数 bar 用于绘制条状图,其基本用法如下:

① bar(y);
② bar(x, y);
③ bar(_, width);
④ bar(_, style);
⑤ bar(_, color);
⑥ bar(_, 'Property Name', value);

其中,x 用于规定绘制条状图的横坐标位置,为可选参数;y 用于定义各组均值。简单地使用 bar(y)语句即可获得条状图,也可进一步通过属性的定义设计更为专业的条状图。

(1) 基本条状图的绘制

直接运用①bar(x, y)或②bar(y)可获得基本的条状图形。

(2) 更改色条的宽度和颜色

上述语句③和⑤中,width 参数用于定义条状图形的宽度(百分比),默认为 0.8,即绘制两个相邻色条位置之间空间的 80%;通过 color 定义色条颜色,并可以通过属性 EdgeColor 和 FaceColor 分别设置色条内部和边缘的颜色。

(3) 更改条状图的样式

利用上述语句④中的 style 参数定义条状图样式,可选值为 grouped(默认)、stacked、hist 或 histc 四种。

【例 5.5-1】 绘制成簇条状图,按组修正条状图的宽度和颜色。

```
% 均值数据,共两组,每组细分为三个子集
y = [2 4 6; 3 4 5];
figure('Units', 'Centimeter', 'Position', [5 3 16.5 8], 'Color', 'w');

ha1 = axes('Units', 'norm', 'Position', [0.05 0.1 0.27 0.86]);  % 基本
bar(y);
set(ha1, 'XColor', 'k', 'YColor', 'k');

ha2 = axes('Units', 'norm', 'Position', [0.38 0.1 0.27 0.86]);  % 修改宽度
bar(y, 0.5);
set(ha2, 'XColor', 'k', 'YColor', 'k');

ha3 = axes('Units', 'norm', 'Position', [0.71 0.1 0.27 0.86]);  % 按组修改色条颜色
hbar = bar(y);
hbar(1).FaceColor = 'r';
hbar(1).EdgeColor = 'g';
set(hbar(2), 'FaceColor', 'm', 'EdgeColor', 'g');
set(hbar(3), 'FaceColor', [.8 .5 .5], 'EdgeColor', 'g');
set(ha3, 'XColor', 'k', 'YColor', 'k');
```

上述程序输出的图片如图 5.5-1 所示。

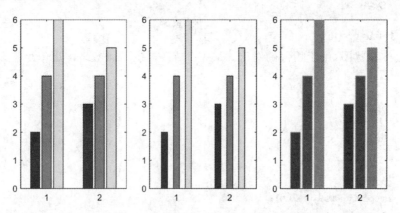

图 5.5-1　成簇条状图的宽度和颜色设置

▲【例 5.5-2】　修改条状图样式，分别获得堆砌图和横向条状图。

```
% 均值数据,共两组,每组细分为三个子集
y = [2 4 6; 3 4 5];
figure('Units', 'Centimeter', 'Position', [5 3 16.5 8], 'Color', 'w');

ha1 = axes('Units', 'norm', 'Position', [0.05 0.1 0.43 0.86]); % 堆砌图
bar(y, 'stacked');
set(ha1, 'XColor', 'k', 'YColor', 'k');

ha2 = axes('Units', 'norm', 'Position', [0.55 0.1 0.43 0.86]); % 横向图
bar(y, 'Horizontal', 'on');
set(ha2, 'XColor', 'k', 'YColor', 'k');
```

上述程序输出的图片如图 5.5-2 所示。

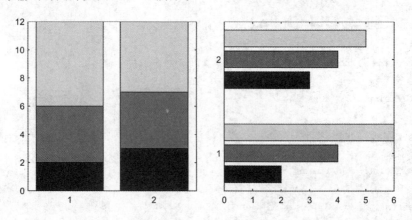

图 5.5-2　成簇条状图的样式设置

（4）成簇条状图的叠加

可在表示子集的色条上叠加表示另外一个子集的色条，通常用于每组包含两个子集的成簇条状图绘制（子集过多时，叠加显示条状图反而更为混乱），可通过色条内部和边缘颜色的更改区分不同的子集。

(5) 修正条状图的基线水平

可使用 BaseValue 属性修改条状图的基线水平。对成簇条状图来说,修改任意组 bar 对象的 BaseValue 即可对整图的基线水平进行统一修正。

【注】 BaseLine 属性用于保存基线的句柄,因而可通过该属性操作基线的样式。

【例 5.5 - 3】 示例:叠加成簇条状图、基线水平的修正以及基线设置。

```
figure('Units', 'Centimeter', 'Position', [5 3 16.5 8], 'Color', 'w');

% 均值数据,共五组,每组细分为两个子集
x = [1, 3, 5, 7, 9];   % 绘制色条的位置
y1 = [10, 25, 90, 35, 16];
y2 = [7, 38, 31, 50, 41];

ha1 = axes('Units', 'norm', 'Position', [0.05 0.1 0.43 0.86], 'NextPlot', 'add');  % 叠加图
bar(x, y1, 0.5,  'FaceColor', [.2 .2 .5]);
bar(x, y2, 0.25, 'FaceColor', [0 .7 .7], 'EdgeColor', [0 .7 .7]);
legend({'子集1', '子集2'}, 'EdgeColor', 'k');
set(ha1, 'XColor', 'k', 'YColor', 'k');

% 均值数据,共三组,每组四个子集,示意基线的修正和设置
y = [5, 4, 3, 5; 3, 6, 3, 1; 4, 3, 5, 4];
ha2 = axes('Units', 'norm', 'Position', [0.55 0.1 0.43 0.86]);
hb = bar(y);
hb(1).BaseValue = 2;
set(hb(1).BaseLine, 'Color', 'r', 'LineWidth', 2);
set(ha2, 'XColor', 'k', 'YColor', 'k');
```

上述程序输出的图片如图 5.5 - 3 所示。

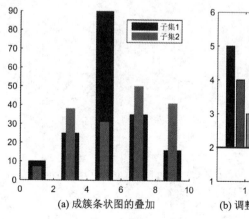
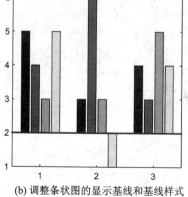

(a) 成簇条状图的叠加　　　　(b) 调整条状图的显示基线和基线样式

图 5.5 - 3　示例图 1

2. 误差图(error bar)

描述一个数据集的特征不光要看其集中特征(均值或中值),同时也要关注其分散特征(标准差、置信区间等)。误差图提供了数据分散特征的可视化描述。MATLAB 提供了 errorbar 函数用于绘制误差线,其基本用法为:

① errorbar(x, y, E);
② errorbar(x, y, L, U);
③ errorbar(_, LineSpec);

其中,x 和 y 分别表示绘制均值的位置和均值;E 为数据的分散特征指标,一般使用标准差或者置信区间,读者可根据需要自行选择。格式①用于绘制对称的误差图,即 x±s 的形式。格式②用于非对称误差图的绘制,比如仅绘制误差下限(L)或误差上限(U);这种方式一般用于对比组间差异,其中一组绘制上限而另一组绘制下限,避免两组交叠引起读图困难。格式③通过 line 对象的属性设置进一步设计误差图样式。

【注】 bar 和 errorbar 常一起使用,同时描述数据的集中和分散特征。

【例 5.5-4】 示例:对称误差图、单向误差图和带有误差线的条状图。

```matlab
% 集中特征
y1 = [1.09 1.04 0.93 0.93 0.97];
y2 = [0.79 0.67 0.62 0.61 0.63];

% 分散特征
e1 = [0.28 0.21 0.18 0.16 0.18];
e2 = [0.33 0.27 0.24 0.24 0.24];

figure('Units', 'Centimeter', 'Position', [5 3 16.5 6], 'Color', 'w');

%% 对称误差图
ha1 = axes('Units', 'norm', 'Position', [0.05 0.1 0.27 0.86], 'NextPlot', 'add');
hp11 = errorbar(y1, e1, 'Color', 'b', 'Marker', 'o', 'MarkerFaceColor', 'b', 'MarkerEdgeColor', 'b');
hp12 = errorbar(y2, e2, 'Color', 'r', 'Marker', 's', 'MarkerFaceColor', 'r', 'MarkerEdgeColor', 'r');
set(ha1, 'XColor', 'k', 'YColor', 'k', 'XLim', [.5 5.5]);

%% 单向误差图
ha2 = axes('Units', 'norm', 'Position', [0.38 0.1 0.27 0.86], 'NextPlot', 'add');
hp21 = errorbar(1:5, y1, zeros(1, 5), e1, 'Color', 'b', 'Marker', 'o', 'MarkerFaceColor', 'b', 'MarkerEdgeColor', 'b');
hp22 = errorbar(1:5, y2, e2, zeros(1, 5), 'Color', 'r', 'Marker', 's', 'MarkerFaceColor', 'r', 'MarkerEdgeColor', 'r');
set(ha2, 'XColor', 'k', 'YColor', 'k', 'XLim', [.5 5.5]);

%% 带有误差线的条状图
ha3 = axes('Units', 'norm', 'Position', [0.71 0.1 0.27 0.86], 'NextPlot', 'add');
x1 = [0.8 1.8 2.8 3.8 4.8]; x2 = [1.2 2.2 3.2 4.2 5.2];
hb1 = bar(x1, y1, 0.4);
hb2 = bar(x2, y2, 0.4);
set(hb1, 'FaceColor', [.2 .2 .2], 'EdgeColor', 'k');
set(hb2, 'FaceColor', [.8 .8 .8], 'EdgeColor', 'k');
he31 = errorbar(x1, y1, zeros(1, 5), e1, 'Color', 'k', 'Marker', 'none', 'LineStyle', 'none');
he32 = errorbar(x2, y2, zeros(1, 5), e2, 'Color', 'k', 'Marker', 'none', 'LineStyle', 'none');
set(ha3, 'XColor', 'k', 'YColor', 'k', 'XLim', [.5 5.5]);
```

上述程序输出的图片如图 5.5-4 所示。

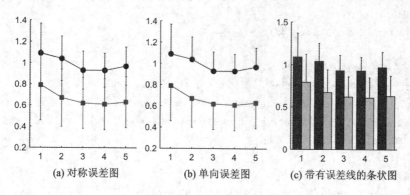

(a) 对称误差图　　　(b) 单向误差图　　　(c) 带有误差线的条状图

图 5.5-4　示例图 2

3. 箱线图(box plot)

除误差图外,箱线图也是显示数据分散情况的常用统计图形。MATLAB 的统计工具箱提供了 boxplot 函数用于绘制箱线图,其基本用法如下:

① boxplot(X);
② boxplot(X, G);
③ boxplot(_, 'Property Name', value);

其中,第一种用法,X 为向量或者矩阵。X 为向量时,MATLAB 认为这是一组数据,从而仅绘制一个箱线图形;X 为矩阵时,MATLAB 将其每一列视为一组数据,从而绘制多个箱线图形。第二种用法,使用 G 作为分组依据,对应同一个 G 值的 X 视为同一组的数据。第三种用法可通过多种属性的设置,设计符合不同需求的箱线类型,常用属性如表 5.5-1 所列。

表 5.5-1　boxplot 的常用属性

属性名称	赋值和说明
plotstyle	'traditional':默认值,经典箱线图形; 'compact':组较多时常用的图形样式,其特点是"箱"较窄且填充颜色
boxstyle	'outline':默认值,"箱"不填充,"线"为虚线; 'filled':"箱"较窄且填充颜色
labels	字符组、单元组或数值向量,表示每个分组的名称,绘图后会显示在每个组的刻度标签位置
labelorientation	标签的方向,使用'compact'样式时,该属性默认为'inline'表示将标签垂直显示,如需水平显示,则修改该属性为'horizontal'(也是经典箱线图的默认赋值)
orientation	'vertical':默认值,垂直绘图,X 轴为分组信息; 'horizontal':水平绘图,Y 轴为分组信息

【例 5.5-5】　示例:绘制箱线图,并修改箱线图的样式。

```
% 载入数据
load carsmall
figure('Units', 'Centimeter', 'Position', [5 3 16.5 12], 'Color', 'w');

% 绘制经典箱线图
```

```
ha1 = axes('Units', 'norm', 'Position', [0.05 0.6 0.43 0.36]);
boxplot(MPG, Origin);
set(ha1, 'XColor', 'k', 'YColor', 'k');

% 修改标签样式,修改曲线类型
ha2 = axes('Units', 'norm', 'Position', [0.55 0.6 0.43 0.36]);
hb2 = boxplot(MPG, Origin, 'labelorientation', 'inline');
set(hb2, 'LineStyle', '-', 'Color', 'k', 'MarkerEdgeColor', 'k');
set(ha2, 'XColor', 'k', 'YColor', 'k');

% 修改箱线图样式
ha3 = axes('Units', 'norm', 'Position', [0.05 0.1 0.43 0.36]);
boxplot(MPG, Origin, 'plotstyle', 'compact');
set(ha3, 'XColor', 'k', 'YColor', 'k');

% 修改填充样式
ha4 = axes('Units', 'norm', 'Position', [0.55 0.1 0.43 0.36]);
hb4 = boxplot(MPG, Origin, 'plotstyle', 'compact');
set(hb4, 'Color', 'k', 'MarkerEdgeColor', 'k');
set(hb4(2, :), 'Color', [.8 .4 .4], 'LineWidth', 12);
set(ha4, 'XColor', 'k', 'YColor', 'k');
```

上述程序输出的图片如图5.5-5所示。

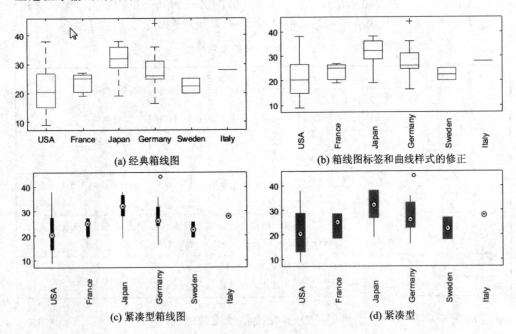

图 5.5-5 示例图 3

【注】 与本节所介绍的bar和errorbar不同,MATLAB R2014b尚未将boxplot封装为对象,因而boxplot的某些属性需要通过对boxplot各组成成分的修饰来完成。比如,经典样式的boxplot输出7×组数的矩阵,矩阵每一行分别表示经典boxplot的上须、下须、上界、下

界、箱、中线和坏值的句柄;紧凑型 boxplot 的输出为 5×组数的矩阵,矩阵每一行分别表示上下须、箱、中圈、中点和坏值的句柄,通过每个组成对象的句柄可调节 boxplot 未提供的属性。图 5.5-5(b) 及其修饰均是通过这些组成对象的句柄操作完成的,读者可以进一步探索其他的操作方式,为设计专业、美观的论文图形打下基础。

5.6 技巧 67:导出运行矩阵为 Latex 表格

5.6.1 技巧用途

Latex 是一种流行的数学排版软件,经常用于论文、图书的编写。MATLAB 可以进行各种简单或者复杂的数学公式运算,可以高效地求解出闭合解或者精准地求出每一步迭代的数值解,并将计算结果以数值矩阵的形式表示。

MATLAB 除了可以显示标准的 ASCII 字符外,还可以显示 Latex 格式的控制字符,这样就可以在图形上添加希腊字符、数学符号以及公式等内容。如果程序导出的矩阵为 Latex 格式,可以将程序的运行结果直接添加到 Latex 文档中,便于论文或图书的编写。

5.6.2 技巧实现

1. 利用 latex 函数来转换符号表达式

MATLAB 已有函数 latex,可以将符号表达式转换成 Latex 表示式。其调用格式为:

latex(s)

将符号表达式 s 直接转换成 Latex 命令。

▲【例 5.6-1】 使用 latex 转换符号表达式。

```
clc; clear all;
A = magic(3);
latex(sym(A))
```

运行结果为:

```
\left(\begin{array}{ccc} 8 & 1 & 6\\ 3 & 5 & 7\\ 4 & 9 & 2 \end{array}\right)
```

由于涉及符号引擎的调用,可能会导致运行速度变慢,为了更加方便地转换数值矩阵为 Latex 命令,可以结合 Latex 矩阵构造方式和 MATLAB 字符串操作技巧来设计新的解决方案。

2. 将数值矩阵导出为 latex 表格

利用 MATLAB 的字符串操作方法和 Latex 格式,编写将数值矩阵导出为 Latex 表格的函数。函数的代码如下:

```
% 数值矩阵输出成 Latex 代码
function result = Matrix2Latex(A, precision)
% 没输入精度参数时,默认精度为小数后 4 位
if nargin == 1
    precision = '4';
else
```

```
            precision = int2str(precision);
    end
    % 定义单一元素输出格式
    out_num = ['% 0.' precision 'f &'];
    % 用于整数输出判断
    z = zeros(1, str2num(precision) + 1);
    z(1) = '.';
    z(2 : end) = '0';
    z = char(z);
    % 求矩阵大小
    [r c] = size(A);
    nc = zeros(1, c);
    nc(:) = 99;     % 存放 character c
    % 生成第一句 Latex 语句
    out = sprintf('\\left(\n\t\\begin{array}{ %s}', char(nc));
    % 二重循环,用于生成整个矩阵的 Latex 语句
    for i = 1 : r
        out = [out sprintf('\n\t')];    % 换行
        for j = 1 : c
            temp = sprintf(out_num, A(i, j));
            % 小数位皆为零时,把数取整。如 1.0001 取为 1
            dot_position = find(temp == '.');
            if temp(dot_position : end - 2) == z
                temp = temp(1 : dot_position - 1);
                temp = [temp ' &'];
                % 要取整时,若有负号,则必须丢掉
                if temp(2) == '-'
                    temp = [temp(1) temp(3 : end)];
                end
            end
            out = [out temp];
        end
    end
    % 丢掉最后的 '&' 号
    out = out(1 : end - 1);
    % 行末加上 '\\' 号
    out = [out '\\'];
end
% 加上最后一句结束代码
out = [out sprintf('\n\t\\end{array}\n\\right)')];
result = out;
```

▲【例 5.6 - 2】 在命令窗口测试函数。

```
>> A = magic(3);
>> tm1 = Matrix2Latex(A)
tm1 =
\left(
```

```
    \begin{array}{ccc}
     8 & 1 & 6 \\
     3 & 5 & 7 \\
     4 & 9 & 2 \\
    \end{array}
\right)
>> tm2 = latex(sym(A))
tm2 =
\left(\begin{array}{ccc} 8 & 1 & 6\\ 3 & 5 & 7\\ 4 & 9 & 2 \end{array}\right)
>> latex(sym(A))
ans =
\left(\begin{array}{ccc} 8 & 1 & 6\\ 3 & 5 & 7\\ 4 & 9 & 2 \end{array}\right)
```

5.7 技巧68：控制数据的显示精度和参与运算的精度

5.7.1 技巧用途

在MATLAB的命令行窗口中，format命令用于控制数据的显示格式。数据的显示格式不影响数据的实际精度，数据总是以高精度参与MATLAB的计算过程。

但是，有时用户需要数据以一定的格式在命令行窗口中显示，或者以一定的格式保存到磁盘文件中，或者以一定的精度参与运算过程，这时就需要用户自己对数据格式进行调整。

5.7.2 技巧实现

1. 控制数据在命令行窗口中的显示格式

MATLAB提供的format函数可用来控制数据在命令行窗口中的显示格式。format函数的调用格式为：

format formattype

将数据的输出格式修改为由formattype定义的格式，这些格式可以为如下格式之一：

① 对于浮点变量：short；short e；short g；short eng；long；long e；long g；long eng。
② 对于所有数字变量：+；bank；rat。
③ 变量之间的显示间距：compact；loose。

▲【例5.7-1】 设a=1+2/3，首先定义数据显示的格式，然后在命令行窗口中显示a。

```
format short         a = 1.6667                      %4位小数
format long          a = 1.666666666666667           %15位小数
format long g        a = 1.66666666666667            %14位小数
format short e       a = 1.6667e + 00                %4位小数
format long e        a = 1.666666666666667e + 00     %15位小数
format hex           a = 3ffaaaaaaaaaaaaa            %16进制数
format +             a = +                           %显示：+,表示正数；-,表示负数；0,返回为空
format bank          a = 1.67                        %作为美元和美分来显示
format rat           a = 5/3                         %作为有理数来显示
format compact                                       %输出的行与行之间无空行
format loose                                         %输出的行与行之间有空行
```

2. 向指定的字符串或磁盘文件中写入格式化的数据

用户也可以调用 sprintf 函数和 fprintf 函数向指定的字符串或磁盘文件中写入格式化的数据。

sprintf 函数是向字符串中写入格式化的数据，调用格式为：

[str, errmsg] = sprintf(format, A, ...)

fprintf 函数是向命令行窗口或磁盘文件中写入格式化的数据，调用格式为：

count = fprintf(fid, format, A, ...)

其中，str 为得到的字符串；errmsg 为错误信息；format 为转换格式；A 为要写入字符串中的数据；count 为写入文件中的字节数。

▲【例 5.7-2】 调用 sprintf 函数向字符串中写入格式化的数据。

```
% 得到包含文件名的字符串
str1 = sprintf('myfile%d.txt',1)
% 得到字符串 hello
str2 = sprintf('%s','hello')
% str 的值为 'The array is 2×3'
str3 = sprintf('The array is %d × %d.',2,3)
```

运行结果为：

```
str1 =
myfile1.txt
str2 =
hello
str3 =
The array is 2 × 3.
```

▲【例 5.7-3】 调用 fprintf 函数向磁盘文件中写入格式化的数据。

```
x = 0:.1:1;
y = [x; exp(x)];
% 以"写"的方式打开文件
fid = fopen('exp.txt','wt');
% 向文件写入格式化数据
fprintf(fid,'%6.2f %12.8f\n', y);
fclose(fid);
```

在命令窗口中调用 type 命令来查看文件的内容：

```
>> type exp.txt
   0.00     1.00000000
   0.10     1.10517092
   0.20     1.22140276
   0.30     1.34985881
   0.40     1.49182470
   0.50     1.64872127
   0.60     1.82211880
   0.70     2.01375271
   0.80     2.22554093
   0.90     2.45960311
   1.00     2.71828183
```

若在 fprintf 函数的参数中不包含磁盘文件名，则结果输出到命令行窗口中。

【例 5.7-4】 在命令窗口中显示 www.ilovematlab.cn。

```
site = 'www.ilovematlab.cn\n';
fprintf(site);
```

命令窗口中显示为：

```
www.ilovematlab.cn
>>
```

3. 控制数据参与算术运算的精度

以上介绍的命令都是用来改变数据的显示格式的，这些操作并不改变数据实际参与算术运算的精度。digits 和 vpa 函数是用来改变数据参与算术运算精度，即有效数字的位数的。

（1）digits 函数

digits 函数用来改变或显示变量的精度，其调用格式为：

- **digits(d)**

设置变量的当前精度为 d 位。

- **d = digits**

取得变量的当前精度，是 d 位。MATLAB 默认的变量精度是 32 位。

（2）vpa 函数

vpa 是可变精度算术的简称，它将数组中的每一个元素按照一定的精度进行运算。

- **R = vpa(A)**

按照 digits 函数设置的精度计算数组 A 中的每一个元素。

- **R = vpa(A,d)**

按照 d 设定的精度计算 A 中的每一个元素。

【例 5.7-5】 digits 和 vpa 联合使用，设置数据参与计算的精度。

```
a = 1 + rand(3)
% 指定数据的精度
% 指定新的数据精度，并保存原数据精度
old = digits(5)
vpa(a)
% 恢复原数据精度
digits(old)
```

在命令行窗口中输入如下指令：

```
>> clear
>> format long g
>> example5_4_5
a =
    1.96488853519928    1.95716694824295    1.14188633862722
    1.15761308167755    1.48537564872284    1.42176128262627
    1.97059278176062    1.8002804688888     1.91573552518907
ans =
[ 1.9649, 1.9572, 1.1419]
[ 1.1576, 1.4854, 1.4218]
[ 1.9706, 1.8003, 1.9157]
```

第 6 章
程序自动化运行技巧

6.1 技巧69：在MATLAB程序中使用定时器

6.1.1 技巧用途

MATLAB程序中的命令一般以堆栈的方式按排队顺序执行。但在实际应用中，有许多需要定时完成的操作，如定时显示当前时间，定时刷新屏幕上的进度条，定时显示图片，定时向串口发送数据，等。MATLAB提供了定时器对象，允许用户在需要时创建定时器对象以定时处理某些事务。

6.1.2 技巧实现

1. 定时器对象的创建

调用timer函数就可以创建定时器对象。timer函数的使用方法为：

① 使用默认属性值创建定时器对象，再设置其属性值。

```
htimer = timer;
set(htimer, 'PropertyName1',PropertyValue1,...
'PropertyName2',PropertyValue2,...)
```

② 在创建定时器对象的同时，设置其属性值。

```
htimer = timer('PropertyName1',PropertyValue1,...
'PropertyName2',PropertyValue2,...);
```

2. 定时器对象的属性

定时器对象有很多属性，下面介绍几个常用的属性：

1) ExecutionMode(运行模式)

运行模式属性值用来确定定时器对象的TimerFcn回调函数的执行周期(period)，可以取以下的值：

'singleShot'——定时器函数只执行一次，所以设置period参数没有意义。

'fixedSpacing'——period为定时器函数从上一次执行完毕到下一次被加入队列之间的时间间隔。

'fixedDelay'——period为定时器函数从上一次开始执行到下一次被加入队列之间的时间间隔。

'fixedRate'——period为定时器函数前后两次被加入到执行队列之间的间隔。

2) Period(时间间隔)

也就是每隔一个Period执行一次定时器函数，时间间隔的起始和终止时刻由Execution-

Mode 属性参数决定。

3) StartDelay(启动延时)

从启动 Timer 开始到第一次把回调函数加入 MATLAB 的执行队列中去的延迟时间,默认值为 0,即启动定时器后,回调函数立即被加入执行队列。

4) TasksToExecute(任务的执行次数)

回调函数被执行的次数,默认为 1 次,设置多次时,需要设置 Period。

5) TimerFcn 回调函数

TimerFcn 回调函数是定时器对象的核心,其中包含了用户要处理的程序代码。定时时刻到达,MATLAB 会调用 TimerFcn 回调函数来执行相应的操作。

6) 定时器对象的回调函数

上面的 TimerFcn 是定时器对象的回调函数之一,另外还有 ErrorFcn(定时器出错时调用)、StartFcn(启动定时器时调用)和 StopFcn(定时器停止时调用)。其中 TimerFcn 是必选的,另外三个是可选的。

对于定时器的所有回调函数,至少要有两个输入参数:

① hobj:代表定时器对象的句柄,用来标识调用该回调函数的定时器对象。

② event:包含定时器事件的相关信息。event 是一个结构体,包含 Type 和 Data 两个字段。其中,Type 字段是一个文本字符串,标识事件的类型,如 'StartFcn'、'StopFcn'、'TimerFcn' 或 'ErrorFcn';Data 字段包含事件发生的时刻。

如果想向回调函数传入用户数据,可以设置第 3 个、第 4 个……参数。(具体请参考"技巧 9:定义回调函数需遵循的语法规则"。)

【例 6.1-1】 向定时器回调函数传入其他参数。

```
uservalue1 = 100;
uservalue2 = 200;
% 设置 TimerFcn 属性值为函数 mytimerfcn 的句柄
set(htimer,'TimerFcn',{@mytimerfcn,uservalue1,uservalue2});
% 定义 mytimerfcn 函数
function mytimerfcn(hobj,event,var1,var2)
...
```

3. 定时器的启动、停止等

定时器创建完成后,可以调用 start 命令来启动,调用 stop 命令来停止,调用 delete 命令来删除。也可以调用 timerfind 或 timerfindall 命令找出驻留在内存中的定时器对象。

【例 6.1-2】 定时器对象的启动、停止、删除等操作。

```
% 创建定时器对象
htimer1 = timer('TimerFcn',{@my_callback_fcn,'启动定时器'},...
 'Period',10.0);
% 启动定时器
start(htimer1);
% 停止定时器
stop(htimer1);
% 删除定时器对象
delete(htimer1);
```

```
% 查找定时器对象
htimer = timerfind;
htimer = timerfindall;
```

【注】timerfind 命令只查找对象的 ObjectVisibility 属性不为 off 的定时器对象;而 timerfindall 命令则查找驻留在内存中的所有定时器对象。它们的返回结果如下:

```
Timer Object Array
Index:   ExecutionMode:   Period:   TimerFcn:                 Name:
 1       fixedRate         4        'disp('Hello World!')'    timer - 1
 2       fixedSpacing      4        ''                        timer - 2
```

4. 定时器对象应用举例

下面的程序演示了如何创建定时器对象,如何定义其回调函数,如何从回调函数的 event 参数中取得定时器事件的有关信息,如何向回调函数中传入用户数据。

【例 6.1-3】 定时器对象的应用。

```
clc;clear;
% 创建定时器对象。启动延时 5 s,定时时间间隔 5 s,任务执行 2 次
t = timer('StartDelay', 5, 'Period', 5, ...
    'TasksToExecute', 2, 'ExecutionMode', 'fixedSpacing');
% 定义 StartFcn、StopFcn 和 TimerFcn 回调函数,传入字符串数据
t.StartFcn = {'my_callback_fcn', '定时器启动'};
t.StopFcn = { @my_callback_fcn, '定时器停止'};
t.TimerFcn = 'disp(''From www.ilovematlab.cn!'')';
start(t);
```

将回调函数 my_callback_fcn 定义为函数 M 文件,其代码为:

```
function my_callback_fcn(obj, event, string_arg)
txt1 = ' 事件发生在 ';
txt2 = string_arg;
% 取得事件的类型
event_type = event.Type;
% 取得事件发生的时间
event_time = datestr(event.Data.time);
msg = [event_type txt1 event_time];
disp(msg)
disp(txt2)
```

最后,调用 delete(t) 命令来删除定时器对象。
程序的运行结果如下:

```
StartFcn  事件发生在 11 - Apr - 2015 20:49:06
定时器启动
From www.ilovematlab.cn!
From www.ilovematlab.cn!
StopFcn  事件发生在 11 - Apr - 2015 20:49:16
定时器停止
```

6.2 技巧70：利用MATLAB程序定时发送邮件和短信

6.2.1 技巧用途

MATLAB在矩阵运算、数值拟合、二维和三维图形的绘制方面具有极强的功能,因此被广泛运用于线性代数、自动控制理论、数理统计、数字信号处理、时间序列分析、动态系统模仿等多个领域。

在很多场合,尤其是当MATLAB进行大量数据的长时间处理时,用户希望计算的中间及其最后结果能自动传送到其他计算机上进行分析和存储,而MATLAB中并未提供直接的办法实现该功能。电子邮件是一种通过计算机网络与其他用户通信、交流信息的高效而廉价的现代通信手段,具有立即传达信息的功能。因此,很有必要探讨在MATLAB程序中发送电子邮件和短信的方法。

6.2.2 技巧实现

1. 基于Web接口设计

基本思想：为了更好地演示基于MATLAB来发送邮件、短信的功能,选择基于MATLAB-GUI框架进行集成,即通过GUIDE快速生成GUI,然后添加一些控件,单击生成相应的FIG和M文件,并添加相应的回调函数。

实现过程(主要部分)：首先使用GUIDE快速生成GUI。然后保存该GUI,以生成相应的.fig文件和.m文件。图6.2-1所示为一个GUI。

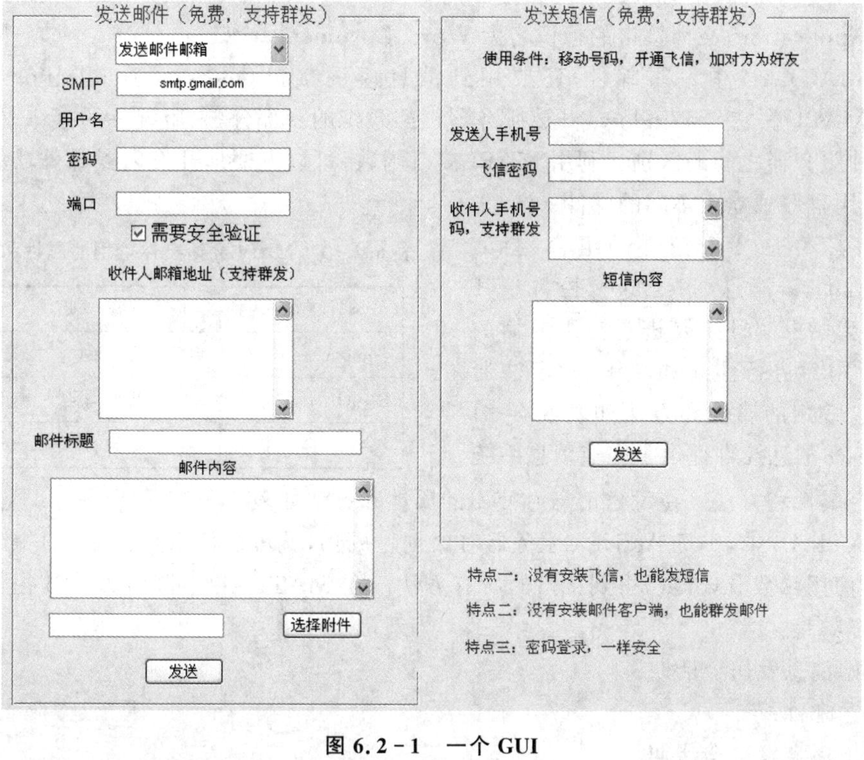

图 6.2-1　一个GUI

编写飞信的主要方法:在 GUI 里使用 web 函数打开网页。通过 Web 连接飞信的网上接口,并输入手机号码、飞信密码等信息,便可实现通过 MATLAB 控制飞信的接口而达到发送飞信的目的。核心代码如下:

```
sender = get(handles.edit6,'string');
password = get(handles.edit7,'string');
receiver = get(handles.edit8,'string');
content = get(handles.edit10,'string');
url = ['http://sms.api.bz/fetion.php? username = 'sender '&password = ' password '&sendto = ' receiver '&message = ' content];
web(url,'-noaddressbox');
```

对于发送邮件,可以使用与发送短信类似的方法。

2. 基于 ActiveX 设计

考虑到 MATLAB 是一个开放的系统,支持 ActiveX 接口,可以尝试以 MAPI 部件作为 ActiveX 服务器,将 MATLAB 作为 ActiveX 客户,实现在 MATLAB 中发送 E-mail 的功能。ActiveX 是 Windows 中对象集成的一个标准协议。它最初是从 Microsoft 的复合文档技术 OLE 成长起来的。1996 年 Microsoft 将 ActiveX 作为新商标名。ActiveX 是指宽松定义、基于 COM 的技术集合。使用 ActiveX 的用户可以容易地将不同厂商的用途各异的 ActiveX 对象集成到一个复杂的解决方案中。MATLAB 提供了功能丰富的 ActiveX 接口,同时支持 ActiveX 客户端和服务器的连接。MATLAB 作为 ActiveX 的客户,实际上相当于一个 ActiveX 容器,它可以创建并控制其中的 ActiveX 对象。MATLAB 中提供了操纵 ActiveX 对象的命令。创建 ActiveX 对象时需要知道对象接口的标识名。接口的标识名是登记在 Windows 注册表中唯一对应 ActiveX 对象接口的名称。例如,Microsoft Word 的运用程序接口的标识名为 Word.Application,文档接口的标识名为 Word.Document。

要在 MATLAB 中编写邮件,还要用到消息应用接口(message application program interface,MAPI)。它是 Windows 开放服务器框架系统的一部分,采用统一的接口,使用户无需考虑各种服务器之间的区别。利用 MAPI 接口函数,可以方便地开发内置邮件功能的应用系统,且应用程序独立于不同的邮件系统。

MAPI 控件是 2 个控件的组合:会话(session)控件和消息(message)控件。其中,MAPI 会话控制件主要进行与服务器的连接,以便用户进行注册和注销、确定注册号和口令。常用的属性和方法如表 6.2-1 所列。MAPI 消息控件提供了完成消息系统

表 6.2-1 MAPI 会话控件常用的属性和方法

属性/方法	说 明
SignOn	启动一个会话
SignOff	结束会话
SessionID	当前会话句柄

功能的所有属性和方法。在发送消息时使用的属性和方法如表 6.2-2 所列。

在 MATLAB 中,一旦 ActiveX 服务器对象创建成功,就可以使用函数 get()得到接口的所有属性,使用函数 invoke()得到接口的所有方法。在 MATLAB 中调用 MAPI 控件发送邮件的基本步骤是:

① 开始消息发送会话期;

② 发送邮件;

③ 退出消息发送会话期。

表 6.2-2　MAPI 消息控件主要属性和方法

属性/方法	说　　明
SessionID	将消息对象连接于一个会话对象
Compose	将编辑缓冲区清空，以便装入新的消息
Send	将编辑缓冲区传送到服务器
RecipAddress	指定收件人的邮件地址
MsgSubject	指定消息的主题
MsgNoteText	指定消息的正文
AttachmentPathName	指定消息的主附件

【例 6.2-1】 编制发送邮件的函数 sendemail()，用参数 RecipAddress、MsgSubject、MsgNoteText、Attachment 分别表示邮件的收件人、主题、正文和附件。

```
function sendemail(RecipAddress, MsgSubject, MsgNoteText, Attachment)
% 创建 ActiveX 服务器
objSession = actxserver('MSMAPI.MAPISession.1');
objMessages = actxserver('MSMAPI.MAPIMessages.1');
% 不下载新邮件
objSession.DownLoadMail = 0;
% 启动一个会话
invoke(objSession, 'SignOn');
% 在电子邮件系统上做一个标记
objMessages.SessionID = objSession.SessionID;
% 编辑缓冲区清空，以便装入新的消息
invoke(objSession, 'Compose');
% 收件人
objMessages.RecipAddress = RecipAddress;
% 主题
objMessages.MsgSubject = MsgSubject;
% 正文
objMessages.MsgNoteText = MsgNoteText;
% 附件
objMessages.AttachmentPathName = Attachment;
% 发送邮件
invoke(objMessages, 'Send');
% 结束会话
invoke(objSession, 'Signoff');
% 消除对象
delete(objMessages);
delete(objSession);
```

6.3 技巧71：定时使用摄像头拍照

6.3.1 技巧用途

MATLAB 的图像获取工具箱（image aquisition toolbox）提供了 MATLAB 环境与图像获取硬件之间的连接，在监控等场合具有非常广阔的应用前景。本节就 MATLAB 的图像获取功能进行简单介绍，并通过其工具箱函数完成小的实时监控系统。

6.3.2 技巧实现

1. MATLAB 的图像获取

MATLAB 获取外部图像通过图像获取工具箱来完成，图像获取的硬件资源（如网络照相机）通过 videoinput 函数得到。其基本用法如下：

```
obj = videoinput(adaptorname);
```

adaptorname 为本机中安装的图像获取设备名称。若不清楚本机中是否安装有相关硬件设备，可以通过 imaqhwinfo 函数来检测，方法如下：

```
>> imaqhwinfo

ans = 

    InstalledAdaptors: {'winvideo'}
        MATLABVersion: '8.4 (R2014b)'
          ToolboxName: 'Image Acquisition Toolbox'
       ToolboxVersion: '4.8 (R2014b)'
```

在具有网络摄像头的笔记本计算机上运行该函数时，MATLAB 可能会给出未找到视频获取硬件的警告，此时读者可尝试安装 MATLAB 支持软件包（support package installer）中的 OS Generic Video Interface 包进行修复。支持软件包在 MATLAB 主界面的 Add‐Ons 下拉列表中，如图 6.3‐1 所示。

单击图 6.3‐1 中的 Get Hardware Support Packages 选项，MATLAB 弹出 Support Package Installer 窗口，选择安装 OS Generic Video Interface 包，根据其提示完成安装，如图 6.3‐2 所示。

图 6.3‐1 MATLAB 支持软件包的获取位置

运行 imaqhwinfo 函数，MATLAB 列出本机中安装的图像获取硬件资源。从上面的结果可以看出，winvideo 为已经安装的设备，可以通过 videoinput 打开，方法如下：

第 6 章　程序自动化运行技巧

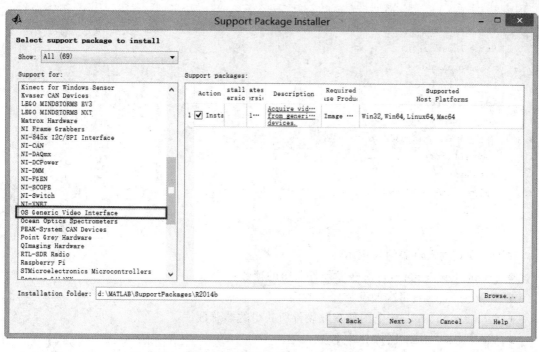

图 6.3 - 2　安装 OS Generic Video Interface 包

```
>> vid = videoinput('winvideo')

Summary of Video Input Object Using 'Integrated Camera'.

   Acquisition Source(s):    input1 is available.

   Acquisition Parameters:   'input1' is the current selected source.
                             10 frames per trigger using the selected source.
                             'RGB24_640x480' video data to be logged upon START.
                             Grabbing first of every 1 frame(s).
                             Log data to 'memory' on trigger.

   Trigger Parameters:       1 'immediate' trigger(s) on START.

              Status:        Waiting for START.
                             0 frames acquired since starting.
                             0 frames available for GETDATA.
```

vid 为一个视频输入对象（video input object），可以通过 get 和 set 函数获取和设置其属性，程序如下：

```
>> get(vid)
  General Settings:
    DeviceID = 1
    DiskLogger = []
    DiskLoggerFrameCount = 0
```

```
EventLog = [1x0 struct]
FrameGrabInterval = 1
FramesAcquired = 0
FramesAvailable = 0
FramesPerTrigger = 10
Logging = off
LoggingMode = memory
Name = RGB24_640x480-winvideo-1
NumberOfBands = 3
Previewing = off
ROIPosition = [0 0 640 480]
Running = off
……
```

以下为视频输入对象的常用属性:
- FramesPerTrigger:每次触发硬件获得的帧数;
- TriggerRepeat:再次触发需要的时间;
- FramesAcquired:一个图像获取硬件所获得的帧总数;
- VideoResolution:图像分辨率。

为 videoinput 配置好属性之后,还需要另外的函数控制该硬件进行相关操作。常用的控制函数如下:
- getsnapshot:获取图像,即摄像;
- preview/closepreview:预览图像/关闭预览;
- start/stop:启动设备/停止设备。

▲【例 6.3 - 1】 拍照功能演示。

设置相关控制函数,可以完成简单的图像获取和存储功能。首先预览网络摄像头,然后单击"拍照",拍摄一帧图像并保存,程序如下:

```
vid = videoinput('winvideo');
set(vid, 'FramesPerTrigger', 1);
set(vid, 'TriggerRepeat', Inf);
hf = figure('Units', 'Normalized', 'Menubar', 'None', ...
    'NumberTitle', 'off', 'Name', '摄像');
ha = axes('Parent', hf, 'Units', 'Normalized', ...
    'Position', [.05 .2 .85 .7]);
hb1 = uicontrol('Parent', hf, 'Units', 'Normalized', ...
    'Position', [.25 .05 .2 .1], 'String', '预览', ...
    'Callback', ...
    ['vidRes = get(vid, ''VideoResolution'');' ...
    'nBands = get(vid, ''NumberOfBands'');' ...
    'hImage = image(zeros(vidRes(2), vidRes(1), nBands));' ...
    'preview(vid, hImage)']);
hb2 = uicontrol('Parent', hf, 'Units', 'Normalized', ...
    'Position', [.55 .05 .2 .1], 'String', '拍照', ...
    'Callback', 'imwrite(getsnapshot(vid), ''im.jpg'')');
```

程序运行的效果如图 6.3-3 所示。

图 6.3-3　拍摄界面

2. 定时拍照

【例 6.3-2】 定时拍照。

使用 USB video device 对象的定时功能,可以完成定时拍照,所需的属性为 TimerPeriod (定时周期)以及定时事件回调函数 TimerFcn。需要注意的是,设置好定时周期以及定时事件回调函数之后,通过 start 函数运行相关硬件,通过 stop 函数停止该硬件。

以下的示例程序用于定时周期的设置:

```
function ex_6_3_2
vid = videoinput('winvideo');
set(vid, 'FramesPerTrigger', 10);
set(vid, 'TriggerRepeat', Inf);

hf = figure('Units', 'Normalized', 'Menubar', 'None', ...
    'NumberTitle', 'off', 'Name', '摄像');
ha = axes('Parent', hf, 'Units', 'Normalized', ...
    'Position', [.05 .2 .85 .7]);
hp = uicontrol('Parent', hf, 'Units', 'Normalized', ...
    'Position', [.05 .06 .1 .05], 'Style', 'Edit');

% 设置传递参数结构体
handles.vid = vid;
handles.hp = hp;

ht = uicontrol('Parent', hf, 'Units', 'Normalized', ...
    'Position', [.05 .12 .1 .05], 'Style', 'Text', ...
```

```
        'BackgroundColor', get(hf, 'Color'), 'String', '拍照周期',...
        'FontSize', 10);
hs = uicontrol('Parent', hf, 'Units', 'Normalized',...
        'Position', [.2 .05 .2 .1], 'String', '设置周期',...
        'FontSize', 10, 'Callback', {@SetPeriod, handles});
hb1 = uicontrol('Parent', hf, 'Units', 'Normalized',...
        'Position', [.45 .05 .2 .1], 'String', '开始',...
        'FontSize', 10, 'Callback', {@Start, handles});
hb2 = uicontrol('Parent', hf, 'Units', 'Normalized',...
        'Position', [.7 .05 .2 .1], 'String', '停止',...
        'FontSize', 10, 'Callback', {@Stop, handles});

% 设置 USB video device 对象的定时函数和定时周期
set(vid, 'TimerPeriod', 1);
set(vid, 'TimerFcn', {@TimingShot, handles});
% 预览图像
vidRes = get(vid, 'VideoResolution');
nBands = get(vid, 'NumberOfBands');
hImage = image(zeros(vidRes(2), vidRes(1), nBands));
preview(vid, hImage);

function TimingShot(obj, event, handles)
vid = handles.vid;
% 设置保存名称
str = datestr(now);
str = strrep(str, ':', '-');
imwrite(getsnapshot(vid), [str '.jpg']);

% 设置定时拍照的时间间隔
function SetPeriod(obj, event, handles)
vid = handles.vid;
set(vid, 'TimerPeriod', str2num(get(handles.hp, 'String')));

% 开始拍照的回调函数
function Start(obj, event, handles)
start(handles.vid);

% 停止拍照的回调函数
function Stop(obj, event, handles)
stop(handles.vid);
```

运行程序,产生如图 6.3-4 所示的界面。在界面中"拍照周期"的文本框中输入定时周期,然后单击"设置周期"按钮,将输入的定时周期传递给 vid 对象的 TimerPeriod 属性,再单击"开始"按钮,则根据所设置的周期,拍照并将之保存在当前目录,保存格式为"30 - Apr - 2015 09 - 26 - 04.jpg"。按下"停止"按钮,停止定时拍照功能。

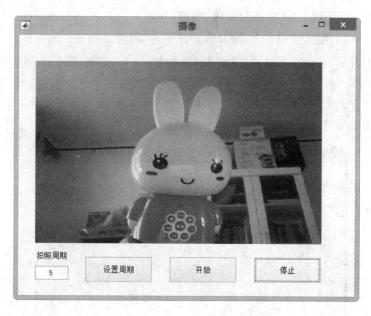

图 6.3-4　定时拍照界面

6.4　技巧 72：实现程序的暂停、继续、终止功能

6.4.1　技巧用途

　　用户在运行耗时比较长的程序时，希望程序能够实现暂停、继续、终止功能，以方便操作。这个功能可以在 GUI 上使用下压按钮来实现；但是如果能结合 waitbar 进度条来实现，程序就更加人性化和完美，不但能看见程序运行的进度，而且也不局限于在 GUI 程序中使用。一般的 M 文件均能实现，因为这些功能按钮是嵌入到进度条上的。

6.4.2　技巧实现

1. 暂停、继续、终止功能实现原理

　　要实现暂停、继续、终止功能，就得在程序中设置一个标志变量，使程序根据标志变量值来做出相应的响应。这里只使用 pause_state 和 stop_state 两个标志变量。它们的取值及其意义如表 6.4-1 所列。

表 6.4-1　标志变量的值及其意义

标志变量	变量值	响应
pause_state	0	继续
	1	暂停
stop_state	0	由 pause_state 决定
	1	程序终止

　　这两个标志变量的值可以通过触发某个按钮（或者其他控件）来改变，这样即可实现程序的暂停、继续和终止。

2. 使用多个按钮实现 GUI 程序的暂停、继续、终止

【例 6.4-1】 使用按钮控制 GUI 程序的暂停、继续和终止。

如图 6.4-1 所示，界面上有 1 个"程序暂停/继续/终止"面板，面板上有 1 个编辑控件，默认输入值为 1000；2 个按钮控件，标题分别为"暂停"和"终止"。另外还有 2 个按钮控件，标题分别为"开始"和"退出"。单击"开始"按钮，编辑控件中的数据大约每隔 0.01 s 进行一次"减 1"操作，一直减为 0 则终止。

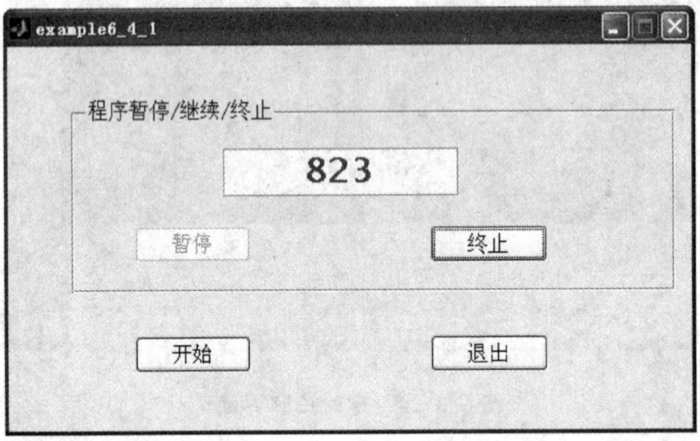

图 6.4-1 按钮实现程序暂停、继续、终止功能的 GUI

程序中的暂停、继续和终止状态变量使用 figure 句柄的 setappdata 来记录，使用 getappdata 来获取。按钮"暂停/继续"的状态为 1 时暂停，为 0 时继续；终止状态为 1 时终止。

功能实现过程如下：

① 单击"开始"按钮，编辑控件中的数据开始"减 1"，"暂停"按钮激活（程序未开始前不需要暂停程序），"开始"按钮变灰（程序运行中不需要再开始，除非程序终止）；

② 单击"暂停"按钮，程序暂停运行，按钮标题由"暂停"变成"继续"；

③ 单击"继续"按钮，程序继续运行，按钮标题由"继续"变成"暂停"；

④ 单击"终止"按钮，程序终止运行，"开始"按钮激活；

⑤ 单击"退出"按钮，判断程序是否终止，如果程序未终止，则提示先终止程序，否则无法关闭 GUI。

"开始"按钮的 Callback 函数代码如下：

```
function pushbutton3_Callback(hObject, eventdata, handles)
% 设置终止状态变量初值为 0
setappdata(gcf,'stop_state',0);
% 设置暂停状态变量初值为 0
setappdata(gcf,'pause_state',0);
% "开始"按钮变成未激活
set(handles.pushbutton3,'enable','off');
% "暂停"按钮激活
set(handles.pushbutton1,'enable','on');
N = str2num(get(handles.edit1,'string'));
while N>0
```

```
    % 获取暂停状态变量
    pause_state = getappdata(gcf,'pause_state');
    % 获取终止状态变量
    stop_state = getappdata(gcf,'stop_state');
    % 判断是否终止程序
    if stop_state
        break;
        % 判断是否暂停程序
    elseif ~pause_state
        % edit 中数据进行减 1 操作
        set(handles.edit1,'string',num2str(N-1))
        N = str2num(get(handles.edit1,'string'));
    end
    pause(0.01)
end
% 当程序执行完成时,终止变量设为终止状态
setappdata(gcf,'stop_state',1)
```

"暂停/继续"按钮的 Callback 函数：

```
function pushbutton1_Callback(hObject, eventdata, handles)
% 获取暂停状态变量
pause_state = getappdata(gcf,'pause_state');
switch pause_state
    % 如果暂停状态变量为 0(未暂停),则暂停,并且修改 string
    case 0
        setappdata(gcf,'pause_state',1)
        set(handles.pushbutton1,'string','继续');
        % 如果暂停状态变量为 1(暂停),则继续,并且修改 string
    case 1
        setappdata(gcf,'pause_state',0)
        set(handles.pushbutton1,'string','暂停');
end
```

"终止"按钮的 Callback 函数代码如下：

```
function pushbutton2_Callback(hObject, eventdata, handles)
% 将终止状态变量设置为 1(终止状态)
setappdata(gcf,'stop_state',1)
% "暂停"按钮变为未激活
set(handles.pushbutton1,'enable','off');
% "开始"按钮激活
set(handles.pushbutton3,'enable','on');
```

"退出"按钮的 Callback 函数代码如下：

```
function pushbutton4_Callback(hObject, eventdata, handles)
% 获取终止状态变量
stop_state = getappdata(gcf,'stop_state');
% 判断程序是否终止。若未终止,则弹出错误提示"。。";若终止,则关闭 GUIif ~stop_state
```

```
          errordlg('请先终止程序!')
      else
          close(gcf)
      end
```

实例中,在"退出"按钮的 Callback 函数里加入了一个判断过程——判断程序是否还在运行。如果在运行,则提示错误(必须先终止程序才能退出)。这样做是为了避免出错甚至是 MATLAB 进入死循环状态。本例中如果不加入这个判断,则在程序未终止的状态下直接关闭 GUI 程序将出现死循环。因为当程序再次运行到下面两句时会连续弹出新的 figure:

```
      pause_state = getappdata(gcf,'pause_state');    %获取暂停状态变量
      stop_state = getappdata(gcf,'stop_state');      %获取终止状态变量
```

因为这时的 GUI 已经关闭,gcf 已经不存在了,就会弹出一个新的 figure;但是得到的 pause_state 和 stop_state 都是空值,总是不满足退出条件,"开始"按钮的 Callback 函数中的 N 变量的值会保持不变,所以程序会处于死循环状态。

如果循环过程中用到了控件句柄,那么程序将出错,因为这时所有的控件都销毁了。

3. 在进度条中嵌入程序的暂停、继续、终止功能

进度条的详细介绍请见 2.26 节。下面用实例来说明如何在 waitbar 中嵌入程序的暂停、继续、终止功能。

【例 6.4-2】 在 waitbar 中嵌入程序的暂停、继续、终止功能。

如图 6.4-2 所示,界面上有 1 个编辑控件(Tag:edit1,默认 string 属性值为 1000)、2 个按钮控件(Tag 分别为 pushbutton1 和 pushbutton2,string 属性值分别为"开始"和"退出")。单击"开始"按钮,edit1 中的数据大约每隔 0.01 s 进行一次"减 1"操作,一直减为 0 则终止。"减 1"过程中,进度条显示程序运行的进度,并且进度条上有 2 个按钮控件(string 属性值分别为"暂停"和"终止")来实现暂停、继续、终止功能。

图 6.4-2　waitbar 实现程序暂停、继续、终止功能的 GUI

在 waitbar 上默认是没有按钮控件的,可以使用 CreateCancelBtn 创建一个 Cancel 按钮,另一个按钮可以使用 uicontrol 来创建;本程序中,暂停、继续和终止状态变量使用 waitbar 句柄的 setappdata 来记录,使用 getappdata 来获取。

功能实现过程如下:

① 单击"开始"按钮,弹出 waitbar 进度条,进度条上有 2 个按钮控件,初始的 string 分别为"暂停"和"终止";

- 单击"暂停"按钮,程序暂停运行,其 string 由"暂停"变成"继续";

- 单击"继续"按钮,程序继续运行,其 string 由"继续"变成"暂停";
- 单击"终止"按钮,程序终止运行,关闭 waitbar;
- 如果不单击任何按钮,edit1 中的数据减到 0 时,程序也将停止,waitbar 关闭。

② 单击"退出"按钮,关闭 GUI。

GUI 中的主要代码——"开始"按钮的 Callback 函数代码如下:

```
function pushbutton1_Callback(hObject, eventdata, handles)
% 创建 waitbar 进度条
h = waitbar(0,'0','Name','使用 waitbar 来实现暂停、继续、终止',...
    'CreateCancelBtn',...
    'h = get(gco,''parent'');setappdata(h,''stop_state'',1) ');
% 找到 cancel 按钮的句柄
h_blt = findall(h,'style','pushbutton');
% 修改 cancel 按钮的 string 和字号
set(h_blt,'string',' 终止 ','fontsize',10);
% 设置暂停状态变量的初值为 0
setappdata(h,'pause_state',0);
% 设置终止状态变量的初值为 0
setappdata(h,'stop_state',0);
% 在 waitbar 上创建另外一个按钮(暂停/继续)
uicontrol(h,'Style','pushbutton',...
    'String',' 暂停 ',...
    'fontsize',10,...
    'position',[50 12 60 23],...
    'callback',['h = get(gco,''parent'');'...
    'pause_state = getappdata(h,''pause_state'');'...
    'setappdata(h,''pause_state'',~pause_state);'...
    'if ~pause_state;set(gco,''string'','' 继续 '');'...
    'else;set(gco,''string'','' 暂停 '');end;']);
% edit 数据进行减 1 操作
N = str2double(get(handles.edit1,'string'));
while N>0
    stop_state = getappdata(h,'stop_state');
    pause_state = getappdata(h,'pause_state');
    % 判断是否需要终止程序
    if stop_state
        break
    % 判断是否需要暂停/继续程序
    elseif ~pause_state
        set(handles.edit1,'string',num2str(N-1))
        waitbar((1001-N)/1000,h,sprintf('%1.2f%%',(1001-N)/10))
        N = str2double(get(handles.edit1,'string'));
    end
    pause(0.01)
end
delete(h)    % 删除 waitbar
```

"退出"按钮的 Callback 函数代码如下:

```
function pushbutton2_Callback(hObject, eventdata, handles)
% 查找 waitbar 句柄是否存在,存在则说明程序还未终止,不允许退出
h = findall(0,'tag','TMWWaitbar');
if ~isempty(h)
    errordlg('请先终止程序!')
else
    close(gcf)
end
```

另外,为了界面居中显示,在 GUI 初始化程序中(_OpeningFcn 函数)加入了界面居中语句:

```
movegui(gcf,'center')
```

程序运行过程中的一个界面如图 6.4-3 所示。

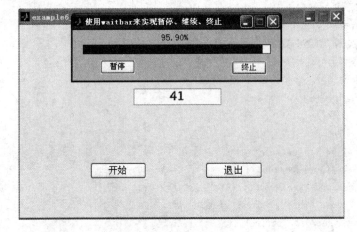

图 6.4-3　运行过程中的 GUI

第 7 章

GUI 高级技巧

7.1 技巧 73：在 MATLAB 程序中使用句柄结构

7.1.1 技巧用途

句柄结构是 MATLAB 图形用户界面编程中的一个重要概念。每一个图形用户界面程序都可以生成和维护一个句柄结构。

句柄结构的字段(Fields)名称为该图形窗口中所有图形对象的 Tag 属性值,字段存储的数值为相应图形对象的句柄。通过句柄结构,用户可以非常方便地在不同控件的回调函数之间进行数据传递和共享。

7.1.2 技巧实现

在使用 GUIDE 工具开发的 GUI 程序中,MATLAB 会自动生成并维护一个句柄结构 handles。在用户直接编写 M 文件创建的 GUI 程序中,用户也可以调用相应的 MATLAB 函数生成并维护一个句柄结构。句柄结构的形式如图 7.1-1 所示。

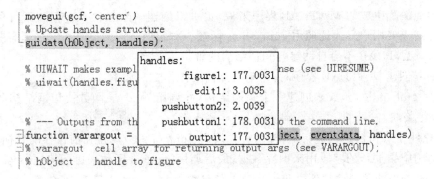

图 7.1-1 句柄结构的形式

若想在程序中创建和使用句柄结构,在创建控件时必须设置控件的 Tag 属性,因为句柄结构是通过控件的 Tag 属性来标识控件的句柄的。

1. 在由 GUIDE 创建的程序中使用句柄结构

在使用 GUIDE 生成的 MATLAB 程序中,MATLAB 会在程序中自动创建一个句柄结构,它的名称为 handles,并保证界面窗口内各控件的回调函数中的参数 handles 的一致性。如果用户在程序的界面上添加或删除控件,重新运行程序时 MATLAB 会自动更新 handles 结构。

如果用户想利用 handles 结构来保存自己需要的数据,可以首先向 handles 结构中添加新的字段,然后调用 guidata 函数来更新 handels 结构。

guidata 函数的调用格式为：
- **guidata(object_handle,handles)**

该函数用来更新 handles 结构。其中,object_handle 为图形对象的句柄,可以是 figure 的句柄,也可以是 figure 内任一控件的句柄;handles 为句柄结构。
- **data = guidata(object_handle)**

该函数取得与 object_handle 句柄相关联的句柄结构,并保存到 data 变量中。

▲【例 7.1-1】 在控件 1(如 Push Button 1)的 Callback 中向 handles 结构中添加新的字段用来保存数据。

程序如下：

```
handles.myvalue = 10;
guidata(hObject,handles);
```

其中,"guidata(hObject,handles);"绝对不能遗漏,否则 handles 结构不能被更新,数据也就不会被存储。

其后,用户可以在其他控件的 Callback 中通过访问 handles 来获取 myvalue 的数据。

▲【例 7.1-2】 在控件 2(如 Push Button 2)的 Callback 中取得 myvalue 的值,并在信息框中显示。

程序如下：

```
value = handles.myvalue;
% num2str 是把 value 的值转换为字符串,以便用信息框显示
msgbox(num2str(value));
```

2. 在由纯编程创建的程序中使用句柄结构

对于用纯编程生成的 MATLAB 程序来说,也可以创建一个包含 figure 及其所有控件的句柄结构。这需要用户显式地调用 guihandles 函数。对句柄结构的更改和保存都需要用户自己编程完成,MATLAB 不会自动参与句柄结构的维护工作。

在纯编程创建 MATLAB 程序时,对句柄结构的操作方法如下：

① 调用 guihandles 函数来创建一个句柄结构,并调用 guidata 函数使句柄结构和程序的 figure 对象相关联。

② 在控件中对句柄结构进行操作时,首先调用 guidata 函数取得先前保存的句柄结构,然后向句柄结构中添加新的字段用来保存数据,最后调用 guidata 函数来更新句柄结构。

【注】 句柄结构是通过控件的 Tag 字段来标识控件的句柄的。因此,在创建 figure 以及其他控件时,必须设置它们的 Tag 属性值;否则,句柄结构将不包含没有设置 Tag 属性的控件。

▲【例 7.1-3】 在纯编程创建的 MATLAB 程序中使用句柄结构,利用句柄结构传递数据。

程序如下：

```
function [] = test()
% 创建 figure 对象
fh = figure('menubar','none',...
    'name','test',...
    'numbertitle','off',...
    'resize','off',...
    'tag','figure1',...
```

```matlab
            'units','normalized',...
            'position',[0.4 0.4 0.4 0.3]);
    % 创建按钮"test1"
    pd1 = uicontrol(fh,'style','pushbutton',...
            'fontsize',16,...
            'string','test1',...
            'tag','pushbutton1',...
            'units','normalized',...
            'position',[0.2 0.7 0.2 0.2]);
    % 创建按钮"test2"
    pd2 = uicontrol(fh,'style','pushbutton', ...
            'fontsize',16,...
            'string','test2',...
            'tag','pushbutton2',...
            'units','normalized',...
            'position',[0.2 0.4 0.2 0.2]);
    % 创建编辑框 edit1
    ed1 = uicontrol(fh,'style','edit',...
            'fontsize',16,...
            'string','',...
            'tag','edit1',...
            'units','normalized',...
            'position',[0.45 0.7 0.3 0.2]);
    % 创建编辑框 edit2
    ed2 = uicontrol(fh,'style','edit',...
            'fontsize',16,...
            'string','',...
            'tag','edit2',...
            'units','normalized',...
            'position',[0.45 0.4 0.3 0.2]);
    % 创建句柄结构
    handles = guihandles(fh);
    % 保存句柄结构
    guidata(pd1,handles);
    % 设置按钮的 Callback 属性为函数句柄
    set(pd1,'callback',@ed1_call);
    set(pd2,'callback',@ed2_call);
end
% 定义按钮的 Callback 属性
function [] = ed1_call(varargin)
    % 取得句柄结构
    S = guidata(gcbo);
    % 向句柄结构添加用户数据
    S.data = get(S.edit1,'string');
    % 保存句柄结构
    guidata(gcbo,S);
```

```
end
function [] = ed2_call(varargin)
% 取得句柄结构
S = guidata(gcbo);
% 取得句柄结构中 data 的域值
str = ['data = ' num2str(S.data)];
% 在 edit2 中显示
set(S.edit2,'string',str);
end
```

程序运行时,首先在 edit1 中输入数据,单击 test1 按钮保存数据。然后单击 test2 按钮,保存的数据会显示在 edit2 中,从而完成数据从 edit1 传递到 edit2 的工作。

从这个例子可以看出,用纯编程的方式创建 MATLAB 程序时,利用句柄结构在各控件之间完成数据交换也是很方便的。程序运行效果如图 7.1-2 所示。

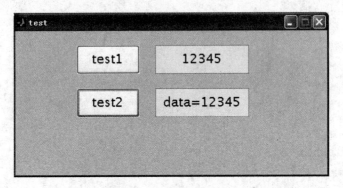

图 7.1-2　利用句柄结构传递数据

7.2　技巧 74：同一 MATLAB 程序内不同控件或函数之间的数据传递

7.2.1　技巧用途

对于包含多个控件的图形用户界面程序来说,不同控件之间的数据传递是经常发生的事情。例如,在编辑控件中输入数据后,需要把数据传递给绘图函数进行绘图,等。通过不同控件的相互协同工作,可以完成复杂的科学计算,因此,用户很有必要掌握同一图形用户界面程序中的不同控件之间的数据传递方法。

7.2.2　技巧实现

在 MATLAB 中有多种方法可以实现不同控件之间数据的传递。以下以 test.m 程序为例分别介绍这几种数据传递方法。

1. 利用全局(global)变量进行数据传递

这是最简单的一种方法。需要在赋值和引用全局变量的地方都使用"global"关键字声明一下。

【例 7.2-1】 将变量定义为 global 以进行数据传递。

① 在 edit1 的 callback 中加入代码:

```
% 声明 edit1_value 为全局变量
global edit1_value
% 取得 edit1 中输入的数据,赋值给全局变量 edit1_value
edit1_value = get(hObject,'string');
```

② 在 pushbutton1 的 Callback 中加入代码:

```
% 首先声明 edit1_value 为全局变量
global edit1_value
% 引用全局变量的值,在 edit2 中显示
set(handles.edit2,'string',edit1_value);
```

用户在 edit1 中输入数据,单击"传递"按钮,输入的数据在 edit2 中显示,如图 7.2-1 所示。

2. 利用 handles 结构进行数据传递

handles 结构是作为输入参数传递给各个控件的回调函数的。handles 结构除了用于保存 figure 以及控件的句柄外,还可以用于保存要传递的数据,以实现在不同控件之间的数据传递。

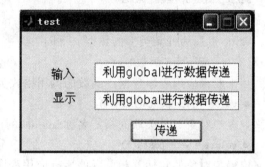

图 7.2-1 将变量定义为 global 进行数据传递

有关句柄结构的知识,请见"技巧 71:在 MATLAB 程序中使用句柄结构"。

【例 7.2-2】 结合例 7.2-1,使用 handles 结构来传递数据。

① 在 edit1 的 Callback 中加入如下代码:

```
% 取得 edit1 中输入的数据
edit1_value = get(hObject,'string');
% 把数据保存到 handles 结构中
handles.edit1_value = edit1_value;
% 必须更新 handles 结构
guidata(hObject,handles);
```

② 在 pushbutton1 的 Callback 中加入如下代码:

```
% 取得 edit1_value 的数据
edit1_value = handles.edit1_value;
% 在 edit2 中显示
set(handles.edit2,'string',edit1_value);
```

程序运行的结果如图 7.2-2 所示。

【注】 用户在编程中常见的问题是:在 handles 结构中存储了新的变量后,没有调用 guidata 函数来对 handles 结构进行更新,导致在其他的函数中访问该变量时出现形如"引用了不存在的字段 'var'"的错误。因此,必须再次调用 guidata 函数以完成数据保存。

3. 利用 setappdata 和 getappdata 函数进行数据传递

在 MATLAB 中，应用程序数据（application data）允许用户为某一图形对象设置用户自定义的属性，这个对象通常是应用程序的 figure 对象，当然也可以是其他的对象。因此，可以利用应用程序数据在不同控件之间传递数据。

对应用程序数据进行操作的函数有：

(1) setappdata 函数

用来指定应用程序数据的名称和数值。

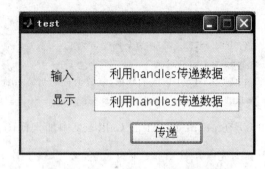

图 7.2 - 2 利用 handles 结构传递数据

函数的调用格式为：

setappdata(h,'name',value)

其中，h 为 figure 或 figure 内任一控件的句柄；name 和 value 分别为应用程序数据的名称和数值。value 可以为任意类型的数据。下同。

(2) getappdata 函数

用来取得应用程序数据。函数的调用格式为：

- **value = getappdata(h,name)**

用来取得与对象 h 相关联的指定名称（name）的应用程序数据。

- **values = getappdata(h)**

用来取得与对象的句柄 h 相关联的所有应用程序的数据。

(3) rmappdata 函数

用来删除应用程序数据。函数的调用格式为：

rmappdata(h,name)

【例 7.2 - 3】 结合例 7.2 - 1，利用 setappdata 和 getappdata 来传递数据。

① 在 edit1 的 Callback 中加入如下代码：

```
% 取得 edit1 中输入的数据
edit1_value = get(hObject,'string');
% 设置应用程序数据名称为 mydata，数值为 edit1_value 的数值
setappdata(handles.figure1,'mydata',edit1_value);
```

② 在 pushbutton1 的 Callback 中加入如下代码：

```
% 取得 mydata 的数据
edit1_value = getappdata(handles.figure1,'mydata');
% 在 edit2 中显示
set(handles.edit2,'string',edit1_value);
```

程序运行的结果如图 7.2 - 3 所示。

4. 利用 figure 或控件的 UserData 属性来传递数据

每个 figure 和控件对象都有一个 UserData 属性，用户可以在程序中设定其属性值，从而实现不同控件之间数据的传递。

【例 7.2 - 4】 结合例 7.2 - 1，利用 UserData 属性来传递数据。

① 在 edit1 的 Callback 中加入如下代码：

```
% 取得 edit1 中输入的数据
edit1_value = get(hObject,'string');
% 设置 figure1 的 UserData 属性值为 edit1_value 的值
set(handles.figure1,'UserData',edit1_value);
```

② 在 pushbutton1 的 Callback 中加入如下代码：

```
% 取得 figure1 的 UserData 属性值
edit1_value = get(handles.figure1,'UserData');
% 在 edit2 中显示
set(handles.edit2,'string',edit1_value);
```

程序运行的结果如图 7.2-4 所示。

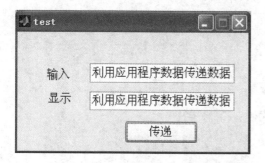
图 7.2-3 利用 setappdata 和 getappdata 传递数据

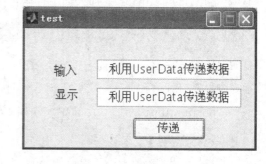
图 7.2-4 利用 figure 的 UserData 属性传递数据

【注】 利用 setappdata 函数，用户每次可以设置多个要传递的数据；利用 figure 和控件对象的 UserData 属性，用户每次只能设置一个要传递的数据。

5. 利用 save 和 load 函数来传递数据

MATLAB 提供了 save 函数，用来把数据写入二进制的 MAT 文件中；提供了 load 函数用来读取 MAT 文件中的数据。利用这两个函数也可以实现数据的传递。两个函数的调用格式为：

- **save('filename','var1','var2',...)**

其中，filename 为 MAT 文件名；var1，var2，…为要保存的变量。

- **S = load(filename)**

其中，S 是一个结构体，其字段的名称为保存的变量的名称，如 a、b、c 等，字段的值为对应变量的值。

【例 7.2-5】 save 和 load 应用举例。

```
% 在命令窗口中对 save 和 load 进行操作
>> a = 10;
>> b = 20;
>> c = 30;
% 保存 a、b、c 变量到 matlab.mat 文件中
>> save matlab.mat
>> s = load('matlab.mat');
>> whos s
```

```
    Name        Size           Bytes    Class      Attributes
    s           1x1             396     struct
>> s.a
ans =
    10
>> s.b
ans =
    20
>> s.c
ans =
    30
```

【例 7.2-6】 以 test 为例，利用 save 和 load 函数来传递数据。

① 在 edit1 的 Callback 中加入如下代码：

```
% 取得 edit1 中输入的数据
edit1_value = get(hObject,'string');
% 保存数据到 myfile.mat 文件中
save('myfile.mat','edit1_value');
```

② 在 pushbutton1 的 Callback 中加入如下代码：

```
% 读取 myfile.mat 中保存的数据
S = load('myfile.mat');
% 在 edit2 中显示
set(handles.edit2,'string',S.edit1_value);
```

程序运行的结果如图 7.2-5 所示。

图 7.2-5　利用 save 和 load 进行数据传递

7.3　技巧 75：不同 MATLAB 程序之间的数据传递

7.3.1　技巧用途

不同 MATLAB 程序之间的互相调用和数据传递是程序设计中经常遇到的问题。例如，在一个程序的界面中单击某按钮，弹出一对话框，要求用户输入数据，并把数据传递给另一个程序进行处理。这就涉及不同程序之间的数据传递问题。

对于脚本 M 文件,由于程序中的所有变量都存在于基本工作空间中,所以变量可以直接在脚本 M 文件中调用。对于函数 M 文件,由于所有变量都仅存在于各自的函数工作空间中,而各工作空间是相互独立的,因此实现各工作空间数据的相互访问需要特别的技巧。

7.3.2 技巧实现

不同 MATLAB 程序之间数据的传递有多种方法,以下结合示例程序逐一介绍。

1. 利用全局(global)变量进行数据传递

这也是一种最简单的方法。但是,如果要传递的数据太多,对数据的管理会变得复杂。

【例 7.3 - 1】 建立两个程序 test1 和 test2。程序界面上各有编辑和下压按钮两个控件,用来传递和显示数据。程序界面如图 7.3 - 1 和图 7.3 - 2 所示。

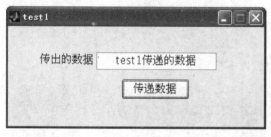
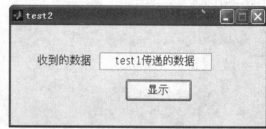

图 7.3 - 1 test1 界面　　　　　　　图 7.3 - 2 test2 界面

数据传递的方法如下:

① 在 test1 的 pushbutton1 的 Callback 中加入以下代码:

```
% 定义 transfData 为 global 类型
global transfData
% 取得 edit1 的输入值并赋值给 transfData
transfData = get(handles.edit1,'string');
% 调用 test2
test2();
```

② 在 test2 的 pushbutton1 的 Callback 中加入以下代码:

```
% 先声明 transfData 为 global 类型,这一步是必需的
global transfData
% 引用 transfData 的值
if ~isempty(transfData)
set(handles.edit1,'string',transfData);
end
```

在 test1 界面的文本框中输入数据后,单击"传递"按钮,则弹出 test2 的界面。单击"显示"按钮,在 test2 界面上的文本框中显示从 test1 传递过来的数据。

2. 利用程序的输入/输出参数传递数据

对于每一个函数 M 文件来说,它可以包含输入和输出参数;同时,利用 GUIDE 创建的每一个程序的 M 文件其实也是一个函数 M 文件。因此,在程序中可以像调用一般的函数一样调用程序的 M 文件,并在输入和输出参数中完成数据的传递。

【例 7.3-2】 以 test1 和 test2 为例，利用程序的输入/输出参数在 test1 和 test2 之间传递数据。

① 在 test1 的 pushbutton1 的 Callback 中加入以下代码：

```
% 取得 test1 的编辑框中的输入数据
value = get(handles.edit1,'string');
% 调用 test2,并将数据传给 test2
test2(value);
```

② 在 test2 的 OpeningFcn 函数中加入如下代码：

```
% 取得输入参数的值,输入的数据保存在 varargin 中的第一个元胞中
varin = varargin{1};
handles.data = varin;
% 保存到 handles 结构中,供其他回调函数调用
guidata(hObject,handles)
```

③ 在 test2 的 pushbutton1 的 Callback 中加入以下代码：

```
% 从 handles 结构中取得保存的数据
value = handles.data;
% 在编辑框中显示
set(handles.edit1,'string',value);
```

运行程序 test1,在文本框中输入 123,单击"传递数据"按钮,MATLAB 给出如下的警告信息：

```
警告: STR2FUNC "123" 的输入不是有效的函数名称。在未来的版本中,这将生成错误。
> In test2 at 36
  In test1 > pushbutton1_Callback at 141
  In gui_mainfcn at 95
  In test1 at 42
  In @(hObject,eventdata)test1('pushbutton1_Callback',
     hObject,eventdata,guidata(hObject))
```

为何出现该警告信息呢？我们注意到,在程序 test2 的开始有下面的代码：

```
if nargin && ischar(varargin{1})
    gui_State.gui_Callback = str2func(varargin{1});
end
```

代码的含义是,如果函数有输入参数,并且第一个输入参数为字符串,则 MATLAB 默认第一个参数是该 GUI 的回调函数；"123"显然不是 GUI 的回调函数,所以程序给出警告信息,在未来的版本将生成错误。

为避免出现以上警告信息,将程序代码修改如下：

① 在 test1 的 pushbutton1 的 Callback 中加入以下代码：

```
% 取得 test1 的编辑框中的输入数据
value.a = get(handles.edit1,'string');
% 调用 test2,并将数据传给 test2
test2(value);
```

② 在 test2 的 OpeningFcn 函数中加入如下代码：

```
% 取得输入参数的值,输入的数据保存在 varargin 中的第一个元胞中
varin = varargin{1};
handles.data = varin;
% 保存到 handles 结构中,供其他回调函数调用
guidata(hObject,handles)
```

③ 在 test2 的 pushbutton1 的 Callback 中加入以下代码：

```
% 从 handles 结构中取得保存的数据
value = handles.data;
% 在编辑框中显示
set(handles.edit1,'string',value.a);
```

即将要传递的字符串数据保存到结构体中，如 value 结构体的字段 a 中，然后将结构体 value 作为参数传递给程序 test2，则程序正常运行，不会出现警告信息。

【注】 在利用函数的输入/输出参数传递数据时，如果传递的是字符串，则不能直接将字符串作为函数的输入参数，否则 MATLAB 会给出警告信息；如果传递的不是字符串，则程序正常运行，不会给出警告信息。

3. 利用 setappdata 和 getappdata 函数实现数据的传递

这两个函数的使用方法见 7.2 节。利用这两个函数，也可以方便地在不同的图形用户界面程序之间传递数据。实现的方法如下：

① 在程序 1 中需要传递数据的地方调用 setappdata 函数，设置与应用程序 1 相关联的数据。

② 在程序 2 中调用 getappdata 函数获取与应用程序 1 相关联的数据。

【例 7.3-3】 利用 setappdata 和 getappdata 函数来传递数据。

① 在 test1 的 pushbutton1 的 Callback 中加入以下代码：

```
% 取得 test1 的编辑框中输入的数据
transferdata = get(handles.edit1,'string');
% 调用 setappdata 来设置与 test1 的 figure 相关联的应用程序数据,名称为
% mydata,数值为 transferdata 中存储的数据
setappdata(handles.figure1,'mydata',transferdata);
% 调用 test2,并把 test1 的 figure 的句柄传递给 test2
test2(handles.figure1);
```

② 在 test2 的 OpenningFcn 函数中保存传递过来的 test1 的 figure 的句柄，代码如下：

```
varin2 = varargin{1};
% 向 handles 结构中添加域 test1figure,其值为 test1 的 figure 的句柄
handles.test1figure = varin2;
guidata(hObject,handles)
```

③ 在 test2 的显示按钮的 Callback 中取得与 test1 相关联的数据 mydata，并在编辑框中显示，代码如下：

```
% 取得与 test1 相关联的应用程序数据 mydata
data = getappdata(handles.test1figure,'mydata');
% 在编辑框中显示
set(handles.edit1,'string',data);
```

4. 利用 save 和 load 函数实现数据的传递

利用 save 和 load 函数不仅可以实现同一个 GUI 内控件之间的数据传递,也可以实现不同 GUI 之间数据的传递,两者的实现方法是类似的。

▲【例 7.3-4】 利用 save 和 load 函数实现数据传递。

① 在 test1 的 pushbutton1 的 Callback 中加入以下代码：

```
value = get(handles.edit1,'string');
% 将 value 变量保存到 test1data.mat 文件中
save('test1data.mat','value');
test2();
```

② 在 test2 的 pushbutton1 的 Callback 中加入以下代码：

```
% 调用 load 函数读取文件中的数据
data = load('test1data.mat');
% 在编辑框中显示,注:data 是结构数组,data.value 为已存数据
set(handles.edit1,'string',data.value);
```

7.4 技巧 76：多个 MATLAB 程序之间数据的双向传递

7.4.1 技巧用途

7.3 节中"2. 利用程序的输入/输出参数传递数据"介绍的方法是从主程序向被调用的子程序传递数据。主程序调用子程序,并把要传递的数据以输入参数的形式传递给子程序,这时子程序不等用户进行任何操作便返回,默认情况下是把子程序的 figure 的句柄当作函数的返回值。

如果主程序调用子程序,需要用户在子程序中对数据进行处理,并把结果返回给主程序,则上面介绍的数据传递方式就不能满足要求,必须采取另外的方法。

7.4.2 技巧实现

解决该问题的方法是:在主程序调用子程序后,子程序不是立即返回,而是等到用户操作完毕,把处理结果赋值给输出参数后才返回。可以利用 MATLAB 提供的两个函数 uiwait 和 uiresume 来实现这一功能。实现的步骤如下：

① 在子程序的 OpeningFcn 函数的末尾加上

```
uiwait(handles.figure1);
```

其中,figure1 是子程序的 figure 对象的 Tag 标记。程序运行到此便暂停,等待用户操作完成。

② 在子程序的 OutputFcn 中设置要传递出去的数据。例如：

```
varargout{1} = par1;
varargout{2} = par2;
……
```

其中,par1,par2,…… 包含要传递给主程序的数据。在 OutputFcn 函数的最后,调用 delete(handles.figure1)来关闭子程序界面并删除其 figure 对象。

③ 用户操作完毕,需要子程序返回时,调用

```
uiresume(handles.figure1);
```

这时,程序会继续向下运行,调用 OutputFcn 函数,把数据传给主程序。

【例 7.4-1】 uiwait 和 uiresume 联合使用完成数据传递。

创建两个程序 gui1 和 gui2,界面上分别有两个控件:按钮和编辑框。在 gui1 的编辑框中输入数据,单击"gui1→gui2"按钮,程序调用 gui2,把数据传递给 gui2,并显示在 gui2 的编辑框中;同样,在 gui2 的编辑框中输入数据,单击"gui2→gui1"按钮,则把 gui2 的编辑框中的数据传递给 gui1,并显示在 gui1 的编辑框中。程序的运行界面如图 7.4-1 和图 7.4-2 所示。

图 7.4-1 主 GUI

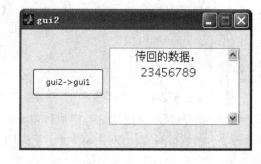
图 7.4-2 子 GUI

① 在 gui 的按钮的 Callback 中加入如下代码:

```
% 取得编辑框中的数据
data = get(handles.edit1,'string');
% 调用 gui2,传入数据 data,返回数据保存到 gui2_data 变量中
gui2_data = gui2(data);
% 在 gui1 的编辑框中显示返回的数据
set(handles.edit1,'string',gui2_data);
```

② 在 gui2 的 OpeningFcn 中加入初始化代码,保存输入参数,并调用 uiwait 函数暂停程序的执行,等待用户操作完成。

```
% 判断是否有输入数据,防止误操作
if ~isempty(varargin)
% 取得输入数据,并显示到编辑框中
    data = varargin{1};
    set(handles.edit1,'string',data);
end
uiwait(handles.figure1);
```

③ 在 gui2 的按钮的 Callback 中加入如下代码,取得编辑框中的数据并保存到 handels 结

构中：

```
data = get(handles.edit1,'string');
handles.gui2_data = data;
guidata(hObject,handles);
% 调用 uiresume 重新恢复程序的运行
uiresume(handles.figure1);
```

④ 在 gui2 的 OutputFcn 中加入代码，设置输出参数：

```
varargout{1} = handles.gui2_data;
delete(handles.figure1);
```

【注】 上面的示例代码是在两个程序之间传递一个数据，如果用户要传递多个数据，可以定义一个结构数组(struct array)，把要传递的数据赋值给结构体中的各个字段，即可实现多个数据的传递。

7.5 技巧77：在一个程序中操作另一个程序中的控件或对象

7.5.1 技巧用途

对同一个 MATLAB 程序中的不同控件来说，在一个控件的回调函数中操作另一个控件是很容易做到的，因为控件的句柄值可以在各控件的回调函数之间共享，利用该句柄值并通过 set 和 get 函数即可操作控件。但对于不同的 MATLAB 程序来说，实现控件的相互操作要稍微复杂一些，问题的关键是如何在一个 MATLAB 程序中取得另一个 MATLAB 程序中的控件的句柄。

当用户需要在一个程序的窗口中输入数据进行科学计算，而要把计算结果在另外的界面中进行显示时，就需要在这个程序中操作另一个程序中的控件。

7.5.2 技巧实现

实现不同程序之间控件的互相操作，首先需要取得控件的句柄。可以通过如下方法实现：

1. 对于由 GUIDE 生成的 MATLAB 程序

对于由 GUIDE 生成的程序，MATLAB 会自动创建并维护一个句柄结构——handles。handles 结构保存着程序中所有控件的句柄。结合不同 MATLAB 程序之间数据传递的方法，并利用 guidata 函数来取得与特定的程序相关联的句柄结构，利用句柄结构中所包含的控件的句柄，调用 set 和 get 函数就可以实现对控件的操作。

【例 7.5-1】 利用 GUIDE 生成 gui1 和 gui2 两个程序，分别包含两个控件：坐标轴控件和下压按钮控件。

① 在 gui1 的 pushbutton1 的 Callback 中加入如下代码：

```
% 把 gui1 的 figure 的句柄当作输入参数传递给 gui2,gui2 默认返回的是其 figure 的句柄
hgui2 = gui2(handles.figure1);
% 通过 gui2 的 figure 的句柄,利用 guidata 函数得到其句柄结构
```

```
gui2_handles = guidata(hgui2);
x = 0:pi/50:2 * pi;
y = sin(x);
% 指定当前的绘图坐标轴为 mygui6 的 axes1 坐标轴,并绘制曲线
axes(gui2_handles.axes1);
plot(x,y,' * r');
```

② 在 gui2 的 OpeningFcn 函数中加入如下代码:

```
hgui1 = varargin{1};
% 取得 gui1 的句柄结构
gui1_handles = guidata(hgui1);
% 将 gui1 的句柄结构保存到 gui2 的 handles 结构中
handles.gui1_handles = gui1_handles;
guidata(hObject,handles);
```

③ 在 gui2 的 pushbutton1 的 Callback 中加入以下代码:

```
% 取得 gui1 的 handles 结构
gui1_handles = handles.gui1_handles;
x = 0:pi/50:2 * pi;
y = cos(x);
% 指定绘图坐标轴为 gui1 的 axes1 坐标轴,并绘制曲线
axes(gui1_handles.axes1);
plot(x,y,' * b');
```

运行 gui1,单击"plot in gui2"按钮,程序调用并显示 gui2,并在 gui2 的坐标轴中绘制正弦曲线;单击 gui2 的"plot in gui1"按钮,则在 gui1 的坐标轴中绘制余弦曲线。程序运行效果如图 7.5 - 1 和图 7.5 - 2 所示。

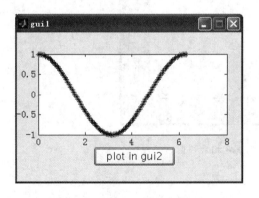

图 7.5 - 1 gui1 的运行效果图

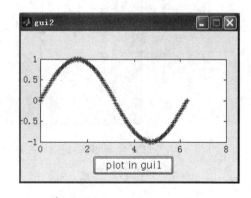

图 7.5 - 2 gui2 的运行效果图

2. 对于非 GUIDE 生成的程序

如果程序不是利用 GUIDE 来创建的,MATLAB 不会自动创建句柄结构。这时可以利用 7.1 节介绍的方法由用户编程来生成句柄结构,并利用本节介绍的方法来实现控件的相互操作。

此外,MATLAB 提供了 findobj 和 findall 两个函数,可以通过对象的一些属性来得到相应对象的句柄。findall 和 findobj 的唯一区别是:findobj 函数查找不到属性 HandleVisibility

为 off 的对象,而 findall 则可以查找所有的对象。

【例 7.5-2】 编写程序实现在 program1 中取得 program2 中的坐标轴中曲线的数据。

① program2 的代码如下:

```
function program2
figure('numbertitle','off','name','program2');
x = 0:pi/20:2*pi;
y1 = sin(x);
y2 = cos(x);
% 绘制正弦曲线,曲线为红色,Marker 为 *
plot(x,y1,'*r');
hold on
% 绘制余弦曲线,曲线为蓝色,Marker 为 +
plot(x,y2,'+b');
end
```

program2 的界面如图 7.5-3 所示。

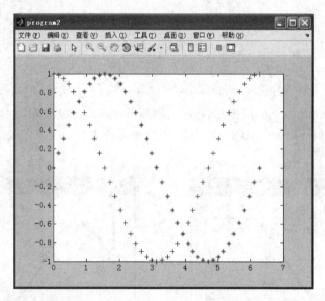

图 7.5-3 在界面上绘制正弦和余弦曲线

② program1 的代码如下:

```
clc;clear;
program2;
% 查找指定的图形对象(正弦曲线)
hline = findobj(gca,'Type','line','Marker','*','Color','r');
if ishandle(hline)
    % 得到图形对象的数据
    xdata = get(hline,'xdata');
    ydata = get(hline,'ydata');
end
```

```
% 利用得到的数据在新的窗口中绘图
figure;
plot(xdata,ydata);
```

在程序 program1 中,首先调用 program2,显示 program2 的界面,然后调用 findobj 得到正弦曲线对象的句柄,从而得到图形的数据,并在新的窗口中显示,如图 7.5－4 所示。

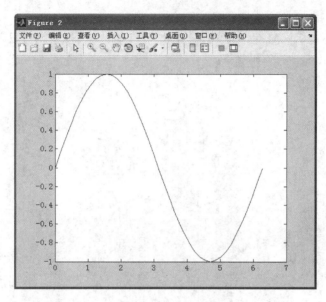

图 7.5－4 取得界面上正弦曲线的数据并绘图

7.6 技巧 78：在界面上动态创建控件

7.6.1 技巧用途

在利用 MATLAB 创建图形用户界面程序时,可以将所有控件放到界面上,运行程序后,所有控件都在界面上显示,用户可以在其中执行输入输出等操作。

此外,有时用户需要输入的数据个数可能是不确定的,这样就很难在界面上事先创建输入控件。这时,用户可以根据具体情况在界面上动态生成一些控件,如编辑控件等,来输入程序需要的各种参数。这就需要掌握动态 GUI 创建的相关知识。

7.6.2 技巧实现

这种情况最好结合 GUIDE 开发环境和纯代码创建控件来实现。实现方法如下：

① 利用 GUIDE 生成程序的初始界面。界面上的所有控件都放在一个 Panel 控件中。为什么要这样做呢？因为界面上所有控件的位置(position)都是以 figure 的左下角为基准点确定的。当动态创建控件时,需要调整 figure 的大小来容纳新创建的控件,这样势必又会引起已存在的控件在 figure 上位置的改变,所以必须对所有控件的位置进行调整。如果控件是各自独立地放在 figure 上的,则需要对这些控件编程来调整位置,这样势必又会增加代码的复杂度。为了降低代码的复杂度,便于编程,事先把所有控件放在一个面板上,当调整 figure 的大

小时,只要调整面板在 figure 上的位置,则面板上控件的位置将随之调整。

② 当在 figure 上创建了新的控件后,可以调用 guihandles 函数来重新生成与 figure 句柄相关联的句柄结构,并覆盖原先的 handles 结构。这样,新创建的控件的句柄就添加到程序的句柄结构中,就可以在其他控件的回调函数中来对这些控件进行操作了。

必要时,可以定义这些控件的回调函数。

▲【例 7.6 - 1】 动态创建控件。

用 GUIDE 创建初始界面;程序运行时,单击"产生输入框"按钮就可以创建指定数目的编辑控件。按钮的 Callback 的代码如下:

```
% 取得 Figure 的位置
posFigure = get(handles.figure1,'position');
% 取得 panel1 的位置
posPanel1 = get(handles.uipanel1,'position');
% 调整 Figure 的位置
set(handles.figure1,...
    'position',[posFigure(1) posFigure(2)/2...
 posFigure(3) 2 * posFigure(4)]);
% 调整 panel1 的位置
set(handles.uipanel1,...
    'position',[posPanel1(1) 0.5...
 posPanel1(3) posPanel1(4)/2]);
% 生成新的 panel1
uipanel2 = uipanel('parent',handles.figure1,...
    'tag','uipane2','position',[0.05 0.01...
 posPanel1(3) posPanel1(4)/2]);
row = str2double(get(handles.edit1,'string'));
column = str2double(get(handles.edit2,'string'));
for ii = 1:row
    for jj = 1:column
        uicontrol(uipanel2,'style','edit',...
            'tag',['edit',num2str(2 + ii * jj)],...
            'units','normalized',...
            'position',[0.15 + (ii - 1) * 0.4 0.1 + (jj - 1) * 0.3...
 0.3 0.2 ],...
            'backgroundcolor',[0 1 0],...
            'enable','on',...
            'string',num2str(ii * jj));
    end
end
% 重新生成 handles 结构
handles = guihandles(handles.figure1);
% 更新 handles 结构
guidata(hObject,handles);
```

程序运行的效果如图 7.6 - 1 所示。

【注】 在动态生成控件时,需要设置控件的 Tag 属性。这样控件创建后,再调用 guihandles 创建句柄结构,控件的句柄就包含在句柄结构中了。

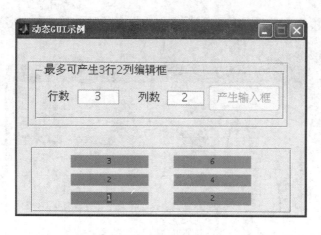

图 7.6-1 动态创建控件

以上仅以简单的示例程序说明了创建动态 GUI 的基本方法，用户可根据自己的需要在实际应用中深入学习、体会。

7.7 技巧 79：屏幕上的点在不同坐标轴中的坐标变换

7.7.1 技巧用途

MATLAB 提供的绘图函数，其绘图区域都是在单一的坐标轴区域之内的。但有时，用户需要在两个坐标轴中的图像上选点，然后在两点之间连线，以表示图像的匹配点问题。例如，界面上有两个坐标轴，在每个坐标轴中选取一点，然后两点之间用直线连接。由于 MATLAB 在绘图时必须指定坐标轴，然后再调用 plot 或 line 函数在同一坐标轴下绘制图形，因此，必须首先把这两点的坐标转换到同一坐标轴中。

7.7.2 技巧实现

要实现点的坐标在不同坐标轴中的转换，就需要了解 figure 的 Position 属性与其他用户界面控件的 Position 属性之间的关系。

figure 的 Position 属性用来决定界面窗口在计算机屏幕上显示的位置和大小，figure 窗口位置的基准点是计算机屏幕的左下角；而坐标轴等控件的 Position 属性则用来决定坐标轴等控件在 figure 窗口中的位置和大小。坐标轴等控件的位置基准点在 figure 窗口的左下角，如图 7.7-1 所示。

figure 对象和坐标轴对象都有一个 CurrentPoint 属性。该属性的值是由 MATLAB 自动维护的，当用户单击界面窗口时，MATLAB 自动把鼠标指针所在点的坐标值设置为 CurrentPoint 的值。用户可以使用 get 命令来取得 CurrentPoint 属性的值。

① 取得点在 figure 窗口中的坐标值：

```
posfig = get(gcf,'CurrentPoint');
```

② 取得点在坐标轴中的坐标值(点在坐标轴中的坐标是以坐标轴的原点为起点的)：

```
posAxes = get(gca,'CurrentPoint');
```

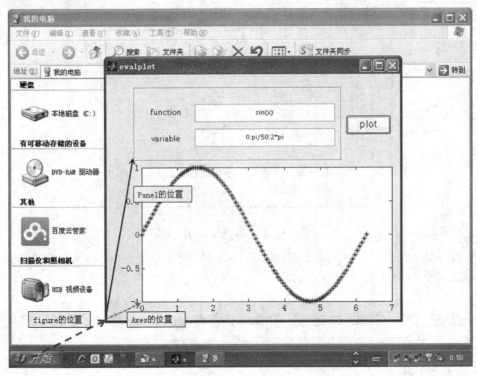

图 7.7-1 figure 及其用户界面控件位置示意图

如何把点在 figure 中的坐标值转换为在坐标轴中的坐标值呢？根据向量的加减法运算即可得到。

【例 7.7-1】 将点在 figure 中的位置转换为在坐标轴中的位置。

程序如下：

```
% 取得屏幕上的点在 figure 窗口中的坐标
cp = get(gcf,'CurrentPoint');
% 取得屏幕上的点在坐标轴中的坐标
pos = get(gca,'position');
% 取得坐标轴 x、y 轴的范围
v = axis;
% 求屏幕上的点在坐标轴中的 x 坐标
x1 = v(1) + (cp(1) - pos(1)) * (v(2) - v(1))/pos(3);
% 求屏幕上的点在坐标轴中的 y 坐标
y1 = v(3) + (cp(2) - pos(2)) * (v(4) - v(3))/pos(4);
```

如果界面上有两个坐标轴 axes1 和 axes2，想在两个坐标轴中的点之间绘制直线，可以建立第三个坐标轴 axes3，然后根据上面的方法把 axes1 和 axes2 中的点的坐标转换到 axes3 中，最后调用 plot 或 line 命令在 axes3 中绘制直线。

【例 7.7-2】 点在不同坐标轴之间的转换。

①创建图形用户界面程序 plot_between_different_axes，在界面上创建 3 个坐标轴，其中 axes1 和 axes2 用来绘制图形，axes3 用来连接前 2 个坐标轴中选定的点。

为便于坐标转换，界面窗口及各坐标轴的 Units 属性值均设为 pixels。程序如下：

```
function varargout = plot_between_different_axes(varargin)
% 创建 figure 对象
s.fh = figure('tag','figure1',...
    'name','plot between axes',...
    'numbertitle','off',...
    'units','pixels',...
    'position',[400,200,500,400]);
% 创建坐标轴 1
s.axes1 = axes('parent',s.fh,...
    'tag','axes1',...
    'units','pixels',...
    'position',[100,220,250,150]);
% 创建坐标轴 2
s.axes2 = axes('parent',s.fh,...
    'tag','axes2',...
    'units','pixels',...
    'position',[100,20,250,150]);
% 创建坐标轴 3
s.axes3 = axes('parent',s.fh,...
    'tag','axes3',...
    'units','pixels',...
    'position',[80,10,300,350],...
    'visible','off');
x = 0:pi/50:2*pi;
y1 = sin(x);
y2 = cos(x);
% 在坐标轴 1 中绘制正弦曲线
axes(s.axes1);
plot(x,y1);
axis([0 7 -1 1]);
% 在坐标轴 2 中绘制余弦曲线
axes(s.axes2);
plot(x,y2);
axis([0 7 -1 1]);
clear global
% 定义全局变量,用来保存绘图标志以及选取的点的坐标
global num x y
num = 0;
x = [];
y = [];
% 设置 figure 的 WindowButtonDownFcn 属性
set(s.fh,'WindowButtonDownFcn',{@windowbuttondownfunc,s});
varargout{1} = s.fh;
```

② 定义 figure 的 WindowButtonDownFcn 函数,程序如下:

```
function windowbuttondownfunc(hobj,event,s)
global num axes3x axes3y
% 鼠标左键选点有效
if strcmp(get(gcf,'selectiontype'),'normal')
```

```
        num = num + 1;
        % 取得当前选取的点在 figure 中的坐标值
        cp = get(gcf,'CurrentPoint');
        % 取得坐标轴 3 的位置和大小
        pos = get(s.axes3,'position');
        v = axis(s.axes3);
        % 将点 x 的坐标转换到 axes3 中
        x1 = v(1) + (cp(1) - pos(1)) * (v(2) - v(1))/pos(3);
        % 将点 y 的坐标转换到 axes3 中
        y1 = v(3) + (cp(2) - pos(2)) * (v(4) - v(3))/pos(4);
        axes3x = [axes3x x1];
        axes3y = [axes3y y1];
        % 如果选取了两个点,则在两点之间绘制直线
        if num == 2
            axes(s.axes3);
            plot(axes3x,axes3y,'r','marker','*');
            axis(v);
            axis off
            axes3x = [];
            axes3y = [];
            num = 0;
        end
end
```

当单击不同坐标轴时,捕获鼠标单击位置在 figure 中的坐标。利用 figure 与坐标轴的位置关系,把在不同坐标轴下选取的点的位置转换为在第 3 个坐标轴下的位置,然后在两点之间绘制直线。程序运行的结果如图 7.7-2 所示。

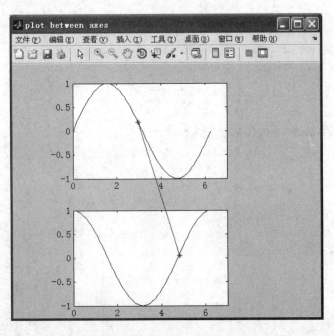

图 7.7-2　不同坐标轴的两点之间连线

7.8 技巧80：给放大的图像加上滚动条以方便浏览

7.8.1 技巧用途

在界面上显示图像时，如果对图像进行放大，受界面窗口大小的限制，只能在界面上显示图像的一部分，通过工具条上的"平移"按钮对图像进行移动查看。如果给放大的图像加上滚动条，则浏览起来就更方便。

本技巧主要介绍 MATLAB 提供的用户图像滚动浏览的 imscrollpanel 函数的使用方法。

7.8.2 技巧实现

MATLAB 的图像处理工具箱提供了 imscrollpanel 函数，其功能为当图像的尺寸超出窗口的尺寸时，就自动添加滚动条，便于用户浏览。

在 MATLAB 的命令窗口中输入如下命令，即可查看该函数所在的路径：

```
>> which imscrollpanel
D:\Program Files\MATLAB\R2014a\toolbox\images\imuitools\imscrollpanel.m
```

imscrollpanel 函数的调用格式为：

hpanel = imscrollpanel(hparent, himage)

其中，hparent 为包含 scroll panel 的 figure 或 uipanel 的句柄；himage 为要显示的图像的句柄。

以下例子说明了如何在 MATLAB 程序中调用 imscrollpanel 函数对放大的图像进行滚动浏览。

▲【例 7.8-1】 创建名称为 use_scrollpanel 的 MATLAB 程序，程序中只有 figure，不包含任何控件。figure 的 units 属性值为 normalized；resize 的属性值为 on。

在 use_scrollpanel 的 OpeningFcn 函数中加入如下代码：

```
im = imread('demo.jpg');
himage = imshow(im);
  % 创建 imscrollpanel 对象
hpanel = imscrollpanel(gcf,himage);
% 设置 imscrollpanel 的 units 属性以及位置和大小
set(hpanel,'Units','normalized','Position',[0 .1 1 .9]);
% 创建放大文本框
hMagBox = immagbox(gcf,himage);
pos = get(hMagBox,'Position');
% 设置放大框的位置为左下角
set(hMagBox,'Position',[0 0 pos(3) pos(4)]);
set(gcf,'toolbar','figure');
```

程序运行后的效果见图 7.8-1。当改变 figure 的大小或放大图片时，滚动条就会出现，以方便用户浏览图片。改变左下角放大框中的数值，可以改变图像放大或缩小的比例，如 200%、20%等。

图 7.8-1 程序运行界面

7.9 技巧 81：图像的定点放大和按任意形状裁剪

7.9.1 技巧用途

在进行图像处理时，可能需要对图像进行局部放大或者裁剪，以方便用户更加清晰地查看局部图像。本节介绍如何在 GUI 中实现图像的定点放大以及如何实现图像的任意形状裁剪。

7.9.2 技巧实现

1. 图像的定点放大

在 GUI 显示的图像中，直接单击图像上一点，图像就会以这一点为中心，截取给定长和宽的局部图形，并放大显示。

【例 7.9-1】 编写一个简单 GUI，实现如下功能：
① 加载图像；
② 实现对图像的定点放大（可以设定长和宽，也可以保持默认值）；
③ 还原图像；
④ 图像可以实现循环放大（不只是放大一次）。

本例使用 4.11 节中改进的 uigetfile_new 函数，可以记住路径，用法与 uigetfile 函数是一样的。程序中涉及鼠标单击事件，这里使用图像的 ButtonDownFcn 函数。有关图像的 ButtonDownFcn 回调函数的设置问题，请参考"技巧 43：坐标轴对象的 ButtonDownFcn 回调函数的调用"。

GUI 主界面如图 7.9-1 所示。

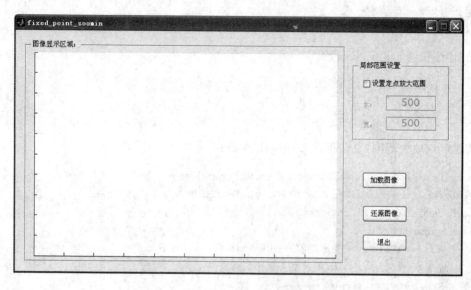

图 7.9-1 GUI 主界面

左边的 panel 面板中放置了一个显示图像的 axes 坐标轴,右边的 panel 面板中放置了是否要设定放大范围的 checkbox 复选框,以及 2 个静态文本框(static text)和 2 个 edit text,默认情况下是灰色的,不可编辑。选中复选框后其才变为可编辑,所以需要设置它的 enable 属性为 off。

"加载图像"按钮的 Callback 函数:

```
function pushbutton1_Callback(hObject, eventdata, handles)
% 设置全局变量,记录原始图像,以备还原图像
global data;
% 打开图像对话框
[filename,pathname,fiterindex] = uigetfile_new({'*.bmp';'*.jpg';},'选择数据源');
% 如果未选择图像,则返回
if isequal(pathname,0)
    return;
end
str = [pathname,filename];
% 读取图像数据 data = imread(str);
axes(handles.axes1);
% 显示图像
h = image(data);
% 设置图像的单击事件函数。myCallback 为自定义函数
set(h,'ButtonDownFcn',{@myCallback,handles});
```

"还原图像"按钮的 Callback 函数:

```
function pushbutton2_Callback(hObject, eventdata, handles)
global data;
axes(handles.axes1);
```

```matlab
% 显示原始图像
h = image(data);
% 重新定义单击事件函数
set(h,'ButtonDownFcn',{@myCallback,handles});
```

"退出"按钮的 Callback 函数：

```matlab
function pushbutton3_Callback(hObject, eventdata, handles)
close(gcf);
clear all;
```

"设置定点放大范围"复选框的 Callback 函数：

```matlab
function checkbox1_Callback(hObject, eventdata, handles)
% 获取面板 uipanel2 的所有子句柄，根据复选框的 value 值来设置 enable 属性
H = get(handles.uipanel2,'children');
for i = 1:length(H)
    if H(i) ~= hObject     % 复选框除外的其他子句柄
        if get(hObject,'value')   % 如果选中复选框
            set(H(i),'enable','on');
        else     % 如果未选中复选框
            set(H(i),'enable','off');
        end
    end
end
```

还有一个最关键的函数，即 mycallback。它实现了鼠标单击事件、选择中心点、图像放大等主要的功能。mycallback 函数也必须放在 GUI 的 M 文件中，其代码为：

```matlab
function myCallback(hObject, eventdata, handles)
% 获取待放大的图像数据
data = get(hObject,'CData');
% 获取中心点(x,y)
p = get(gca,'currentpoint');
x = p(1,1);
y = p(1,2);
[m,n,r] = size(data);
% 判断是否使用
if get(handles.checkbox1,'value')
    len = str2num(get(handles.edit1,'string'));   % 获取长
    width = str2num(get(handles.edit2,'string')); % 获取宽
else
    len = n/2;
    width = m/2;
end
if x - len/2 <= 0   % 如果超出左边界，则取边界值1
    x1 = 1;
else
    x1 = x - len/2;
```

```
end
if x + len/2 > n      % 如果超出右边界,则取边界值n
    x2 = n;
else
    x2 = x + len/2;
end
X = round([x1:x2]);
if y - width/2 <= 0    % 如果超出下边界,则取边界值1
    y1 = 1;
else
    y1 = y - width/2;
end
if y + width/2 > m    % 如果超出上边界,则取边界值m
    y2 = m;
else
    y2 = y + width/2;
end
Y = round([y1:y2]);
newdata = data(Y,X,:);   % 取出要放大的图像数据
axes(handles.axes1);
cla
h = image(newdata);   % 显示图像
set(h,'ButtonDownFcn',{@myCallback,handles});  % 给新的图像加上单击函数
```

图像放大前的效果如图7.9-2所示。

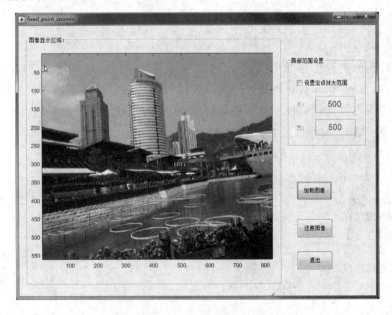

图 7.9-2　放大前的图像

单击图片中的某一区域,图像即围绕该点进行放大。放大后的效果如图7.9-3所示。可以连续单击图像中的某一区域,进行多次放大。放大之后,单击"还原图像",图像恢复到原来的大小,就可以再选择其他点进行放大了。

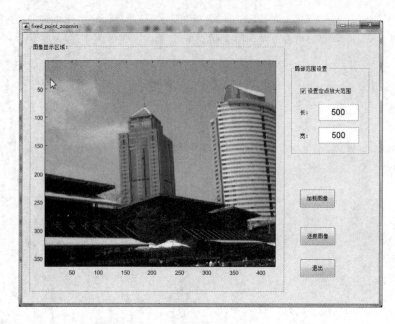

图 7.9-3　选择默认长和宽的放大图

2. 按任意形状裁剪图像

MATLAB 自带了一些图像裁剪的函数,如用于简单矩形裁剪的 imcrop 函数:

```
X = imread('rice.png');
figure;
imshow(X);
Y = imcrop();
figure;
imshow(Y);
```

如果需要对图像进行任意形状(如不规则的 N 边形)的裁剪,就不可能直接把这部分图像拎出来显示了,因为利用 imcrop 函数进行图像剪裁时,图像必须是矩阵形状的;但是可以将剪切线之外部分的颜色设置成某种背景颜色,这样就可以达到剪切的效果了。

▲【例 7.9-2】　图像按任意形状裁剪。

程序如下:

```
% 读取图像 X
X = imread('pic.jpg');
% 剪切后的图像保存为 Y
Y = X;
imshow(X)
% 剪切感兴趣的区域
BW = roipoly(X);
index = BW == 0;
% 将图像的 RGB 分别赋给三个变量
Y1 = Y(:,:,1);Y2 = Y(:,:,2);Y3 = Y(:,:,3);
% 将剪切图像其他部分的 RGB 设置成(255,255,255)白色
Y1(index) = 255;Y2(index) = 255;Y3(index) = 255;
% 得到剪切后的图像 Y
```

```
Y(:,:,1) = Y1;Y(:,:,2) = Y2;Y(:,:,3) = Y3;
% 显示图像
imshow(Y);
```

其中,roipoly 是用来获取剪切区域的一个函数,返回值 BW 是一个与图像矩阵等大的矩阵,其中剪切部分设置为 1,其他部分设置为 0。

图像中的剪切线如图 7.9 - 4 所示。在剪切线定好之后,双击剪切的图片就可以得到剪切图,如图 7.9 - 5 所示。

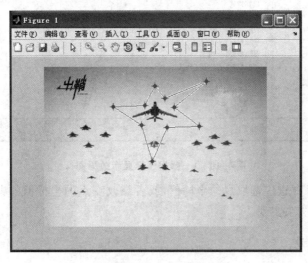

图 7.9 - 4　图片中的剪切线

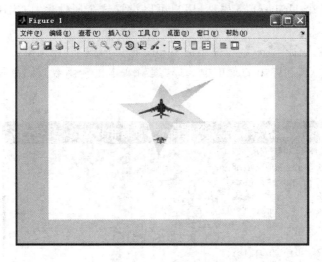

图 7.9 - 5　剪切后的图像

7.10　技巧 82:取得数据游标指示的数值以及改变其显示格式

7.10.1　技巧用途

MATLAB 图形窗口中的标准工具条中有个"数据游标"(data cursor)按钮。当用户单击该按钮,并单击坐标轴中的图形对象时,将显示图形中该点的坐标值,如图7.10-1所示。

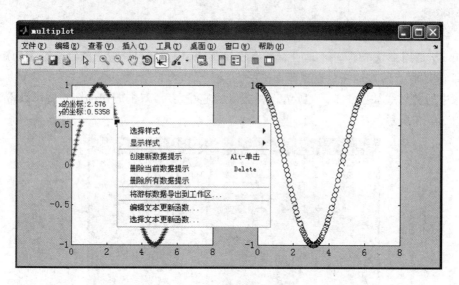

图 7.10-1 数据游标显示效果图

有时,用户需要保存这些选取点的坐标值,或者想改变点的坐标值的默认显示方式,则可以通过下面介绍的方法来实现。

7.10.2 技巧实现

figure 窗口上的"数据游标"按钮是和"数据游标模式"(data cursor mode)对象相关联的。数据游标模式对象有个 UpdateFcn 属性,用户可以设置这个属性值,以定制 figure 上的数值光标显示的内容。

在命令窗口中输入命令"gcf",在弹出的 figure 窗口内按下"数据游标"工具按钮,然后右击 figure 窗口内任一点,在弹出的菜单中选择"编辑文本更新函数",则会弹出回调编辑器窗口,如图7.10-2所示。

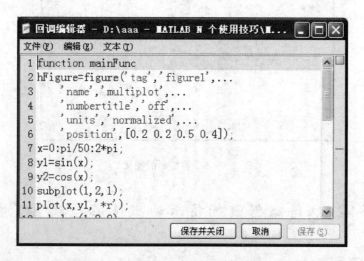

图 7.10-2 默认的 UpdateFcn 回调函数代码

编辑框中的代码就是 MATLAB 默认的数据游标的 UpdateFcn 回调函数的代码,用户只要在自己的程序中重新定义 UpdateFcn 函数即可。

【例 7.10 - 1】 重新定义数据游标的 UpdateFcn 回调函数。

```
function mainFunc
% 创建图形窗口
hFigure = figure('tag','figure1',...
    'name','multiplot',...
    'numbertitle','off',...
    'units','normalized',...
    'position',[0.2 0.2 0.5 0.4]);
% 创建两个坐标轴对象,在其中绘制图形
x = 0:pi/50:2 * pi;
y1 = sin(x);
y2 = cos(x);
subplot(1,2,1);
plot(x,y1,'*r');
subplot(1,2,2);
plot(x,y2,'ob');
% 创建 data cursor mode 对象
hCursor = datacursormode(hFigure);
% 设置 data cursor mode 对象的 UpdateFcn 属性为函数句柄
set(hCursor,'UpdateFcn',@myfunction);
% 定义全局变量 datapos,用来保存选择的点
global datapos;

% 定义文本更新函数 myfunction
% 定义 UpdateFcn 回调函数
function my_output = myfunction(obj,event_obj)
% 声明要引用全局变量 datapos
global datapos;
% 取得光标所在位置的点的坐标,pos 包含该点的 x 坐标和 y 坐标
pos = get(event_obj,'Position');
% 保存所选择的点的坐标,以备其他代码调用
datapos = [datapos;pos];
my_output = {'显示 x 和 y 的坐标值:',['x: ',num2str(pos(1),4)],['y: ',num2str(pos(2),4)]};
```

在示例中,Data Cursor Mode 对象的 UpdateFcn 回调函数属性定义为函数句柄的形式,函数名为 myfunction。该函数必须带有输出参数,默认的输出参数是 output_txt,用户可以自己定义返回参数的名称,如 my_output 等。

此外,程序中还定义了全局变量 datapos,用来储存数值光标所指示的坐标值,以便用户集中处理或保存。

程序运行的效果如图 7.10 - 3 所示。

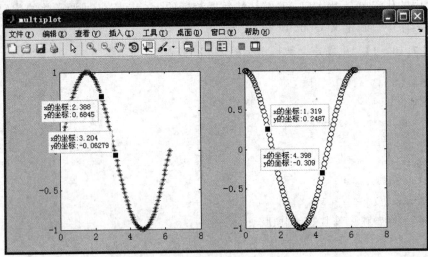

图 7.10-3　改变数值光标的显示格式

7.11　技巧 83：改变 GUI 左上角 logo 的方法

7.11.1　技巧用途

用 MATLAB 设计出的界面，默认状态下左上角的 logo（标志）总是 MATLAB 的图标，如图 7.11-1 所示。有时用户希望将左上角的 logo 更改为自己设计的其他图片，如单位 logo 等。这种更改在 MATLAB 中也是可以实现的。

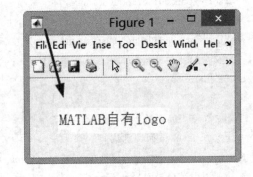

图 7.11-1　MATLAB 窗口的默认 logo

7.11.2　技巧实现

在 MATLAB 程序中，可以使用两种方法来改变窗口左上角的 logo。

1. 通过 JavaFrame 操作更改界面 logo

通过 figure 的 JavaFrame 属性可以设置一些窗口的属性信息，比如大小等。这里通过设置 JavaFrame 的相应属性完成窗口 logo 的修改，方法如下：

```
h = figure;
warning('off','MATLAB:HandleGraphics:ObsoletedProperty:JavaFrame');
newIcon = javax.swing.ImageIcon('logo.jpg');
javaFrame = get(h,'JavaFrame');
javaFrame.setFigureIcon(newIcon);
warning('on','MATLAB:HandleGraphics:ObsoletedProperty:JavaFrame');
```

程序运行的结果如图 7.11-2 所示。
程序中调用 warning 函数关闭了一个警告。警告的内容为：

Warning: figure JavaFrame property will be obsoleted in a future release. For more information see the JavaFrame resource on the MathWorks Web site.

因为 JavaFrame 属性在后续的 MATLAB 版本中有可能被删掉，MATLAB 已经公布了该信息，目的是为了提高软件的稳定性。因此，如果在未来的某个版本中，MATLAB 删掉了 JavaFrame，那么，这种方式将会产生错误。

2. 通过 mde 对象修改界面 logo

mde 是一种 Java 对象，通过 mde 对象的属性设置，可以完成上述需要的功能。方法如下：

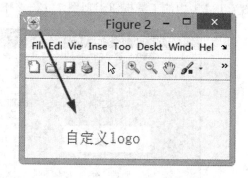

图 7.11-2　通过 JavaFrame 操作更改界面 logo

```
h = figure(1);
mde = com.mathworks.mde.desk.MLDesktop.getInstance;
javaFig = mde.getClient('Figure 1');
javaFig.setClientIcon(javax.swing.ImageIcon('logo.jpg'));
```

程序运行的结果与图 7.11-2 一致。

7.12　技巧 84：GUI 工具按钮与下拉菜单的组合

7.12.1　技巧用途

在 MATLAB 中，用户可以调用 uipushtool 和 uitoggletool 函数来方便地创建工具按钮。一般的工具按钮就是一个单一的下压按钮或双位按钮，单击按钮可以执行相应的动作，但有时工具按钮会和下拉菜单相结合，如图 7.12-1 所示。在 MATLAB 中实现这种功能需要一定的编程技巧。

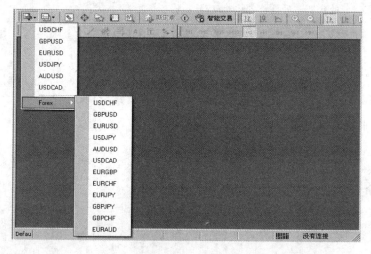

图 7.12-1　带有工具栏按钮下拉菜单的一个软件界面

7.12.2 技巧实现

图 7.12-1 中的工具按钮类似图 7.12-2 中的"刷亮/选择数据"工具按钮。

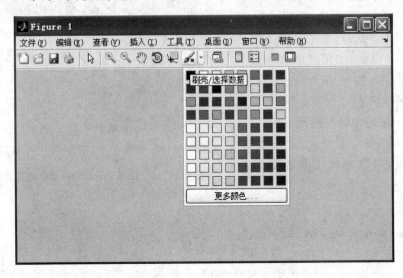

图 7.12-2　MATLAB 7.6 版标准工具栏

这个"刷亮/选择数据"按钮与其他的按钮不同,其右边有个黑色的倒三角形下拉按钮。使用下面的方法查看其属性:

```
figure
ht = findall(0,'type','uitoolbar');
hht = allchild(ht);
% 待查找句柄的 TooltipString
lb0 = '刷亮/选择数据';
for i = 1:length(hht)
    lb = get(hht(i),'TooltipString');
    if isequal(lb,lb0)
        disp([lb0,'的句柄序号是:',num2str(i)])
    end
end
```

命令窗口输出:

刷亮/选择数据的句柄序号是:6

再使用 get 来获取该按钮的属性:

```
>> get(hht(6))
    Callback = [ (1 by 1) function_handle array]
    ClickedCallback = putdowntext('brush',gcbo)
    ……
    TooltipString = 刷亮/选择数据
    ……
    Type = uitogglesplittool
    ……
```

从属性列表看出，这个按钮属于 uitogglesplittool 对象。它的属性与 uitoggletool 对象的属性类似，仅多了 Callback 属性，这个 Callback 属性是倒立的黑三角形下拉按钮的回调函数。uitogglesplittool 对象的使用在 help 里没有介绍，其调用格式为：

- **htt = uitogglesplittool('PropertyName1',value1,'PropertyName2',value2, …)**

在当前窗口的当前工具栏内创建一个 uitogglesplittool 对象，返回其句柄。

- **htt = uitogglesplittool (ht, …)**

在指定的 uitoolbar 上创建一个 uitogglesplittool 对象。

从上面的属性中看出这个 uitoggletool 对象有一个子句柄，这个子句柄就是它的一个下拉菜单：

```
>> get(get(hht(6),'children'))
    Accelerator =
    Callback =
    Checked = off
    Enable = on
    ForegroundColor = [0 0 0]
    Label = Building...
    Position = [1]
    Separator = off
    ……
    Type = uimenu
    UIContextMenu = []
    UserData = []
    Visible = on
```

从属性可以看出它的类型是 uimenu 对象，所以工具栏的下拉菜单是 uimenu 对象。下面通过实例来说明如何创建工具按钮的下拉菜单。

【例 7.12 - 2】 在 GUI 中创建一个 uitogglesplittool 对象，并且给它加上两级菜单，如表 7.12 - 1 所列。

表 7.12 - 1 两级菜单

第 1 级	第 2 级	功　能
画图	正弦曲线	画正弦曲线
	余弦曲线	画余弦曲线
退出		退出 GUI

GUI 上只需要放置一个 axes 控件。使用 uicontextmenu 来创建下拉菜单对象，菜单对象的菜单选项使用 uimenu 函数创建。

运行的 GUI 如图 7.12 - 3 所示。

因为需要 GUI 运行后就显示工具栏，所以应在初始化函数中创建工具按钮以及下拉菜单。初始化函数的代码为：

```
function example2_OpeningFcn(hObject, eventdata, handles, varargin)
……
% 创建工具栏
```

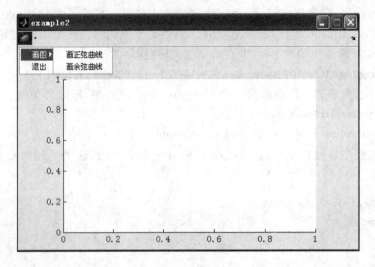

图 7.12-3 创建工具按钮下拉菜单的 GUI

```
ht = uitoolbar(gcf);
X = imread('football.jpg');
x = imresize(X,0.08);  % 将图像压缩成大概 20×20×3 的大小,以至整个图像能显示出来
%% 创建 uitogglesplittool 对象
htt = uitogglesplittool(ht,'CData',x,'TooltipString','正弦曲线|余弦曲线 ');
% 第一级菜单
hcmenu1 = uicontextmenu;
label1 = {'画图 ','退出 '};
item1(1) = uimenu(hcmenu1,'Label', label1{1}, 'Callback',{@mycallback,1,handles});
item1(2) = uimenu(hcmenu1,'Label', label1{2}, 'Callback',{@mycallback,2,handles});
set(item1,'parent',htt)   % 第一级菜单的父句柄是 uitogglesplittool 对象
% 第二级菜单
hcmenu2 = uicontextmenu;
label2 = {'画正弦曲线 ','画余弦曲线 '};
item2(1) = uimenu(hcmenu2,'Label', label2{1}, 'Callback',{@mycallback,3,handles});
item2(2) = uimenu(hcmenu2,'Label', label2{2}, 'Callback',{@mycallback,4,handles});
set(item2,'parent',item1(1))   % 第二级菜单的父句柄是第一级菜单的第一项
...
```

每个菜单项都有自己的回调函数。上面 4 个菜单项的回调函数都是 mycallback,但输入值不同,根据输入的 val 值判断需要实现的功能。mycallback 函数的代码如下:

```
function mycallback(hObject,eventdata,val,handles)
switch val
    case 1     % 画图
        % 不需要任何操作
    case 2     % 退出 GUI
        close(gcf)
    case 3     % 画正弦
        cla(handles.axes1)
        ezplot('sin(x)')    % 画正弦函数图
```

```
        case 4        %画余弦
            cla(handles.axes1)
            ezplot('cos(x)')      %画余弦函数图
end
```

这样,简单的工具栏下拉菜单就实现了。单击"画图"→"画正弦曲线",得到如图 7.12-4 所示的界面。

如果想退出界面,单击菜单中的"退出"即可。

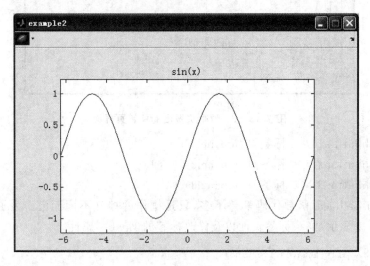

图 7.12-4 运行界面

7.13 技巧 85:在 GUI 中制作标签页

7.13.1 技巧用途

MATLAB 的 GUI 中没有直接提供多标签页的控件,所以当想做成漂亮的标签页面时,很多用户就束手无策了,或者使用其他的简单方式来代替(如使用多个界面来实现)。本节介绍几种实现 GUI 标签页的方法。

7.13.2 技巧实现

1. 障眼法

所谓障眼法,就是单击不同标签(即按钮)时显示不同的控件,将不显示的控件隐藏起来,将要显示的控件显示出来。这主要是使用了控件的 visible 属性和 enable 属性。

【例 7.13-1】 使用 3 个标签页来分别画正弦、余弦以及正切曲线图。

用障眼法做出的界面如图 7.13-1 所示。

这里每个标签页使用的控件完全一样,标签使用的是 pushbutton 控件,当前显示的标签页的标签是灰色的,每个标签页的控件全部放在各自的 uipanel 面板中。当单击某个标签时,该标签变灰,其他标签都被激活,并且显示当前标签页面,隐藏其他标签页面。

为了操作方便,各控件的 tag 属性依照顺序排列:

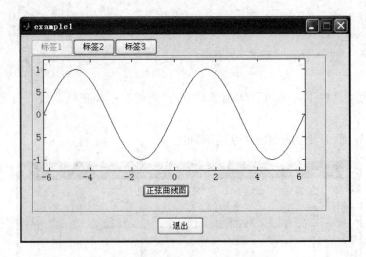

图 7.13-1 障眼法做出的标签页界面

标签 1：pushbutton1   标签页：uipanel1
标签 2：pushbutton2   标签页：uipanel2
标签 3：pushbutton3   标签页：uipanel3

所以每个标签的 Callback 函数代码都差不多，只是操作的控件不同而已。为了方便，在这里编写了一个函数来显示/隐藏标签页面以及修改标签的 Enable 属性。

```
function setHvisible(handles,Iyes,Ino)
%% 设置对象的 visible 属性
%  将 Iyes 序号对应的 uipanel 设置为显示，对应的 pushbutton 的 enable 设置成 off
%  将 Ino 序号对应的 uipanel 设置为隐藏，对应的 pushbutton 的 enable 设置成 on
for i = 1:length(Iyes)
    eval(['set(handles.uipanel',...
        num2str(Iyes(i)),',',''''visible'''',''''on'''')']) % 设置为显示
    eval(['set(handles.pushbutton',...
        num2str(Iyes(i)),',',''''enable'''',''''off'''')']) % 标签变灰
end
for i = 1:length(Ino)
    eval(['set(handles.uipanel',...
        num2str(Ino(i)),',',''''visible'''',''''off'''')']) % 设置为隐藏
    eval(['set(handles.pushbutton',...
        num2str(Ino(i)),',',''''enable'''',''''on'''')'])   % 激活标签
end
```

每个标签的 Callback 函数均调用上面这个函数，只是输入有些不同而已。
标签 1 的 Callback 函数：

```
function pushbutton1_Callback(hObject, eventdata, handles)
setHvisible(handles,1,[2,3])
```

标签 2 的 Callback 函数：

```
function pushbutton2_Callback(hObject, eventdata, handles)
setHvisible(handles,2,[1,3])
```

标签3的Callback函数：

```
function pushbutton3_Callback(hObject, eventdata, handles)
setHvisible(handles,3,[1,2])
```

各标签页的画图触发按钮的Callback函数代码都很简单，分别为：
画正弦函数的Callback函数：

```
function pushbutton4_Callback(hObject, eventdata, handles)
axes(handles.axes1)
ezplot('sin(x)')
```

画余弦函数的Callback函数：

```
function pushbutton5_Callback(hObject, eventdata, handles)
axes(handles.axes2)
ezplot('cos(x)')
```

画正切函数的Callback函数：

```
function pushbutton6_Callback(hObject, eventdata, handles)
axes(handles.axes3)
ezplot('tan(x)')
```

默认情况下，显示标签1，所以可以直接在属性对话框中将标签1的Enable初始化为off，uipanel1的Visible初始化为on；uipanel2和uipanel3的Visible初始化为off。或者直接在GUI初始化函数中加入语句：

```
setHvisible(handles,1,[2,3])
```

单击"标签2"，并且单击"余弦曲线图"按钮，得到的界面如图7.13-2所示。

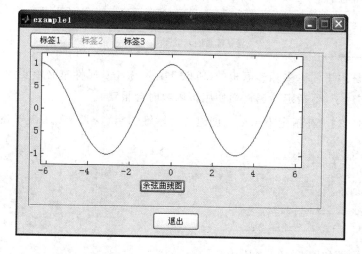

图7.13-2 选择标签2的运行界面

单击"标签3"，并且单击"正切曲线图"按钮，可以得到正切曲线图形。

标签不一定要使用pushbutton控件，也可以使用togglebutton、text等控件来代替。使用这种障眼法做的标签页有点粗糙，视觉效果不大好。

2. 使用 uitabpanel 函数创建标签页

MATLAB 中并没有 uitabpanel 这个函数。这个函数是由德国伊尔梅瑙科技大学(Technical University of Ilmenau)的学生 Elmar Tarajan 编写的。这个函数就是一个多标签面板构造器。利用该函数可以像创建其他控件一样简单地创建多标签面板。它的用法跟 uipanel 函数很相似。调用格式如下：

```
h = uitabpanel('PropertyName1',value1,'PropertyName2',value2,...)
```

在当前 Figure 中创建一个多标签面板，如果 Figure 不存在，则创建一个 Figure。

```
h = uitabpanel('parent', hfig,...
    'PropertyName1',value1,...
    'PropertyName2',value2,...)
```

在指定句柄的 Figure 中创建一个多标签面板。

uitabpanel 函数的作用是将一组标签面板容器对象添加到一个 Figure 界面上。uitabpanel 的语法跟 uipanel 一样，但有些属性不同，如表 7.13-1 所列。

表 7.13-1 uitabpanel 与 uipanel 不同的属性

属性	属性值
Title/String	是一个指定每个标签标题的字符元胞数组
TitlePosition/Style/tabposition	可见面板标签的位置
FrameBackgroundColor	标签面板框架的背景色
FrameBorderType	标签面板框架的边缘类型，就是 uipanel 中的 BorderType 属性
PanelBackgroundColor	激活标签/面板的背景颜色
TitleHighlightColor	激活标签的加亮色
TitleForegroundColor	激活标签的前景色
TitleBackgroundColor	激活标签的背景色
SelectedItem	激活标签的索引

因为该函数是用于创建多标签面板的，所以 Title/String 属性是必须要的；否则就没有标签，也就不需要创建了(不指定该属性而使用该函数时会报错)。

【例 7.13-2】 在指定 figure 上创建 3 个标签(Tab 1、Tab 2、Tab 3)的标签页。

```
hfig = figure('Name','example2'...
    ,'Menubar','none',...
    'Toolbar','none');
htab = uitabpanel('Parent',hfig,...
    'string',{'Tab 1','Tab 2','Tab 3'});
```

得到的标签界面如图 7.13-3 所示。

上面只是创建了标签而已，每个标签页面都是空的，没有任何控件。要想在标签页面上加上其他控件，只能在标签创建过程中进行创建，即把添加其他控件的过程写在 uitabpanel 的 CreateFcn 属性中。

在标签页中简单创建一个 edit text 文本框，并显示当前标签号，程序为：

图 7.13-3 uitabpanel 创建的标签界面

```
hfig = figure('Name','example2',...
    'Menubar','none',...
    'Toolbar','none');
htab = uitabpanel('Parent',hfig,...
    'string',{'Tab 1','Tab 2','Tab 3'});
```

这里的 CreateTab 函数的代码为:

```
function CreateTab(htab,evdt,hpanel,hstatus)
for i = 1:length(hpanel)
    uicontrol('Parent',hpanel(i),...
        'Units','normalized',...
        'Position',[0.3,0.5,0.2,0.1],...
        'BackgroundColor',[1,1,1],...
        'ForegroundColor',[rand,rand,rand],...
        'FontSize',20,...
        'Style','text',...
        'String',['Tab',num2str(i)]);
end
```

CreateTab 函数有 4 个输入:

htab——标签面板的句柄;

evdt——预留变量;

hpanel——各个标签放置控件的面板句柄;

hstatus——用来放置提示信息的一个面板句柄。

其中,hpanel 句柄值可以通过下面的语句获取:

```
hpanel = getappdata(htab,'panels')
```

得到的界面如图 7.13-4 所示。

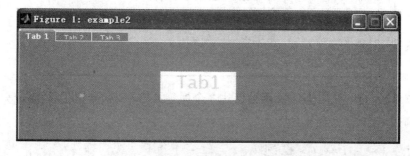

图 7.13-4 加入控件后的标签页面

还可以在页面上添加其他任意控件，添加方法与一般的 GUI 添加控件方法一样（当然只能使用代码添加）。

3. 使用 MATLAB 自带函数 tabdlg 创建标签页

tabdlg 的使用帮助只在较老版本中才有，但是在 MATLAB 软件的新版本中这个函数仍可用。该函数的调用格式为：

```
[hfig,sheetPos,hsheetPanels,hbuttonPanel] = 
  tabdlg('create',strings,...
      tabDims,callback,sheetDims,offsets,default_page)
```

tabdlg 的输入参数如表 7.13-2 所列，输出参数如表 7.13-3 所列。

表 7.13-2 tabdlg 的输入参数

参　数	说　明	参数值举例
'create'	请求创建对话框的一个标志	'create'
strings	标签名组成的元胞数组	3 个标签页：{'Tab 1', 'Tab 2','Tab 3'}
tabDims	长度为 2 的元胞，tabDims{1}记录各标签的长度（一个标签对应一个值）； tabDims{2}记录标签的高度（各标签是等高的，所以只有一个值）	3 标签页： {[140 140 140],20}
callback	新标签被选中时执行的函数，这个函数有 6 个输入参数： ① 'tabcallbk'——一个文本标志； ② pressedTab——被选中标签的标签名； ③ pressedTabNum——被选中标签的标签号； ④ previousTab——上一次被选中标签的标签名； ⑤ previousTabNum——上一次被选中标签的标签号； ⑥ hfig——figure 句柄	调用时不需要指定输入。 mycallback=@changetabs;
sheetDims	标签页的大小	[width, height]
offsets	标签页边缘与 figure 边界之间的像素值大小	[left,top,right,bottom]
default_page	默认显示的标签页号	不指定时为标签页 1

表 7.13-3 tabdlg 的输出参数

参　数	说　明
hfig	新创建标签对话框的句柄（figure 句柄）
sheetPos	标签页的位置
hsheetPanels	标签面板的句柄
hbuttonPanel	按钮面板句柄

【例 7.13-3】 使用 tabdlg 函数创建 3 个标签页的 GUI，分别实现"画正弦图""画余弦图"以及"画正切图"。其代码如下：

```
clear;clc
tabStrings = {'Tab 1', 'Tab 2','Tab 3'};   % 标签名
tabdims = {[140,140,140],20};  %  标签的长和高
```

```
figsize = [300,300];  % figure 大小
[dialogFig,sheetPos,sheetPanels,buttonPanel] = tabdlg('create', tabStrings,tabdims,'',figsize);
% 在页面 1 中放置控件
a1 = axes('Parent',sheetPanels(1));
ezplot('sin(x)')
% 在页面 2 中放置控件
a2 = axes('Parent',sheetPanels(2));
ezplot('cos(x)')
% 在页面 3 中放置控件
a2 = axes('Parent',sheetPanels(3));
ezplot('tan(x)')
set(dialogFig, 'Visible', 'on');
```

得到的界面如图 7.13-5 所示。

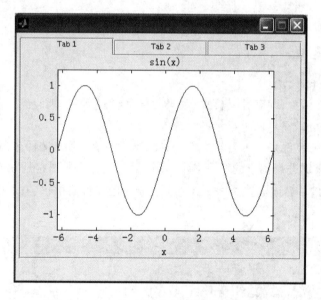

图 7.13-5 使用 tabdlg 创建的标签页界面

这里没加触发按钮,用户可以使用代码进行创建,然后把画图功能代码写在对应按钮的 Callback 函数下。

除了这里介绍的几种创建标签页界面的方法,用户还可以根据自己的喜好设计标签面板。

7.14 技巧 86:在界面上实现树形浏览文件的功能

7.14.1 技巧用途

在 Windows 系统中有资源管理器,可以实现树形浏览文件的功能。它可以列出所有的文件,操作起来非常方便,如图 7.14-1 所示。

在 MATLAB 的 GUI 中没有可以直接使用的类似控件。如果需要实现类似功能,就需要用户自己编程。本节介绍如何实现简易的树形浏览文件功能。

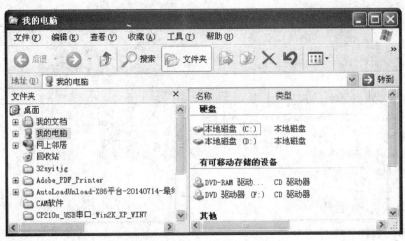

图 7.14-1 Windows 中的资源管理器

7.14.2 技巧实现

1. 树形浏览文件的 GUI

如果单击的是文件夹,则展开文件夹(如果文件夹已经展开,则收缩文件夹);如果选择的是图片文件,双击它可以在界面上显示图片。

这里选择 listbox 控件来显示目录文件。如果是文件夹,则在文件名前面加上"++",而且根据文件的目录级别进行相应的缩进显示,在视觉上就能感觉到它是一个树形文件浏览器。

【例 7.14-1】 界面如图 7.14-2 所示。界面做得很简单,只有 2 个按钮、1 个 listbox 控件和 1 个 axes 控件。

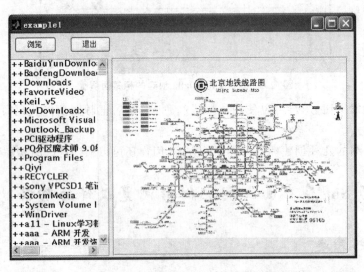

图 7.14-2 树形浏览器 GUI 主界面

"浏览"按钮用来打开一个指定目录,其 Callback 函数的代码是:

```
function pushbutton1_Callback(hObject, eventdata, handles)
Cdir = uigetdir('C:\');
```

```
if Cdir == 0
    return;
end
updatetree(Cdir,handles.listbox1)        % 根据指定目录更新文件
```

其中,updatetree 函数在这里的作用是搜索指定目录下所有的文件,并且以目录的形式显示在 listbox 中,具体实现在后面详细介绍。

"退出"按钮用来关闭 GUI,并且清除所有的全局变量。其 Callback 函数的代码是:

```
function pushbutton2_Callback(hObject, eventdata, handles)
close(gcf)
clear all
```

listbox 控件的 Callback 函数用来显示文件目录,并且单击文件夹时会展开文件夹目录(或者是收缩文件夹目录);如果双击图片文件,则将图片显示在 axes 中。其代码是:

```
function listbox1_Callback(hObject, eventdata, handles)
global global_iscontent global_contentname global_path
val = get(hObject,'value');              % 单击的位置
string = get(hObject,'string');          % listbox 中的字符
if global_iscontent(val)   % 如果当前单击的文件是目录,则展开/收缩目录
    updatetree(val,string,handles.listbox1)      % 更新目录
else      % 如果不是目录而是图片,双击,则打开图片
    if isequal(get(gcf,'SelectionType'),'open')% 判断是不是双击了文件
        newpath = global_path{val};      % 文件目录
        name = global_contentname{val};  % 文件名
        str = name(end - 2:end);         % 文件扩展名
        switch str                       % 如果是图片,则在 axes 中显示图片
            case {'jpg','bmp','gif','JPG','BMP','GIF'}
                axes(handles.axes1)
                A = imread([newpath,'\',name]);
                imshow(A)
        end
    end
end
```

2. updatetree 函数介绍

updatetree 函数用来搜索指定目录下所有的文件,并且以目录的形式显示在 listbox 中。updatetree 函数的输入输出参数如表 7.14 - 1 所列。

表 7.14 - 1 updatetree 函数的输入输出参数

输入/输出		输入输出参数	说明
输入	2 个输入参数	指定目录 Cdir	指定最高级目录
		Listbox 控件句柄 h_list	显示目录的 listbox
	3 个输入参数	鼠标单击位置 val	鼠标单击项在 listbox 中的位置(以数字 1,2,3…表示)
		Listbox 的 string 内容	Listbox 中的所有文件目录
		Listbox 控件句柄 h_list	显示目录的 listbox

续表 7.14-1

输入/输出	输入输出参数	说　明
输出	global_iscontent	记录各文件是不是文件夹以及是否展开： 0——为非文件夹； 1——为收缩的文件夹； 2——为展开的文件夹
	global_contentname	所有文件名
	global_path	各文件的目录
	global_level	各文件所处的目录等级

该函数的输入有两种情况，第 1 种情况是在设定好目录时调用的，第 2 种情况是在单击文件夹时使用的，用来展开文件夹或者收缩文件夹。该函数本来是没有输出的，这里把 4 个全局变量作为输出变量。函数的具体代码如下：

```
function updatetree(varargin)
% 更新目录函数，单击或双击时更新目录
% 各全局变量
%1.global_iscontent  用来记录各文件是否是文件夹
%      = 0 为非文件夹， = 1 为未展开文件夹    = 2 为展开文件夹
%2.global_contentname  用来记录各文件名
%3.global_path 用来记录各文件的路径
%4.global_level 用来记录各文件的位置等级
% 输入
% val       当前单击的位置
% string    当前 listbox 中显示 string
% h_list    显示目录的 listbox
global global_iscontent global_contentname global_path global_level
if nargin == 2
    Cdir = varargin{1};
    h_list = varargin{2};
    a = dir([Cdir]);         % 获取给定目录下所有文件
    iscontent = double([a.isdir]');    % 判断所有文件是不是目录
    iscontent = iscontent(3:end);      % 去除前面两个非文件
    contentname = {a.name}';           % 目录中的所有文件名
    contentname = contentname(3:end);  % 去除前面两个非文件
    global_iscontent = iscontent;      % 使用全局变量记录所有的文件是不是目录
    global_contentname = contentname;  % 使用全局变量记录下所有的文件名信息
    CN = length(iscontent);            % 目录中的所有文件数
    global_level = ones(CN,1);         % 初始化所有文件的文件目录等级为 1
    global_path = repmat({[Cdir]},CN,1);    % 记录所有文件的路径
    % 根据是不是目录以及文件名来产生目录
    [string] = ChangeToContent(global_iscontent,global_contentname);
    set(h_list,'value',1)
    set(h_list,'string',string) % 显示目录
elseif nargin == 3
```

```matlab
val = varargin{1};
string = varargin{2};
h_list = varargin{3};
if global_iscontent(val)
    return;
end
N = 5;        % 下级目录依次向右移动5个空格位
Temp = string{val};         % 单击的文件名

% 当前目录的下级目录
ind = find(Temp == '+');    % 找到"+"位置
nextpath = [global_path{val},'\',Temp(ind(2)+1:end)];
n = ind(1) - 1 + N;
a = dir(nextpath);          % 获取当前目录下的所有文件
iscontent = double([a.isdir]');   % 判断所有文件是不是目录
iscontent = iscontent(3:end);     % 去除前面两个非文件
contentname = {a.name}';          % 目录中的所有文件名
contentname = contentname(3:end); % 去除前面两个非文件
CN = length(iscontent);     % 文件数目
% 下面判断是执行展开,还是执行收缩
loc = global_iscontent(val);
if isempty(iscontent)
    return;
end
switch loc
    case 1        % loc 如果为1,则执行展开
        level = ones(CN,1) + global_level(val);
        global_iscontent(val) = 2;   % 将当前文件设置为展开状态
        newpath = repmat({nextpath},CN,1);
        [str] = ChangeToContent(iscontent,contentname,n);
        % 更新4个全局变量
        global_iscontent = [global_iscontent(1:val);...
            iscontent;global_iscontent(val+1:end)];
        global_contentname = [global_contentname(1:val);...
            contentname;global_contentname(val+1:end)];
        global_path = [global_path(1:val);newpath;...
            global_path(val+1:end)];
        global_level = [global_level(1:val);level;...
            global_level(val+1:end)];
        % 更新 string
        string = [string(1:val);str;string(val+1:end)];
    case 2        % loc 如果为1,则执行收缩
        next_N = find(global_level(val+1:end) == global_level(val));
        if ~isempty(next_N)
            removeN = next_N(1) - 1;
        else
```

```
            removeN = length(global_iscontent) - val;
        end
        global_iscontent(val) = 1;  % 将当前文件设置为收缩状态
        % 更新4个全局变量
        global_iscontent = [global_iscontent(1:val);...
            global_iscontent(val + removeN + 1:end)];
        global_contentname = [global_contentname(1:val);...
            global_contentname(val + removeN + 1:end)];
        global_path = [global_path(1:val);...
            global_path(val + removeN + 1:end)];
        global_level = [global_level(1:val);...
            global_level(val + removeN + 1:end)];
        % 更新 string
        string = [string(1:val);string(val + removeN + 1:end)];
    end
    set(h_list,'string',string)           % 更新 listbox 内容
end
```

其中,函数 ChangeToContent 的作用是将字符变量转换成树形目录形式。

```
function [str] = ChangeToContent(iscontent,contentname,n)
%% 将字符变量换成树形目录形式
% iscontent: 是不是目录
% contentname:所有文件名
% n:空格数
if nargin == 2
    n = 0;
end
N = length(iscontent);
str = {};
for i = 1:N
    if iscontent(i)    % 如果是目录,则在前面添加"++"符号,表示可以打开下级目录
        str{i,1} = [blanks(n),'++',contentname{i}];
    else
        str{i,1} = [blanks(n),contentname{i}];
    end
end
```

updatetree 函数的代码内容是作者自行设计编写的,有兴趣的读者可以自行研究,写出更高效的代码。

7.15 技巧87:实现 GUI 控件的双击和单击事件

7.15.1 技巧用途

在制作 GUI 时,有时为了节省控件(或节省 GUI 空间)以及使用方便等,要同时实现一个控件的单击事件和双击事件。例如,对 listbox 控件的 string 选项在单击和双击的时候做出不

同的响应。虽然控件的回调函数中不保存双击函数,但是双击事件是可以实现的。

7.15.2 技巧实现

要实现 GUI 控件的双击事件,需要借助 figure 窗口的鼠标操作属性 SelectionType。

SelectionType 为窗口中最后一次鼠标操作的类型(单击或者双击,左键或者右键)。Windows 系统中,SelectionType 值对应的鼠标操作类型如表 7.15 – 1 所列。

表 7.15 – 1 鼠标操作类型

SelectionType 值	鼠标操作类型
normal	单击左键
open	双击左键或者是双击右键
alt	单击右键或者是 Ctrl＋左键
extent	单击中键或者是 Shift＋左键

下面分别介绍 listbox 和 pushbutton 控件如何借助 figure 的 SelectionType 属性来实现控件的双击事件。

1. listbox 控件的双击事件

相对其他控件来说,listbox 控件的双击事件是最好实现的,只需要在 listbox 对象的 Callback 函数内判断 SelectionType 值是 normal(单击)还是 open(双击),进而根据鼠标操作类型做出相应的响应。

【例 7.15 – 1】 在 listbox 中放置一些简单函数,如果是单击 listbox 选项,则在 axes 中显示被单击的函数名;如果是双击 listbox 选项,则在 axes 中画出相应的函数曲线。另外,使用一个 edit 控件来显示鼠标的操作类型。界面上只需要 1 个 listbox、1 个 axes 和 1 个 edit。控件的分布如图 7.15 – 1 所示。

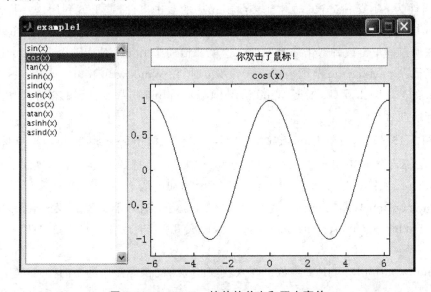

图 7.15 – 1　listbox 控件的单击和双击事件

Listbox 控件的 Callback 函数代码：

```
function listbox1_Callback(hObject, eventdata, handles)
str = get(handles.figure1,'selectiontype');   % 获取figure的鼠标操作类型
val = get(hObject,'value');         % 鼠标单击的listbox选项号
string = get(hObject,'string');     % listbox中所有的函数名
fun = string{val};        % 鼠标单击的函数名
switch str
    case 'normal'       % 如果是鼠标单击,则执行单击响应
        axes(handles.axes1)
        cla reset          % axes 初始化
        text(0.5,0.5,fun)    % 在axes1中输出函数名
        set(handles.edit1,'string','你单击了鼠标!')   % 在edit中显示鼠标操作类型
    case 'open'       % 如果是鼠标双击,则执行双击响应
        axes(handles.axes1)
        cla reset
        ezplot(fun)          % 在axes1中画函数
        set(handles.edit1,'string','你双击了鼠标!')   % 在edit中显示鼠标操作类型
end
```

图 7.15-1 所示是双击了"cos(x)"选项所画出的函数图像。

相对来说,Listbox 控件实现双击事件是最简单的。因为所有的 uicontrol 控件中,只有 listbox 控件满足在 enable 的属性值为 on 时也能接收 figure 的双击事件,而其他的控件则只能在 enable 的属性值为 off 或 inactive 时才能接收 figure 的双击事件,当 enable 的属性值为 on 时是无法直接接收 figure 双击事件的。下面提供一种实现 pushbutton 控件的双击事件的方法,其他的控件可以使用类似的方法实现。

2. pushbutton 控件的双击事件

pushbutton 控件的双击事件并不像 listbox 控件那样简单。前面提到了 pushbutton 只能在 enable 属性为 off 或 inactive 时才能接收 figure 的双击事件,这里就利用这一特性来实现 pushboltton 控件的双击。但问题是,当控件的 enable 属性为 off 或 inactive 时,它的 Callback 函数是无法用鼠标单击或者双击来触发的。这就要借助于 figure 的 WindowButtonDownFcn 函数。当鼠标在 pushbutton 范围内单击或者双击时,在 WindowButtonDownFcn 函数中触发 pushbutton 的 Callback 函数,根据 WindowButtonDownFcn 函数接收到的鼠标操作类型来做出相应的响应即可。

【例 7.15-2】 当单击 pushbutton 时,在 axes 中画出正弦函数 sin(x);当双击 pushbutton 时,在 axes 中画正切函数 tan(x),并在 edit 中显示鼠标的操作类型。界面上只需放置 1个 pushbutton、1个 axes 和 1个 edit 控件,控件分布如图 7.15-2 所示。

因为 pushbutton 只能在 enable 属性为 off 或 inactive 时才能触发其双击事件,所以运行前要在属性窗口将 pushbutton 的 enable 属性修改成 inactive 或者在 GUI 的初始化中将其修改成 inactive。

在 WindowButtonDownFcn 函数下写入获取 figure 的鼠标操作类型的代码:

```
function figure1_WindowButtonDownFcn(hObject, eventdata, handles)
str = get(gcf,'selectiontype');     % 获取figure的鼠标操作类型
pos = get(handles.pushbutton1,'position');    % pushbutton空间的位置
```

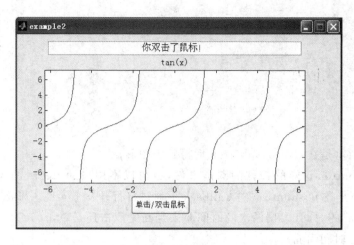

图 7.15-2 pushbutton 控件的双击事件

```
fp = get(gcf,'currentpoint');
x = fp(1);y = fp(2);              % 当前单击的位置(x,y)
x1 = pos(1);x2 = x1 + pos(3);   % pushbutton 的横坐标范围[x1,x2]
y1 = pos(2);y2 = y1 + pos(4);   % pushbutton 的纵坐标范围[y1,y2]
if x > = x1 && x < = x2 && y > = y1 && y < = y2  % 如果鼠标单击位置在 pushbutton 上
    % 修改 pushbutton 的 enable 属性
    set(handles.pushbutton1,'enable','off')
    pushbutton1_Callback(handles.pushbutton1,str,handles)
    % 还原 pushbutton 的 enable 属性
    set(handles.pushbutton1,'enable','inactive')
end
```

在满足 if 条件时，调用 pushbutton1 的 Callback 函数 pushbutton1_Callback，把鼠标的操作类型作为 pushbutton1_Callback 函数的第 2 个输入。这样，在 pushbutton1_Callback 函数中通过判断其 eventdata 参数就可以知道鼠标在 pushbutton 上的操作类型了。但是会有个问题：在单击 pushbutton 时，它是没有变化的（没有视觉上的单击效果）。解决办法是：在调用 pushbutton1_Callback 函数之前修改 pushbutton 的 enable 属性为 off，调用完毕再还原为 inactive，这样就可实现在视觉上给用户一种单击的效果。

pushbutton 的 Callback 函数代码为：

```
function pushbutton1_Callback(hObject, eventdata, handles)
str = eventdata;
switch str
    case 'normal'      % 如果是鼠标单击,则执行单击响应
        % 单击事件
        axes(handles.axes1)
        cla reset       % axes 初始化
        ezplot('cos(x)');
        % 在 edit 中显示鼠标操作类型
set(handles.edit1,'string','你单击了鼠标!')
    case 'open'
```

```
        % 双击事件
        axes(handles.axes1)
        cla reset    % axes 初始化
        ezplot('tan(x)');
        % 在 edit 中显示鼠标操作类型
    set(handles.edit1,'string','你双击了鼠标!');
    end
```

图 7.15-2 所示是在双击 pushbutton 后得到的图形。

对于像 pushbutton 这样的控件的双击事件,也可以不用借助 figure 的 WindowButton-DownFcn 函数,而是在 pushbutton 的 Callback 下通过自行开发来实现。思路是:记下连续两次单击 pushbutton 的时间,根据两次的时间差来判断是双击还是单击(人为规定将一个时间差作为最大的双击时间间隔)。

7.16 技巧 88:使用鼠标拖放改变坐标轴中的图形大小

7.16.1 技巧用途

在 MATLAB 中,运行中的 GUI 上的控件是不能通过鼠标拖动来改变其大小的。但有时这个功能又是很有用,像 axes 控件,有时想把图像放大些,或者缩小些(就跟其他软件里都有的功能一样,当鼠标移动到图形边界时,按下鼠标按键,保持按下状态,并移动鼠标就可以改变控件的大小了)。本节以 axes 控件为例介绍如何给控件加上这种功能。

7.16.2 技巧实现

1. 单个 axes 大小的改变

改变单个控件的大小,直接使用 MATLAB 提供的 selectmoveresize 函数就可以实现。当该函数被调用时,对象被选中,用户可以移动、复制对象或改变对象的尺寸。

selectmoveresize 函数的调用格式如下:

● A = selectmoveresize

返回一个结构数组,包含如下字段:

A. Type——包含动作类型的字符串,其值为 Select、Move、Resize 或 Copy;

A. Handles——所选择对象的句柄列表。对于 Copy 动作,它是一个 m×2 的矩阵,其第 1 列为原始对象的句柄,第 2 列为复制的新对象的句柄。

● set(gca,'ButtonDownFcn','selectmoveresize')

设置当前坐标轴对象的 ButtonDownFcn 回调函数属性。

▲【例 7.16-1】 使用 subplot 命令在窗口上创建两个坐标轴对象,并设置其 Button-DownFcn 属性为 selectmoveresize,用户可以选择、移动、复制坐标轴对象。

```
x = 0:pi/50:2*pi;
y1 = sin(x);
y2 = cos(x);
figure(1);
```

```
h1 = subplot(121);
plot(x,y1);
h2 = subplot(122);
plot(x,y2);
set(h1,'buttondownfcn','selectmoveresize')
set(h2,'buttondownfcn','selectmoveresize')
```

程序运行后出现的界面如图 7.16-1 所示。

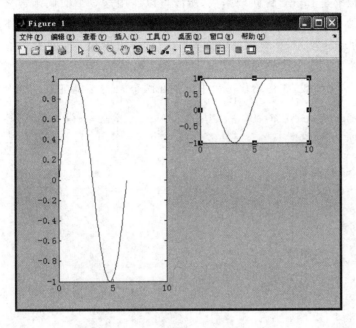

图 7.16-1 鼠标拖动坐标轴对象

2. 两个 axes 大小的动态变化

如图 7.16-2 所示，有两个 axes 上下相连，用鼠标来动态改变两个 axes 的大小：当光标位于两个 axes 相邻边时，指针变成上下箭头形式；当按下鼠标按键并移动鼠标时，可以同时改变上下两个图的大小，并保持邻边总是重合的。

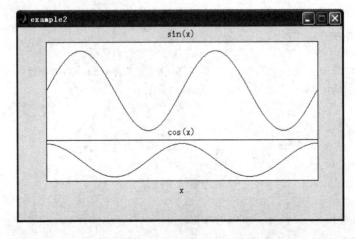

图 7.16-2 两个 axes 动态变化的 GUI

因为要在鼠标移动的过程中修改鼠标指针,当鼠标移动到两个 axes 相邻边界时,指针变成上下箭头形式,所以这里要用到 figure 的鼠标移动函数 figure1_WindowButtonMotionFcn。

当指针变成上下箭头形式时,按住鼠标不放,然后移动鼠标,这时控件的大小随着鼠标移动而改变,这里用到了 figure 的鼠标按下以及移动函数。figure 的鼠标按下函数为 figure1_WindowButtonDownFcn。

释放鼠标按键即停止改变控件大小。鼠标释放函数为 figure1_WindowButtonUpFcn。

以上 3 个函数都是 figure 的回调函数,所以可以使用这 3 个回调函数来实现这些功能。当鼠标向上移动改变 axes 大小时,上面的 axes 变小,下面的 axes 变大;向下移动时,上面的 axes 变大,下面的 axes 变小,始终保持上面的 axes 的下边界和下面的 axes 的上边界重合,且位于鼠标指针的位置。实现代码如下。

① GUI 的初始化函数,在初始化过程中分别在两个 axes 中画正弦图和余弦图:

```
function example2_OpeningFcn(hObject, eventdata, handles, varargin)
handles.output = hObject;
movegui(gcf,'center')
global global_change
global_change = 0;
axes(handles.axes1)
ezplot('sin(x)')

axes(handles.axes2)
ezplot('cos(x)')
set(handles.axes1,'xtick',[])
set(handles.axes1,'ytick',[])
set(handles.axes2,'xtick',[])
set(handles.axes2,'ytick',[])
% Update handles structure
guidata(hObject, handles);
```

② Figure 的鼠标移动函数 figure1_WindowButtonMotionFcn:

```
function figure1_WindowButtonMotionFcn(hObject, eventdata, handles)
global global_change
if global_change == 0                    % 未按下左键拖动鼠标
    fp = get(gcf,'currentpoint');        % 鼠标指针在当前 figure 内的位置
    ap = get(handles.axes1,'position');  % axes1 位置
    x1 = ap(1);
    x2 = x1 + ap(3);% 横坐标范围[x1,x2]
%   如果鼠标当前位置处于[x1,x2],并且高度在 axes1 的下边界附近
    if fp(1)>x1 && fp(1)<x2 && abs(fp(2) - ap(2))<0.1
        set(gcf,'pointer','top');        % 修改鼠标指针
    else
        set(gcf,'pointer','arrow')       % 还原鼠标指针
    end
else                                     % 按下左键拖动鼠标
```

```
        fp = get(gcf,'currentpoint');        % 鼠标指针在当前 figure 内的位置
        y = fp(2);                            % 鼠标纵坐标位置
        ap10 = get(handles.axes1,'position'); % axes1 的初始位置
        ap20 = get(handles.axes2,'position'); % axes2 的初始位置
        if y >= ap10(2) + ap10(4)  % 鼠标拖动到 axes1 的上方,y 取 axes1 的上方纵坐标
            y = ap10(2) + ap10(4) - 0.001;
        elseif y <= ap20(2)  % 鼠标拖动到 axes1 的下方,y 取 axes2 的下方纵坐标位置
            y = ap20(2) + 0.001;
        end
        ap1 = ap10;ap2 = ap20;
        ap1(4) = ap10(4) - (y - ap10(2));    % 修改 axes1 的宽度
        ap1(2) = y;                           % 修改 axes1 的纵坐标位置

        ap2(4) = ap20(4) + (y - ap10(2));    % 修改 axes2 的宽度
        set(handles.axes1,'position',ap1)    % 修改 axes1 的位置
        set(handles.axes2,'position',ap2)    % 修改 axes2 的位置
end
```

③ Figure 的鼠标按键按下函数 figure1_WindowButtonDownFcn：

```
function figure1_WindowButtonDownFcn(hObject, eventdata, handles)
global global_change
pointer = get(gcf,'pointer');
if isequal(pointer,'top')  % 如果当前鼠标指针处于边界(鼠标指针变成 top 型的),则开始改变图形
                            % 大小
    global_change = 1;
end
```

④ Figure 的鼠标释放函数 figure1_WindowButtonUpFcn：

```
function figure1_WindowButtonUpFcn(hObject, eventdata, handles)
global global_change
global_change = 0;   % 释放鼠标按键,则不改变图形大小
```

7.17 技巧89：修改菜单、列表框或弹出菜单等各条目的字体和颜色

7.17.1 技巧用途

对于用户菜单对象、列表框和弹出式菜单,用户可以通过设置其 ForegroundColor 属性来改变其中所包含的菜单项和列表项的颜色。对于菜单项,可以单独设置其文本的颜色;而对于列表框和弹出式菜单,不能单独设置各个条目的颜色。文本的字体和字号等的设置与此相同。

但有时用户需要改变每一个条目的字体、字号及颜色等,那么下面介绍的方法可以实现这样的功能。

7.17.2 技巧实现

在编程的过程中发现：菜单项的 Label 属性值、列表框和弹出式菜单的 String 属性值支持

HTML。只要使用符合 HTML 语法要求的字符串来定义 Label 和 String 属性值,则可以实现上述效果。

有关 HTML 对字体和颜色的定义,详见网站 http://www.flashline.cn。

▲【例 7.17 - 1】 修改菜单项、列表项及弹出式菜单项的字体大小和颜色。

利用 GUIDE 生成 test 程序,在界面上创建列表控件、弹出式菜单控件和用户菜单。

① 在 OpeningFcn 函数中初始化列表框和弹出式菜单:

```
STR = {'<HTML><u><FONT COLOR = "#66FF00",SIZE = 6>  <b>前天</b></FONT></u></HTML>',...
    '<HTML><FONT COLOR = "red",SIZE = 5>昨天</FONT></HTML>',...
    '<HTML><FONT COLOR = "blue",SIZE = 4>今天</FONT></HTML>',...
    '<HTML><FONT COLOR = "#FF00FF",SIZE = 3>明天  开学</FONT></HTML>'};

set(handles.popupmenu1,'string',STR);
set(handles.listbox1,'string',STR);
```

② 利用菜单编辑器创建用户菜单。

打开菜单编辑器,如图 7.17 - 1 所示。

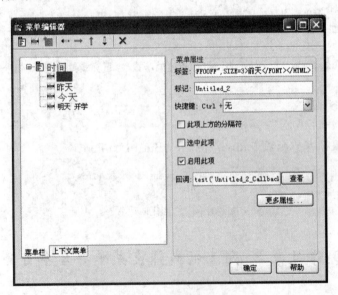

图 7.17 - 1 创建用户菜单

在菜单编辑器的"标签"文本框中输入如下由 HTML 组成的字符串:

```
'<HTML><u><FONT COLOR = "#66FF00",SIZE = 6>  <b>前天</b></FONT></u></HTML>',...
    '<HTML><FONT COLOR = "red",SIZE = 5>昨天</FONT></HTML>',...
'<HTML><FONT COLOR = "blue",SIZE = 4>今天</FONT></HTML>',...
    '<HTML><FONT COLOR = "#FF00FF",SIZE = 3>明天  开学</FONT></HTML>'};
```

然后保存程序。程序运行的效果如图 7.17 - 2 和图 7.17 - 3 所示。

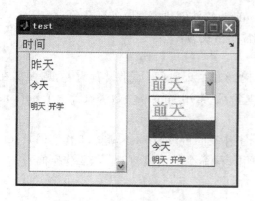

图 7.17-2 列表框和弹出式菜单效果

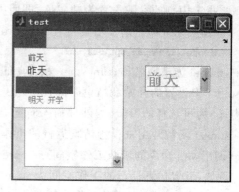

图 7.17-3 菜单项效果图

7.18 技巧 90：在 GUI 中控制 Simulink 仿真过程及结果显示

7.18.1 技巧用途

Simulink(Dynamic System Simulation)作为 MATLAB 的工具箱之一，是交互式动态系统建模、仿真和分析的图形系统，是进行基于模型的嵌入式系统开发的基础开发环境。它可以针对控制系统、信号处理以及通信系统等进行系统的建模、仿真和分析工作。

Simulink 环境下常用示波器(floating scope)来观察仿真的结果。在很多情况下，用户希望能通过图形用户界面程序来控制仿真过程，并把仿真的结果按照用户要求的格式显示在图形用户界面中。因此，有必要掌握在 GUI 程序中进行 Simulink 仿真的操作方法。

7.18.2 技巧实现

要实现在 GUI 程序中控制 Simulink 的仿真过程，用户需要遵循如下步骤：

① 在 Simulink 环境下建立模型文件，为模型中的每个模块设置合适的名称。

② 调用 open_system 函数打开模型文件。open_system 用来打开 Simulink 系统窗口或仿真模块对话框。其最简单和最常用的两种调用格式为：

- open_system('sys')

打开指定的系统窗口或子系统窗口。'sys' 是在 MATLAB 路径上的模型名称，可以是模型的全路径名称，也可以是已打开系统的子系统的相对路径名称，例如 'engine/Combustion'。

- open_system('blk')

打开指定的仿真模块的参数设置对话框。如果定义了模块的 OpenFcn 回调函数，则执行该回调函数。

③ 调用 set_param 函数设置模型中各模块的参数。set_param 函数用来设置 Simulink 系统和模块的参数。其调用格式为：

- set_param('obj', 'parameter1', value1, 'parameter2', value2, ...)

其中，'obj' 是仿真系统或模块的路径名；'parameter1'、value1、'parameter2'、value2 为要设置的参数及其数值。

- set_param(0, 'modelparm1', value1, 'modelparm2', value2, ...)

将指定模型的参数设置为缺省值,即使用 Simulink 软件创建模型时的默认值。

④ 调用 sim 命令启动仿真过程。sim 函数的常用格式为:

sim(model,timespan,options,ut)

其中,model 为模型名称;timespan 为仿真的开始时间和结束时间,如果设置为[],则使用在 Simulink 中设置的开始和结束时间;options 为仿真选项,常用 simset 函数来设置一个 options 结构;ut 为可选择的参数,为外部输入向量。

simset 函数常用来设置仿真运行的工作空间,工作空间可以为 base(基本工作空间)、current(调用 sim 命令的函数工作空间)或 parent(调用 sim 命令的函数的上一级工作空间)。

例如,设置仿真运行的工作空间为 base:

simset('DstWorkspace','base')

⑤ 将仿真的结果在图形用户界面上显示。

在 GUI 程序中调用 plot 等函数,将仿真的结果以图形的形式显示在界面上。下面结合示例程序详细介绍在 GUI 程序中进行 Simulink 仿真的操作方法。

【例 7.18 - 1】 仿真模型的名称为 ex.mdl,如图 7.18 - 1 所示。Sine Wave 模块用于产生正弦波形,波形分别通过 Gain 模块和 Transfer 模块,结果在 Scope 中显示并通过 To Workspace 模块输出到指定的工作空间。

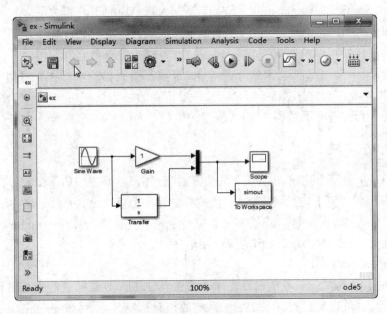

图 7.18 - 1 仿真模型 ex.mdl

建立名称为 test 的图形用户界面,编辑 M 文件中的代码。

① 在 OpeningFcn 函数中加入代码:

```
% 判断模型是否打开,否则打开模型
if isempty(find_system('Name','ex'))
    open_system('ex.mdl');
end
% 清除基本工作空间中的变量
evalin('base','clear');
```

② 在 slider1 的 Callback 中加入代码：

```
% 取得滑动条的当前数值
value = get(hObject,'value');
% 设置 Gain 模块的 Gain 参数值
set_param('ex/Gain','Gain',num2str(value));
% 设置 Transfer 模块的 Numerator 参数值
set_param('ex/Transfer','Numerator',num2str(value));
% 在编辑框中显示滑动条的当前数值
set(handles.edit1,'string',value);
% 调用 sim 函数在基本工作空间中运行仿真
sim('ex',[],simset('DstWorkspace','base'));
```

仿真运行完成后，在基本工作空间中将生成 tout 和 simout 两个变量，如图 7.18-2 所示。在 GUI 中引用这两个变量来绘制曲线。

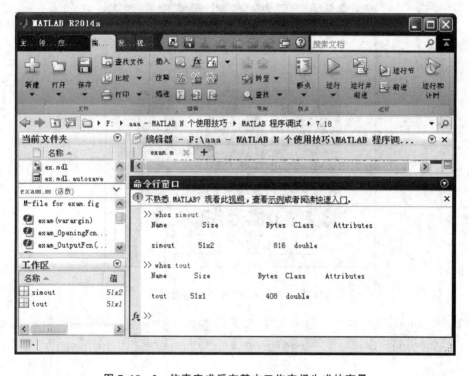

图 7.18-2　仿真完成后在基本工作空间生成的变量

③ 在 pushbutton1 的 Callback 中调用 evalin 函数来取得基本工作空间中的变量，并用此变量绘制曲线：

```
try
% 取得工作空间中的变量
simout = evalin('base','simout');
tout = evalin('base','tout');
% 指定坐标轴绘图
axes(handles.axes1);
cla;
```

```
    plot(tout,simout(:,1),'y');
    hold on
    plot(tout,simout(:,2),'m');
    set(gca,'color','k');
    axis([0 10 -5 5]);
    set(gca,'xcolor','w','ycolor','w');
    set(gca,'xtick',[0 2 4 6 8 10],'ytick',[-5 0 5])
    grid on
catch
    msgbox('请先运行仿真？');
end
```

仿真运行的结果如图 7.18-3 所示。

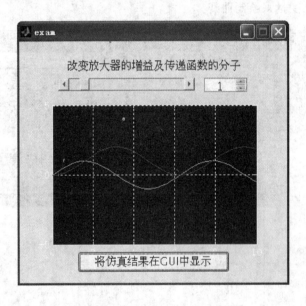

图 7.18-3 在 GUI 中显示仿真结果

【注】 Simulink 模型以及各模块可以设置的参数可以参考 MATLAB 帮助文件中的 Simulink→Modeling→Configure Models→Blocks→Concepts→Model Parameters 部分。

7.19 技巧 91：在 GUI 中启动和停止 Simulink 仿真

7.19.1 技巧用途

通过 GUI 来控制 Simulink 的仿真过程是很多用户的选择。这是一种很直观的方式,用户可以根据自己的需要随心所欲地启动或停止 Simulink 仿真过程。

7.19.2 技巧实现

有两种方法可以实现上述功能。

1. 利用 S 函数来实现

① 创建自己的 Simulink 模型。在以下的示例中，使用图 7.19-1 所示的模型，模型名称为 start_and_stop。该模型很简单，即通过示波器来查看正弦波形发生器所产生的波形。

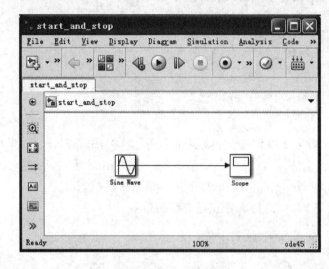

图 7.19-1　示例模型

② 创建自己的 GUI，如图 7.19-2 所示。在"模型名称"文本框中，输入要仿真的模型名称，本例中为"start_and_stop"；在"仿真结束时间"文本框中，输入仿真时间，如 10000,20000,Inf 等。

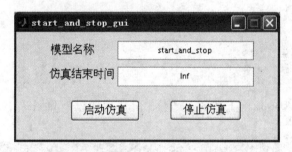

图 7.19-2　启动和停止仿真的示例界面

③ 在"启动仿真"和"停止仿真"按钮的 Callback 中添加代码。

"启动仿真"按钮的 Callback 的代码为：

```
% --- Executes on button press in startsim.
function startsim_Callback(hObject, eventdata, handles)
% hObject    handle to startsim (see GCBO)
% eventdata  reserved - to be defined in a future version of MATLAB
% handles    structure with handles and user data (see GUIDATA)
% 取得模型的名称
modelname = get(handles.modelname, 'String');
% 取得仿真结束的时间
stoptime = str2num(get(handles.simstoptime, 'String'));
% 启动仿真
sim(modelname, [0 stoptime])
```

"停止仿真"按钮的 Callback 的代码为:

```
% --- Executes on button press in stopsim.
function stopsim_Callback(hObject, eventdata, handles)
% hObject    handle to stopsim (see GCBO)
% eventdata  reserved - to be defined in a future version of MATLAB
% handles    structure with handles and user data (see GUIDATA)
% 定义仿真停止的标志 GUIStopFlag
global GUIStopFlag;
% 当仿真停止时,设置该标志为1(真)
GUIStopFlag = 1;
```

④ 编写一个 S 函数来不停地检测仿真停止的标志 GUIStopFlag。如果检测到 GUIStopFlag 为真,即表明要停止仿真,则发送命令给 Stop Simulation 模块,告诉它,现在可以停止仿真了。S 函数的名称为 sysstop_new.m,以下是 S 函数中的代码。

在模块的初始化函数中,给仿真停止标志赋初值:

```
function [sys,x0,str,ts] = mdlInitializeSizes
global GUIStopFlag;
GUIStopFlag = 0;
```

在模块的输出函数中,定义其输出值:

```
function sys = mdlOutputs(t,x,u)
global GUIStopFlag;
if (GUIStopFlag == 1)
    sys = 1;
else
    sys = 0;
end
```

⑤ 在 Simulink 模型中加上上述的 S 函数。完成后的模型如图 7.19-3 所示。运行结果如图 7.19-4 所示。

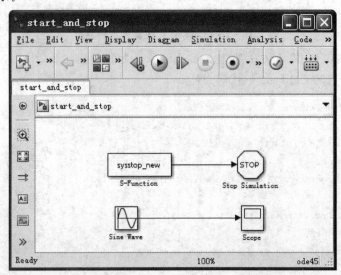

图 7.19-3 加入 S 函数和停止仿真模块的模型

第7章 GUI高级技巧

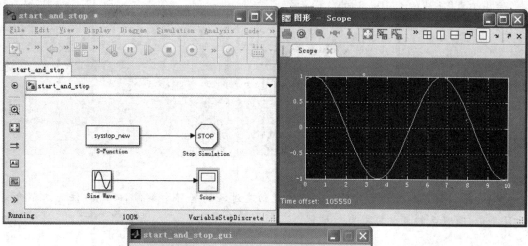

图 7.19-4　程序运行的效果

2. 通过设置模型的 SimulationCommand 参数来实现

在 MATLAB 软件的帮助文件中，Simulink 的 Model Parameters 部分列出了可以设置的模型参数。其中，SimulationCommand 参数用来控制模型的运行。

SimulationCommand 参数为 string 类型，可以设置如下的值：

| 'start' | 'stop' | 'pause' | 'continue' | 'step' | 'update' | 'WriteDataLogs' | 'SimParamDialog' | 'connect' | 'disconnect' | 'WriteExtModeParamVect' | 'AccelBuild' |

其中，'start' | 'stop' | 'pause' | 'continue' 可以用来控制仿真的启动、停止、暂停和继续。

① 按照"1. 利用 S 函数来实现"中的第①、②步来创建仿真模型和 GUI。

② 在"启动仿真"和"停止仿真"按钮的 Callback 中添加代码。

"启动仿真"按钮的 Callback 的代码为：

```
% --- Executes on button press in startsim.
function startsim_Callback(hObject, eventdata, handles)
% hObject    handle to startsim (see GCBO)
% eventdata  reserved - to be defined in a future version of MATLAB
% handles    structure with handles and user data (see GUIDATA)

modelname = get(handles.modelname, 'String');
stoptime = str2num(get(handles.simstoptime, 'String'));
% 设置仿真停止的时间
stoptime = get(handles.simstoptime, 'String');
set_param('start_and_stop', 'StopTime', stoptime);
% 设置模型的 SimulationCommand 参数为 start,从而启动仿真
set_param('start_and_stop', 'SimulationCommand', 'start');
```

"停止仿真"按钮的 Callback 的代码为：

```
% --- Executes on button press in stopsim.
function stopsim_Callback(hObject, eventdata, handles)
% hObject      handle to stopsim (see GCBO)
% eventdata    reserved - to be defined in a future version of MATLAB
% handles      structure with handles and user data (see GUIDATA)

% 设置模型的 SimulationCommand 参数为 stop,从而停止仿真
set_param('start_and_stop','SimulationCommand','stop');
```

程序运行的效果与图 7.19-4 类似。

【注】 可以利用本节的第 2 种方法来实现仿真过程的暂停和继续，实现方法与本节介绍的方法类似，有兴趣的读者可以自行调试。

7.20 技巧 92：编程实现图像的缩放和移动功能

7.20.1 技巧用途

在 MATLAB 程序中，通过把 figure 的 MenuBar 属性和 ToolBar 属性设置为 figure，可以在窗口界面上显示 MATLAB 的标准菜单栏和工具条。MATLAB 预定义了各个菜单项和工具按钮的回调函数，用户不用书写任何代码即可实现菜单项和工具按钮的功能，这为用户开发应用程序提供了方便。其中，对界面上图像的放大、缩小和移动浏览是用户常用的功能。

有时，用户可能希望能在自己编写的程序中添加代码，以实现标准工具栏按钮的相应功能。下面就结合示例程序介绍手工编写代码实现图像的放大、缩小和移动浏览的方法。

7.20.2 技巧实现

1. MATLAB 的 zoom 命令

要实现用户手工控制图像的放大和缩小功能，可利用 MATLAB 提供的 zoom 命令。其调用格式之一为：

```
h = zoom(figure_handle)
```

其中，figure_handle 为显示图像的界面窗口的句柄；h 为"缩放模式对象"（zoom mode object）的句柄，利用该句柄，用户即可控制图像的缩放。

缩放模式对象有如下常用的几个属性：

Enable——是否允许对界面窗口进行缩放操作，其值为 on 或 off；

FigureHandle——允许缩放的界面窗口对象的句柄；

Motion——缩放的类型，可以为 horizontal（水平）、vertical（垂直）或 both（水平和垂直）；

Direction——图像缩放的方向，其值为 in（放大）或 out（缩小）。

此外，MATLAB 还提供了几个常用的函数：

● setAllowAxesZoom(h,axes,flag)

该函数用于设置允许坐标轴缩放的标志。函数的第 1 个参数为"缩放模式对象"的句柄；第 2 个参数为指定的坐标轴的句柄；第 3 个参数表示是否允许坐标轴缩放，true 为允许，false 为不允许。

● setAxesZoomMotion(h,axes,style)

该函数用于设置图像缩放的方向。函数有 3 个参数：第 1 个参数是"缩放模式对象"的句柄；第 2 个参数是指定坐标轴的句柄；第 3 个参数是缩放的方向，其值可以为 horizontal,vertical 或 both。

2. MATLAB 的 pan 命令

要实现用户手工控制图像平移的功能，可以利用 MATLAB 提供的 pan 命令。pan 命令用来操作平移模式对象（pan mode object）。平移模式对象的属性和方法与 zoom 对象类似，用户可以查看 MATLAB 的帮助文件。

▲【例 7.20 - 1】 自定义缩放菜单，实现图像的缩放功能。

利用 GUIDE 的菜单编辑工具创建"缩放"菜单，其共有放大、缩小、移动 3 个菜单项，分别实现图像的放大、缩小和移动功能。把 figure 的 MenuBar 属性和 ToolBar 属性都设置为 none，不显示 figure 自带的菜单栏和工具条。

① 在 OpeningFcn 函数中加入初始化代码，在坐标轴上显示一幅图像：

```
axes(handles.axes1);
data = imread('mypic.jpg');
imshow(data);
```

② 编辑"放大"菜单项的回调函数：

```
% 放大菜单项的回调函数
function zoom_in_Callback(hObject, eventdata, handles)
% 创建 zoom 对象
h = zoom(handles.figure1);
% 打开缩放对象
set(h,'enable','on');
% 设置允许坐标轴缩放的标志
setAllowAxesZoom(h,handles.axes1,true);
% 设置图像缩放的方向,允许水平和垂直方向缩放
setAxesZoomMotion(h,handles.axes1,'both');
% 设置 zoom 对象的 direction 为 in,即放大
set(h,'direction','in');
```

③ 编辑"缩小"菜单项的回调函数：

```
% 缩小菜单项的回调函数
function zoom_out_Callback(hObject, eventdata, handles)
h = zoom(handles.figure1);
setAllowAxesZoom(h,handles.axes1,true);
setAxesZoomMotion(h,handles.axes1,'both');
set(h,'enable','on');
set(h,'direction','out');
```

④ 编辑"移动"菜单项的回调函数：

```
% 移动菜单项的回调函数
function pic_pan_Callback(hObject, eventdata, handles)
% 创建 pan 对象
h = pan(handles.figure1);
% 打开 pan 对象
```

```
set(h,'enable','on');
% 设置允许坐标轴移动
setAllowAxesPan(h,handles.axes1,true);
% 设置坐标轴移动的方向为水平和垂直方向
setAxesPanMotion(h,handles.axes1,'both');
```

程序的运行界面如图 7.20-1 所示。

图 7.20-1　图像缩放和移动界面

7.21　技巧 93：登录新浪微博

7.21.1　技巧用途

新浪微博是大家常用的微型博客类别的社交网站，某些功能需要用户登录后才能生效。MATLAB 除了提供矩阵处理、图形图像处理等工具箱之外，还提供了丰富的网络交互式编程接口。利用这些接口，用户可以方便地进行所需功能的自定义开发。本技巧结合新浪微博登录的 MATLAB 自动化实现，给出网站自动登录的一种可行解决方案，也可以进一步将其拓展到更多的网络交互等高级应用。

7.21.2　技巧实现

为了实现网络交互式编程，本技巧结合 Windows 系统提供的 COM 控件，通过 MATLAB 的 ActiveX 对象来进行处理，具体过程如下：

```
clc; clear all; close all;
% COM 控件
browser = actxserver('internetexplorer.application');
% 打开指定网页
browser.Navigate('http://www.baidu.com');
% 设置浏览器窗口可见
browser.visible = 1;
```

运行如上代码,系统将会调用自带的浏览器,打开百度首页。因此,通过 MATLAB 可以实现自动浏览指定网页的功能。输入新浪微博登录 URL 即可获取登录页面对象,如图 7.21-1 所示。

图 7.21-1 新浪微博登录页面

通过在浏览器界面右击查看源代码的方式,或者通过右击审查元素的方式,可以方便地获取到登录用户名、登录密码、登录按钮的属性标识,具体如表 7.21-1 所列。

表 7.21-1 控件对象标识

名 称	属性标识
登录用户名	name=username
登录密码	name=password
登录按钮	class=W_btn_g

在实际操作过程中,通过对登录用户名、登录密码、登录按钮的内容赋值,动作激活,即可完成微博用户的自动登录,具体代码如下:

```
clc; clear all; close all;
% com 控件
browser = actxserver('internetexplorer.application');
% 打开指定网页
browser.Navigate('http://www.weibo.com/login');
% 设置浏览器窗口可见
browser.visible = 1;
% 等待加载完成
state = browser.readystate;
while 1
    state = browser.readystate;
    if isequal(state,'READYSTATE_COMPLETE')
```

```
            break;
        else
            pause(1);
        end
    end
    pause(1);
    % 登录用户名
    username = browser.document.body.all.item('username').item(1);
    if ~isempty(username)
        un = input('请输入用户名:', 's');
        username.value = un;
    end
    % 登录密码
    password = browser.document.body.all.item('password').item(1);
    if ~isempty(password)
        up = input('请输入用户密码:', 's');
        password.value = up;
    end
    % 登录按钮
    try
        % IE模式
        W_btn_g = browser.document.body.getElementsByClassName('W_btn_g').item(1);
    catch
        % Chrome兼容模式
        num = browser.document.body.getElementsByTagName('a').length;
        for i = 1 : num
            ci = browser.document.body.getElementsByTagName('a').item(i).className;
            if isequal(ci, 'W_btn_g')
                W_btn_g = browser.document.body.getElementsByTagName('a').item(i);
                break;
            end
        end
    end
    if ~isempty(W_btn_g)
        W_btn_g.click;
    end
```

运行上述代码,可以待页面加载完毕,根据提示输入登录所需的用户名和密码,程序将自动识别对应的控件并将信息填入,最终能够自动登录新浪微博。此外,需要注意的是:网站登录规则可能会发生修改,使用上述代码可能会出现登录失败的现象,此时用户就需要根据自身的需要对代码进行修改,以满足对目标网站的登录需求。

第 8 章

MATLAB 与其他语言混合编程

8.1 技巧 94：在 MATLAB 中制作 COM 组件

8.1.1 技巧用途

在 C/C++ 与 MATLAB 编程过程中，COM 技术被广泛应用。通过 MATLAB 的 Depoly Tool 工具可实现基于 COM 组件的 MATLAB 与 C/C++ 混合编程。混合编程可以充分利用 MATLAB 功能强大的工具箱和其他语言开发界面方便的特点，有助于开发出高质量、高性能的应用软件。

8.1.2 技巧实现

1. MATLAB COM Builder 简介

MATLAB COM Builder 是从 MATLAB 6.5（即 MATLAB R13）版本才开始提供的一个新工具。它是 MATLAB Compiler 的一个扩展功能，也是 MathWorks 公司推荐使用的混合编程方法；它提供了简单、易用的图形化界面，帮助用户将 MATLAB 的 M 函数文件自动、快速地转变为独立的进程内 COM 组件；它以 DLL（ActiveX DLL）形式被装入客户的进程空间中，可以在任何支持 COM 组件的应用程序中使用。其工作原理是利用 MATLAB 编译器把 MATLAB 程序转换成 C/C++ 程序，同时产生与 COM 有关的包装代码，然后调用外部编译器来产生 COM 对象。

应用组件技术实现 MATLAB 与其他高级语言的混合编程，具有许多独特的优点，主要表现为：

① 适应性强，可用于任何支持组件技术的高级语言中；
② 不需要进行代码转换，使得编程风格一致；
③ 方便灵活，既可以与 MATLAB 协同工作，也可以生成不依赖于 MATLAB 环境的独立应用程序，还可以获得更快的运行速度。

2. MATLAB COM Builder 的安装与配置

MATLAB COM Builder 是 MATLAB Compiler 的扩展，创建 COM 组件之前应安装 MATLAB 中的 MATLAB Compiler 和 MATLAB COM Builder 等模块。另外，还需要对 MATLAB Compiler 进行必要的配置。方法为：在 MATLAB 命令窗口键入"mbuild - setup"，将出现选择编译器的提问，所列出的编译器包括计算机中已安装的各种 C/C++ 编译器，用户可以根据需要自行选择其中一种并确认，就可以利用 MATLAB COM Builder 生成所需要的组件。

```
>> mbuild - setup
MBUILD 配置为使用 'Microsoft Visual C++ 2008 Professional (C)' 以进行 C 语言编译
```

要选择不同的语言,请从以下选项中选择一种命令:
 mex - setup C++ - client MBUILD
 mex - setup FORTRAN - client MBUILD
 >>

需要注意的是,针对 64 位 Windows 平台,MATLAB 没有集成 C 编译器,需要从 MathWorks 网站自行下载安装(当输入上述安装命令时会出现警告信息),网址为 http://cn.mathworks.com/support/compilers/R2014b/index.html? sec=win64;或者自行安装第三方编译器,如 Visual Studio 等。

一般来说,使用 MATLAB COM Builder 编译 COM 组件包括 4 个步骤:
① 创建一个新的工程,或者打开一个已经存在的工程;
② 给工程加入需要的 M 文件或者 MEX 文件;
③ 编译工程;
④ 打包和发布产生的 COM 组件。

3. 制作 COM 组件示例

1) M 文件的编写

以简单的相加函数为例,将结果保存为 Call_Add.m。

```
function re = Call_Add(para1, para2)
% MYFUN  输入同型矩阵相加,输出结果
re = para1 + para2;
```

2) 利用 MATLAB COM Builder 生成 COM 组件

以 MATLAB R2014a 为例。在 MATLAB 命令行窗口键入 deploytool 命令,弹出如图 8.1-1 所示的窗口,单击 Library Compiler 图标;或者单击"应用程序"导航栏中右侧向下的箭头,从下拉菜单中选择"库编译器",如图 8.1-2 所示。

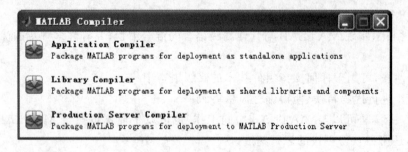

图 8.1-1 MATLAB Compiler 窗口

以上两种方法都可以打开 MATLAB Compiler 窗口,如图 8.1-3 所示。

单击图 8.1-3 中的 Add Exported Functions 右侧的"十"字按钮,添加需要编译的 M 文件。单击 Settings 图标,出现如图 8.1-4 所示的 Settings 对话框,可以设置工程输出文件夹。单击 Package 图标,开始编译、打包文件,如图 8.1-5 所示。

编译、打包完成后,在工程的当前文件夹下创建 3 个子文件夹:for_redistribution(用于部署)、for_redistribution_files_only(包含生成的 COM 组件)、for_testing(用于测试)。其中,for_redistribution_files_only 文件夹下包含的文件 Call_Add_1_0.dll 即为所生成的 COM 组件。

图 8.1-2 从导航栏中打开 MATLAB Compiler

图 8.1-3 MATLAB Compiler 窗口

另外，利用 MATLAB COM Builder 制作的 COM 组件可以包含多个类，在每个类中可以加入多个 M 文件。一个 M 文件实际就是一个函数，用 function 开头，并可以带多个输入、输出参数。

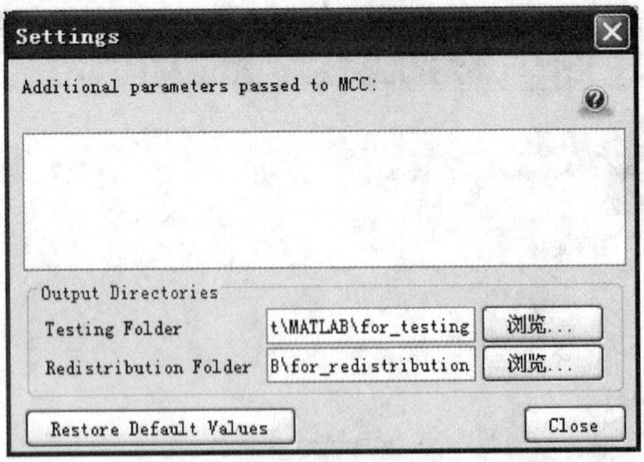

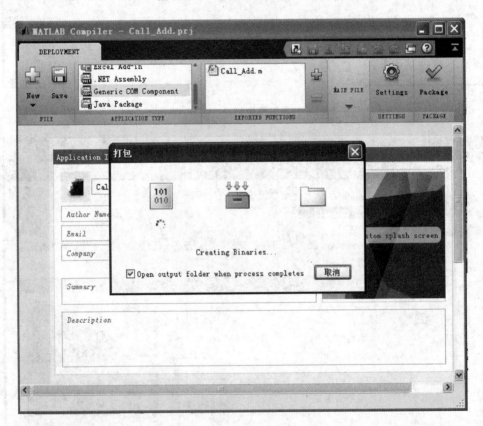

图 8.1-4 设置工程输出文件夹

图 8.1-5 编译、打包文件

8.2 技巧 95：MATLAB 与 VB 混合编程

8.2.1 技巧用途

VB 应用程序与 MATLAB 接口技术的实现是充分利用 VB 可视化的优点和 MATLAB 强大的数值计算、灵活的数据输入与输出、强大的图形输出功能等特点,将 VB 应用程序中复杂的数学计算、图形输出通过接口技术交由 MATLAB 来完成，从而使程序开发人员从烦琐的数学和图形编程中解脱出来。

这里介绍两种接口的方法：VB 调用 MATLAB 引擎和 VB 调用 MatrixVB。

8.2.2 技巧实现

1. VB 调用 MATLAB 引擎

VB 通过 ActiveX 接口将 MATLAB 作为它的一个 ActiveX 部件调用，来实现复杂的数值计算、图像显示及处理。

（1）启动 MATLAB 引擎

要想在 VB 中请求 MATLAB 的服务，用户首先必须获得 MATLAB ActiveX 对象在系统注册表中定义的名字，即 MATLAB.Application。这样就可以在 VB 源程序中开启 MATLAB 自动化服务器功能。代码如下：

```
Public objmatlab As Object
Set objmatlab = CreateObject("MATLAB.Application")
```

（2）MATLAB ActiveX 对象的函数

- **Function Execute (Command as String) as String**

VB 可执行一条由 Command 字符串决定的 MATLAB 命令，或在 MATLAB 的工作空间中调用 M 函数文件，绘图命令将产生的图形显示在屏幕上。

- **Sub GetFullMatrix (Matr_Name as String, Workspace as String, Var_Real() as Double, Var_Imag() as Double)**

通过 GetFullMatrix 方法，VB 可以从指定的 MATLAB 工作空间中获取指定变量名的矩阵数据。Var_Real()和 Var_Imag()分别为矩阵的实部和虚部。

- **Sub PutFullMatrix (Matr_Name as String, Workspace as String, Var_Real() as Double, Var_Imag() as Double)**

通过 PutFullMatrix 方法，VB 可以将指定变量名的矩阵数据存储到 MATLAB 指定的工作空间中。Var_Real()和 Var_Imag()分别为矩阵的实部和虚部。

（3）举 例

【例 8.2-1】 在 VB 6.0 下新建一个工程，其窗口上有四个控件：两个 text（一个是 text1，用于输入 MATLAB 命令；另一个是 text2，用于显示变量值）；两个按钮（一个是 Command1（其 Caption 为"结果"），用于运行 MATLAB 命令并显示结果；另一个是 Command2（其 Caption 为"退出"），用于关闭 VB 当前工程以及关掉 MATLAB 引擎）。

在 form 的通用声明中定义 MATLAB 对象，程序如下：

```
Option Explicit
Rem 定义 MATLAB 对象
Dim objmatlab As Object
```

在 form 的初始化中启动 MATLAB 引擎，程序如下：

```
Private Sub Form_Initialize()
    Rem 启动 MATLAB 引擎
    Set objmatlab = CreateObject("matlab.application")
End Sub
```

Command1 的 Click 事件：

```vb
Private Sub Command1_Click()
    Rem 定义变量
    Dim x_Real(19) As Double, x_Imag(19) As Double
    Dim y_Real(19) As Double, y_Imag(19) As Double
    Dim i As Integer, j As Integer
    Rem 给自变量x的实部和虚部赋值
    For i = 0 To 19
        x_Real(i) = i * 0.5
        x_Imag(i) = 0
    Next i
    Rem 将VB中的指定变量名的矩阵数据存储到MATLAB指定的工作空间中
    Call objmatlab.PutFullMatrix("x", "base", x_Real, x_Imag)
    Rem 执行text1中的MATLAB命令
    objmatlab.execute (Text1.Text)
    Rem 从指定的MATLAB工作空间中获取指定变量名的矩阵数据
    Call objmatlab.GetFullMatrix("y", "base", y_Real, y_Imag)
    Rem 将获取的值显示在text2中
    Text2.Text = ""
    For i = 0 To 19
        Text2.Text = Text2.Text & Format(y_Real(i), "0.000") & Chr(13) & Chr(10)
    Next i
End Sub
```

Command2 的 Click 事件：

```vb
Private Sub Command2_Click()
    Rem 关闭MATLAB引擎关闭form1
    Set objmatlab = Nothing
    Unload Form1
End Sub
```

运行 VB 程序，单击"结果"按钮，得到的结果如图 8.2-1 所示。

上面的程序为了介绍 MATLAB ActiveX 对象的 3 个函数的用法,代码写得很啰嗦。Command1 的 Click 事件可以写得很简单,其简化代码如下：

```vb
Private Sub Command1_Click()
    Rem 定义变量
    Dim x As String, y As String
    x = "x = 0:0.5:9.5;"
    y = "disp(num2str(y','%1.4f'));"
    Rem 执行MATLAB命令
    Text2.Text = objmatlab.execute(x & Text1.Text & y)
End Sub
```

运行后得到的效果和例 8.2-1 差不多。

利用 ActiveX 进行 VB 和 MATLAB 交互通信时所采用的 MATLAB 语句是 MATLAB

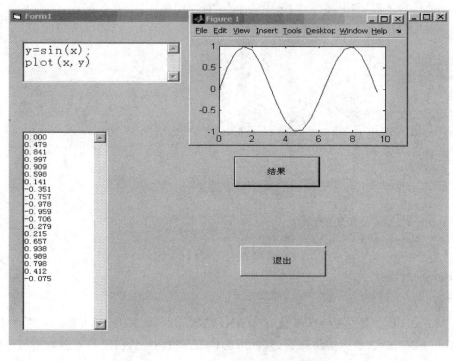

图 8.2-1　VB 调用 MATLAB 引擎的实例界面

提供的函数和图形库命令。该方法编程效率高,但程序的执行必须在 MATLAB 运行环境中,这样会占用大量内存,且程序执行速度有一定的影响。

2. VB 调用 MatrixVB

MatrixVB 是 MathWorks 公司针对 VB 提供的一个 MATLAB 组件库,增强了 VB 计算和绘图功能的函数集合。它包括基本的数学运算和功能强大的信号处理、线性代数运算、串运算及图形图像处理功能等,用来补充 VB 本身内建函数和图形处理的不足。它允许用户在 VB 编译的环境下脱离 MATLAB 后台运行,直接调用大量复杂的数值计算算法和函数及进行图形的绘制,使 MATLAB 的相似函数、语法几乎完全融入 VB 语言中,因此利用它编程十分方便。

(1) 在 VB 中调用 MatrixVB

在自己的计算机上安装 MatrixVB,对 MMatrix.dll 等库文件进行声明。因 MMatrix.dll 是 COM 服务器,故须用命令性语句"regsvr32 mmatrix.dll"在操作系统中进行注册;注册之后启动 VB,新建一个工程,在菜单"工程"→"引用"中选中 MMatrix 项,就可以直接使用 Matrix-VB 库中的函数和命令了。

(2) 利用 MatrixVB 插件进行数据拟合

【例 8.2-2】对表 8.2-1 所列的两组数据进行多项式拟合,并作出数据点和拟合曲线的图形。

表 8.2-1　待拟合数据

x	0	0.1	0.2	0.3	0.4	0.5	0.6	0.7	0.8	0.9	1
y	−0.447	1.978	3.28	6.16	7.08	7.34	7.66	9.56	9.48	9.3	11.2

新建一个标准工程,如上述操作,选中菜单"工程"→"引用"中的 MMatrix 项,窗体中不放任何控件,只需要窗口的 Click 事件。代码如下:

```
Private Sub Form_Click()
    Rem 自变量
    x = linspace(0, 1, 11)
    Rem 创建函数值矩阵
    y = CreateMatrix( - 0.447, 1.978, 3.28, 6.16, 7.08, 7.34, 7.66, 9.56, 9.48, 9.3, 11.2)
    Rem polyfit 求系数
    p = polyfit(x, y, 2)
    Rem 拟合值
    z = polyval(p, x)
    Rem 作出数据点和拟合曲线的图形
    Call plot(x, y, "k + ", x, z, "r")
    xlabel ("x")
    ylabel ("y")
End Sub
```

安装 MatrixVB 插件之后,里面会有 MatrixVB Guide 和 Reference Guide 两个 PDF 文件,它们对于 MatrixVB 的用法讲得很详细(用法和 MATLAB 的用法差不多),用户可以参照这两个 PDF 文件进行学习。

运行程序,单击窗口,结果如图 8.2-2 所示。可见,MatrixVB 可节省算法实现和界面设计的时间;充分利用 MatrixVB 的计算和绘图功能,可实现 MatrixVB 和 VB 较为完美的结合。

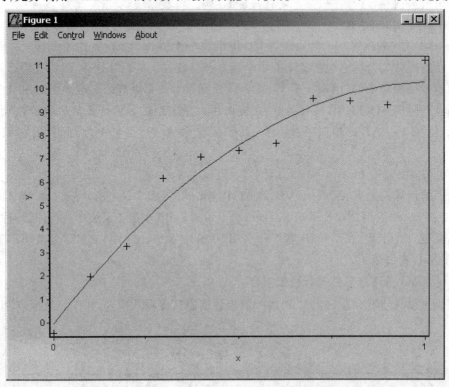

图 8.2-2　VB 与 MatrixVB 混编得到的数据拟合图形

8.3 技巧96：MATLAB 与 C++混合编程

8.3.1 技巧用途

MATLAB 是当前应用最为广泛的数学软件之一，具有强大的数值计算、数据分析处理、系统分析、图形显示甚至符号运算等功能。利用这一完整的数学平台，用户可以快速实现十分复杂的功能，极大地提高工程分析、计算的效率。但与其他高级编程语言相比，MATLAB 程序是一种解释执行程序，不用编译等预处理，程序运行速度较慢。

C++语言是目前最为流行的高级编程语言之一。它可对操作系统和应用程序以及硬件进行直接操作，一些大型应用软件（如 MATLAB）等都是用 C 语言开发的。所以，MATLAB 与 C++两者互补结合的混合编程在科学研究和工程实践中具有非常重要的意义。

8.3.2 技巧实现

在工程实践中，实现 C++与 MATLAB 混合编程的方法主要有 3 种：使用 MATLAB 计算引擎、将 M 文件编译成 DLL 文件以及使用 MATCOM 编译器。

1. 在 C++程序中调用 MATLAB 计算引擎

MATLAB 的引擎库为用户提供了一些接口函数，利用这些接口函数，用户可在自己的程序中以计算引擎方式来调用 MATLAB 文件。该方法采用客户机/服务器模式，利用 MATLAB 引擎将 MATLAB 和 C++联系起来。在实际应用中，C++程序为客户机，MATLAB 作为本地服务器。C++程序向 MATLAB 计算引擎传递命令和数据信息，并从 MATLAB 计算引擎接收数据信息。

MATLAB 提供的 C 语言计算引擎访问函数如表 8.3-1 所列。

表 8.3-1 C 语言中使用的引擎函数

函数名	功能
engOpen	打开一个 MATLAB 计算引擎
engClose	关闭一个 MATLAB 计算引擎
engGetVariable	从 MATLAB 计算引擎得到一个 MATLAB 的矩阵
engPutVariable	输送一个 MATLAB 矩阵到 MATLAB 计算引擎中
engEvalString	向引擎发送所执行的 MATLAB 命令字符串
engOutputBuffer	创建一个缓存区来存储 MATLAB 的文本输出
engGetVisible	确定 MATLAB 会话期窗口是否可见
engSetVisible	显示或者隐藏一个 MATLAB 会话窗口
engOpenSingleUse	打开一个单独的非共享的 MATLAB 计算引擎

在 MATLAB 引擎中也使用 mx 函数库，该函数库为应用程序接口函数库。表 8.3-2 列出了几个常用的 mx 函数。

表 8.3-2　常用的 mx 函数

函数名	功　能
mxCreateString	创建 mxArray 字符串
mxCreateDoubleMatrix	创建双精度 mxArray 数据
mxGetPr	从 mxArray 矩阵中获取实部数据，获取实际数据的指针
mxGetM	获取 mxArray 矩阵的行数
mxGetN	获取 mxArray 矩阵的列数
mxIsDouble	判断 mxArray 数据是不是 double 型的
mxDestroyArray	释放内存

▲【例 8.3-1】　以 C++语言编写的程序调用 MATLAB 引擎计算方程 $x^3+2x^2+3x+4=0$ 为例，说明 C++调用 MATLAB 计算引擎编程的原理和步骤。

使用 Microsoft Visual Studio 2008 软件创建一个 Win32 控制台程序，再新建一个 C++源文件 example1.cpp。代码如下：

```cpp
#include <windows.h>
#include <stdio.h>
#include "engine.h"
int main()
{
    Engine * ep;                              //引擎指针
    if(!(ep = engOpen("\0")))                 //判断引擎是否启动
    {
        fprintf(stderr,"\n 不能启动 MATLAB 引擎\n");
        return EXIT_FAILURE;
    }
    mxArray * P = NULL, * r = NULL;           //定义矩阵指针
    char buffer[301];                         //定义缓存
    double poly[4] = {1,2,3,4};               //系数数组
    P = mxCreateDoubleMatrix(1,4,mxREAL);     //定义双精度 mxArray 矩阵
    memcpy(mxGetPr(P),poly,4 * sizeof(double));//将 poly 数组复制到 mxArray 矩阵中
    engPutVariable(ep,"p",P);                 //将变量 P 输入 MATLAB 中，赋给变量 p
    engOutputBuffer(ep,buffer,300);           //创建一个用于 MATLAB 输出的缓冲区
    engEvalString(ep,"disp(['多项式 ',poly2str(p,'x'),' = 0 的根为:']),r = roots(p)");
                                              //执行 MATLAB 程序
    MessageBox(NULL,buffer,"C++调用 MATLAB 引擎的应用",MB_OK);  //显示提示信息
    engClose(ep);                             //关闭 MATLAB 引擎
    mxDestroyArray(P);                        //释放内存
    return EXIT_SUCCESS;
}
```

② 将 libeng.lib 和 libmx.lib 两个静态链接库添加到当前工程中。

选择 Project→Properties，打开属性对话框，如图 8.3-1 所示；在 Additional Dependencies 中填入两个静态链接库即可。

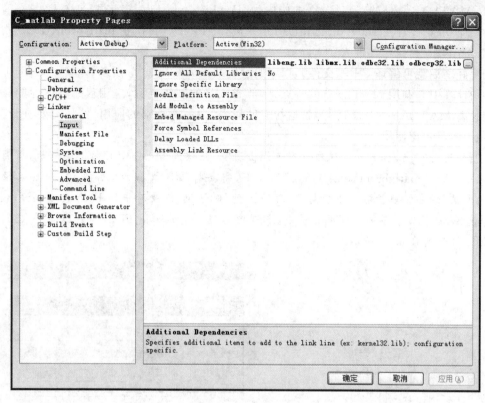

图 8.3-1 工程属性对话框

③ 添加 Include 文件和 Library 文件。

选择 Tools→Options，打开 Options 对话框，如图 8.3-2 所示。

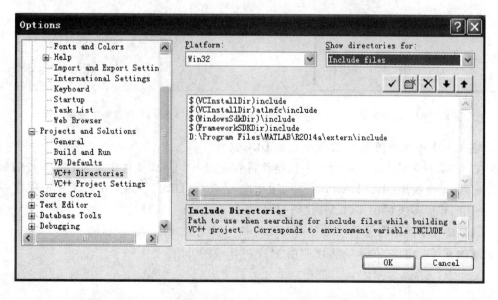

图 8.3-2 Options 对话框

在对话框左侧的树形目录中选择 Projects and Solutions→VC++ Directories。在 Show directories for 中选择 Include files，然后添加目录"matlabroot\extern\include"，其中 matlabroot 是 MATLAB 软件的安装目录(本例中为"D:\Program Files\MATLAB\R2014a"),如图 8.3-2 所示。接着在 Show directories for 中选择 Library files,将"matlabroot\extern\lib\win32\microsoft"目录添加进去。

配置好之后就可编译 C++文件。程序的运行结果如图 8.3-3 所示。

利用计算引擎调用 MATLAB 的特点是:节省大量的系统资源,应用程序整体性能较好;但不能脱离 MATLAB 的环境运行,且运行速度较慢,在一些特别的应用(例如需要进行三维图形显示)时可考虑使用。

【注】 运行 C_matlab.exe 程序时有可能出现"无法找到 libeng.dll"的错误提示,原因是:libbeng.dll 位于"matlabroot\bin\win32"目录下,需要将该目录添加到系统的 Path 路径中。从"我的电脑"的高级属性对话框中打开"环境变量"对话框,修改其中的 Path 变量,将"matlabroot\bin\win32"目录添加到环境变量中,本例中为"D:\Program Files\MATLAB\R2014a\bin\win32",如图 8.3-4 所示。

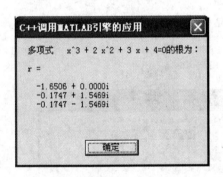

图 8.3-3 运行结果

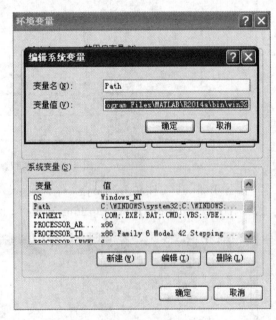

图 8.3-4 修改环境变量

2. 在 C++程序中调用 M 文件生成的 DLL 文件

MATLAB 自带的 Lcc C 编译器不仅能够将 MATLAB 的 M 文件编译为 C/C++的源代码,还能产生完全脱离 MATLAB 运行环境的动态链接库(DLL)。因此在 C/C++程序中可以通过调用 DLL 实现对 MATLAB 代码的调用。

下面通过一个简单的例子说明 C/C++调用 M 文件生成的 DLL 文件。

【例 8.3-2】 C/C++程序调用 M 文件生成的 DLL 文件。

① 编写 M 文件,程序如下:

```
function y = vc_matlab_dll(n)
% 绘制正弦曲线,以频率作为输入参数
x = 0:0.1:2*pi;
y = sin(n*x);
```

```
plot(x,y)
xlabel('x')
ylabel('y')
title('正弦曲线')
```

② 将 M 文件编译成 DLL。

在命令窗口中调用 mcc 命令,将①中的 vc_matlab_dll.m 文件编译成 DLL:

```
mcc - W lib:vc_matlab_dll - T link:lib vc_matlab_dll.m
```

编译后得到 vc_matlab_dll.dll、vc_matlab_dll.lib、vc_matlab_dll.h 等文件。

③ 在 Microsoft Visual Studio 2008 中新建一个"Win32 consle Application"工程"DLL_example",把②中编译得到的 vc_matlab_dll.dll、vc_matlab_dll.lib、vc_matlab_dll.h 文件复制到工程目录下。

④ 添加 Include 文件和 Library 文件,方法与例 8.3-1 中的③一致,这里不再赘述。

⑤ 选择 Project→Properties,打开属性对话框,在 Additional Dependencies 中填入两个静态链接库:mclmcrrt.lib vc_matlab_dll.lib,两个库文件名称之间以空格隔开。

⑥ 将 vc_matlab_dll.h 文件加入工程中,然后新建一个 C++源文件 dll_main.cpp,在其中加入代码:

```cpp
#include "vc_matlab_dll.h"
#include <iostream>
using namespace std;
int main()
{
    //初始化
    if(!mclInitializeApplication(NULL,0) || !vc_matlab_dllInitialize())
    {
        cout << "初始化失败!" << endl;
        return EXIT_FAILURE;
    }

    double nValue;
    cout << "请输入正弦频率:";
    cin >> nValue;
    cout << "正弦频率:f = " << nValue << endl;

    mxArray * n;
    mxArray * y = NULL;
    n = mxCreateDoubleMatrix(1,1,mxREAL);
    memcpy(mxGetPr(n),&nValue,sizeof(double));

    //调用 m 函数转换函数
    mlfVc_matlab_dll(1,&y,n);
    Sleep(5000); // 窗口显示 5 s
    cout << "按任意键退出 >> " << endl;
    fgetc(stdin);
```

```
//释放内存
mxDestroyArray(n);
mxDestroyArray(y);

//终止程序
vc_matlab_dllTerminate();
mclTerminateApplication();

return EXIT_SUCCESS;
}
```

⑦ 在 Visual Studio 2008 的 Solution Configuration 界面选择 Release,编译后运行,提示输入频率值。输入"2",按 Enter 键后可得到如图 8.3-5 所示结果。

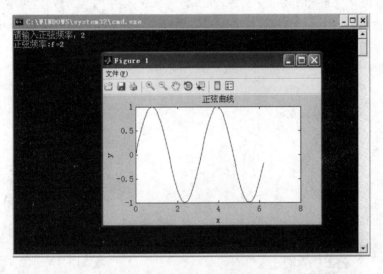

图 8.3-5　C++调用由 M 文件编译得到的 DLL 文件的运行结果

3. 使用 MATCOM 实现 MATLAB 与 C++混合编程

MATCOM 是 mathtools 公司推出的一个 MATLAB 环境的替代产品,是一个建立在编译基础上的 M 语言的集成开发环境。在很多方面 MATCOM 比 MATLAB 强大,它最主要的特点是能够将 M 语言的文件转换为 C 语言的代码,并通过 VC++将其编译成可执行程序(exe)或动态链接库(DLL),这样既保持了 MATLAB 语言的优良算法,又保证了 C++语言的高效率执行。

(1) MATCOM 的安装

MATCOM 的集成调试编译环境为 MIDEVA。它的可视化界面、方便丰富的调试功能和对数学库的强大支持越来越受到人们的重视,现在的最新版本为 MATCOM 4.5。下面介绍将 MATCOM 集成到 VC++环境的方法。

在安装 MATCOM 之前,需要首先安装好 VC 6.0 和 MATLAB。然后,按照如下的步骤来安装和设置 MATCOM 编译器:

① 下载并安装 MATCOM 4.5。

② 安装完成后第一次运行时,MATCOM 4.5 会自动搜索 VC 编译器并提示用户是否安

装,之后提示是否安装有 MATLAB,回答安装即可。

③ 启动 MATLAB,运行以下命令:

```
cd c:\matcom45  % MATCOM 的安装路径
diarympath
matlabpath
diary off
```

④ 复制 MATCOM 4.5 安装目录下的/bin/usertype.dat 文件到 VC++的安装目录/Common/MSDev98/bin 下。

⑤ 运行 VC++,执行菜单命令 Tools→Customize→Add-ins and Macro Files,单击 Browse 按钮,更改文件类型为 Add-in(.dll),选择 MATCOM 4.5 安装目录下的/bin/mvcide.dll 文件,再次单击 Close 按钮。

⑥ 在 VC++的开发环境中可以看到一个如图 8.3-6 所示的 Visual MATCOM 工具条,表示 MATCOM 安装成功。

安装好 MATCOM 后,用户可以利用 MATCOM 将 M 文件编译为相应的 C++代码,并由 C++程序对 M 文件进行调用。MATLAB 中的 M 文件可分为脚本 M 文件和函数 M 文件,下面分别介绍其调用方法。

图 8.3-6 Visual MATCOM 工具条

(2) C++程序调用脚本 M 文件

▲【例 8.3-3】 在 VC++环境中,以创建一个名为 Matcom_scriptm 的 Win32 Console Application 控制台程序为例说明其调用过程。

① 在 MATLAB 环境中编写脚本 M 文件 scriptm.m,代码如下:

```
clear
clc
x = 0:0.1:4*pi
y = sin(x)
plot(x,y)
xlabel('x')
ylabel('y')
title('正弦曲线')
```

② 在 VC++环境中建立一个名为 Matcom_scriptm 的 Win32 Console Application 工程。

③ 单击图 8.3-6 所示工具条最左边的图标,选择保存过的 MATLAB 文件 scriptm.m 进行转换。如果看到如下提示信息,则表明转换过程正常:

```
This is the output from running Visual MATCOM.
Please close this window after viewing it.
Licensed to FREE.
Using Visual C++  ; Target WinNT/Win95 (Win32)
--------------- MATCOM DONE ---------------------
```

可以观察到,此时在 FileView 标签中多了 m-files、C++ files created from m-files、Matrix<LIB>等文件夹,并且该工程目录下增加了 scriptm.h、scriptm.cpp、scriptm.mak、 scriptm.r,scriptm.rsp 等文件。转换时,如果报告有错误,可以双击 m-files 文件夹下的 scriptm.m 进行修改,再重新转换,直到没有错误为止。

④ 双击 Matrix<LIB>文件夹下的 v4501v.lib。如果不存在 v4501v.lib,则删除 Matrix<LIB>文件夹,然后选择菜单命令 Project→Add To Project→Files,找到 matcom 的安装目录\lib 里的 v4500v.lib,将其加入工程中。

⑤ 将 matlib.h 和 v4500v.lib 添加到 VC++工程中,在菜单 Project→Settings→C/C++→Category 中选择 Preprocessor,在 Additional include directory 下添加目录 C:\matcom45\lib(matcom 的安装目录\lib),路径之间用逗号隔开。

⑥ 双击打开 C++ files created from m-files 文件夹下的 g_scriptm.cpp 文件,再进行编译、连接即可生成 Matcom_scriptm.exe 文件。运行程序,可看到如图 8.3-7 所示的运行结果。也可以新建一个 C++ SourceFile,将 g_scriptm.cpp 中的代码复制到新建的文件中,以完成对 M 脚本文件的调用。

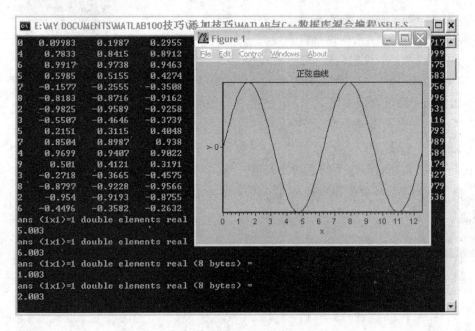

图 8.3-7 C++调用脚本 M 文件的运行结果

(3) C++程序调用函数 M 文件

【例 8.3-4】 举例说明用 C++程序调用 MATLAB 函数 M 文件的过程。

与调用脚本 M 文件的方法基本相同,下面说明其调用过程。

① 在 MATLAB 环境中编写程序 functionm.m,代码如下:

```
function functionm(x)
y = sin(x)
plot(x,y)
xlabel('x')
ylabel('y')
title('正弦曲线')
```

② 在 VC++环境中建立一个名为 Matcom_functionm 的 Win32 Console Application 工程。

③ 其他步骤与"C++调用脚本 M 文件"中的③~⑤一致,这里不再赘述。

④在 Matcom_functionm 工程下建立一个 C++ Source File 文件 functionm_main.cpp,调用转换的 MATLAB 函数,代码为:

```
#include "matlib.h"
#include "functionm.h"
void main()
{
    initM(MATCOM_VERSION);  //初始化 matlib 库
    Mm x;  //使用矩阵类 Mm 构造矩阵 x
    x = linspace(0,2*pi,100);
    functionm(x);  //C++调用函数 M 文件
    exitM();
}
```

⑤ 将 g_functionm.cpp 中的代码注释掉,或者删掉。

⑥ 编译后运行即得到与图 8.3-7 一样的结果。

使用 C++与 MATCOM 混合编程是可以完全脱离 MATLAB 平台的。如果直接运行 .exe 文件,只须将 ago4501.dll 和 v4501v.dll 加入相应的文件夹下,这样就可以完全脱离 MATLAB 环境了。

8.4 技巧97:在 MATLAB 程序中使用动态链接库文件

8.4.1 技巧用途

动态链接库(DLL)是一个包含可由多个程序同时使用的代码和数据的库。DLL 不是可执行文件。动态链接提供了一种方法,使进程可以调用不属于其可执行代码的函数。函数的可执行代码位于一个 DLL 中,该 DLL 包含一个或多个已被编译、链接并与使用它们的进程分开存储的函数。DLL 还有助于共享数据和资源。多个应用程序可同时访问内存中单个 DLL 副本的内容。由于以上优点,在 MATLAB 开发应用程序时,可以最大限度地使用已有的 DLL 库文件,提高开发效率,优化程序的性能。

8.4.2 技巧实现

1. 在 MATLAB 中加载库文件

在 MATLAB 中可以通过 loadlibrary 函数使用 DLL 文件。该函数的调用格式如下:
- **loadlibrary(libname, hfile)**
- **loadlibrary(libname, @protofile)**

其中,libname 为需要调用的 DLL 文件名;第1种方式中 hfile 为该库文件相应的 C 语言头文件;第2种方式中 protofile 为自定义的原型 M 文件。当编译带有 loadlibrary 函数的 M 文件为可执行文件时,需要使用第2种方式,否则编译后执行出错。

第2种方式中的原型 M 文件需要用户通过代码产生,产生的方式为:
loadlibrary(libname, hfile, 'mfilename', protofile)

使用 libname 库文件时,可以通过下面的方式加载:

```
loadlibrary(libname, @protofile)
```
如果头文件 hfile 中使用♯include 命令包含了另外的头文件,那么可以使用 addheader 选项予以说明,这时加载库文件的方法如下:
```
loadlibrary(libname, hfile, 'addheader', hfile2, ...)
```
比如,使用 MATLAB 加载 Windows 用户界面相关库文件 user32.dll。该库文件的头文件为 winuser.h,其位置为 MATLABROOT\sys\lcc\include,在头文件中通过♯include 命令包含了 win.h 头文件,win.h 中包含 limits.h 以及 stdarg.h 头文件。其加载方法如下(见 loaduser32dll.m 文件):

```
warning off
addpath(fullfile(matlabroot, 'sys\lcc\include'))
[notfound warnings] = loadlibrary('C:\WINDOWS\system32\user32.dll', ...
    'winuser.h', ...
    'addheader', 'win.h', ...
    'addheader', 'limits.h', ...
    'addheader', 'stdarg.h');
warning on
```

由于 MATLAB 默认 winuser.h 没有位于搜索路径下,所以通过 addpath 命令加入。另外,该头文件中没有定义到 user32.dll 中的所有函数,加载时会出现一系列警告信息,为了去掉警告信息,加载时取消了 MATLAB 的警告,加载后再打开警告功能。

2. 调用库文件函数

在 MATLAB 中,载入 DLL 文件之后,通过 calllib 函数调用 DLL 中的函数,其语法如下:
```
[x1, x2, ... xN] = calllib(libname, functionname, arg1, arg2, ...)
```
其中,libname 为使用 loadlibrary 载入的 DLL;functionname 为需要调用的函数名;从第3个参数往后为 functionname 函数的参数;functionname 的返回参数通过 x1 到 xN 表达。

如果调用之前不确定 functionname 的参数类型,可以通过 libfunctionsview 函数查看 DLL 库函数的说明。libfunctionsview 可打开"Functions in library libname"窗口,其使用方法如下:
```
libfunctionsview(libname)
```
这里的 libname 只是库文件的名称,需要去掉扩展名.dll 以及路径,否则会出现错误。

例如:查看在"1. MATLAB 中加载库文件"中载入的 user32 中的函数,在 MATLAB 命令行窗口中输入如下命令:
```
libfunctionsview('user32');
```
MATLAB 会打开"库 user32 中的函数"窗口,如图 8.4-1 所示。

例如,调用 user32 中的 MessageBoxA 函数,其功能为产生一个消息对话框。有4个输入参数,分别为消息对话框的窗口句柄、消息内容、对话框标题、对话框内容和行为的标志参数,其类型分别为 voidPtr、cstring、cstring、uint32。这和 MATLAB 的参数类型不同,需要进行转换。转换函数有两个:

① libstruct 函数:创建共享库中使用的结构体。
② libpointer 函数:创建共享库中使用的指针。

下面使用 libpointer 函数演示其功能。首先,生成 MessageBoxA 函数需要的 voidPtr 类

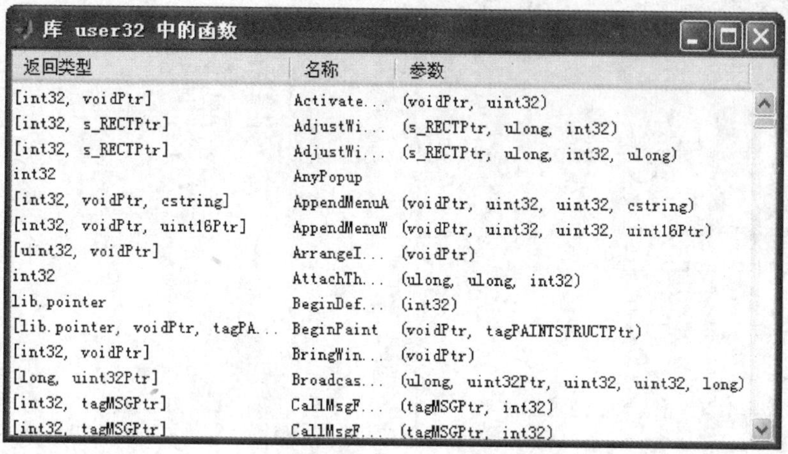

图 8.4-1 "库 user32 中的函数"窗口

型参数,在 C 中该输入参数使用 NULL 表示产生的消息对话框没有拥有窗口;另外的两个 cstring 参数直接使用 MATLAB 中的字符串变量即可;最后一个参数表明生成对话框的内容和行为,比如数字 1 表示对话框中仅包含"确定"和"取消"按钮。下面的代码首先通过 libpointer 函数产生 voidPtr 类型变量 hWnd,然后调用 MessageBoxA 函数:

```
hWnd = libpointer('voidPtr');
calllib('user32', 'MessageBoxA', hWnd, 'Hi, World', ...
    'This is an example', 1);
```

执行后,会产生如图 8.4-2 所示的消息对话框。

3. 提高加载速度的方法

当需要加载的 DLL 文件中含有大量函数时,其在 MATLAB 中的加载速度会很慢,从而影响使用效率。比如,在"1. MATLAB 中加载库文件"中所加载的 user32.dll 文件,加载时间平均 4s(Intel® Pentium® Dual CPU 1.6 GHz)左右;而对于用户来说,秒级别的处理时间已经难以接受。因此,能否提高 DLL 的加载速度,在很大程度上会影响 DLL 在 MATLAB 中的应用。这里介绍两种增进加载速度的方法。

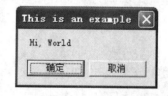

图 8.4-2 消息对话框

(1) 使用原型 M 文件加载的形式

使用原型 M 文件加载库文件,即"1. 在 MATLAB 中加载库文件"中介绍的第 2 种加载方式,需要先产生原型 M 文件。比如,加载 user32.dll 时,首先产生原型 M 文件 myuser32dll.m,代码如下:

```
loadlibrary('C:\WINDOWS\system32\user32.dll', 'winuser.h', ...
    'addheader', 'win.h', ...
    'addheader', 'limits.h', ...
    'addheader', 'stdarg.h', ...
    'mfilename', 'myuser32dll');
```

然后,通过 myuser32dll.m 文件加载该动态链接库。下面为使用这种方法与 8.2 节中的加载方法的效率对比:

```
addpath(fullfile(matlabroot,'sys\lcc\include'));
warning off
% 1.中的加载方法
tic
loadlibrary('C:\WINDOWS\system32\user32.dll','winuser.h',...
    'addheader','win.h',...
    'addheader','limits.h',...
    'addheader','stdarg.h');
toc
unloadlibrary user32

% 首先生成原型 M 文件,然后通过原型 M 文件加载
loadlibrary('C:\WINDOWS\system32\user32.dll','winuser.h',...
    'addheader','win.h',...
    'addheader','limits.h',...
    'addheader','stdarg.h',...
    'mfilename','myuser32dll');
unloadlibrary user32

tic
loadlibrary('user32.dll',@myuser32dll);
toc
warning on
unloadlibrary user32
```

输出结果如下:

```
时间已过 24.134978 秒。
时间已过 0.592086 秒。
```

可以看出,时间的节省量是非常显著的。

(2) 将 DLL 中需要的函数独立编译为用户 DLL 文件

造成加载速度缓慢的根源在于 DLL 文件中含有太多函数,而很多情况下,这些函数可能不都是用户需要的内容。如果用户仅仅使用其中的几个函数,可以考虑将这几个函数独立编译出来形成用户 DLL 文件。下面举例说明。

使用 MATLAB 加载 user32.dll 中的函数 SetWindowPos。该函数可以实现窗口的最大化、全屏、置顶等功能。由于仅仅完成这一项内容,可以通过本节介绍的方法将其独立编译出来。编译 DLL 文件需要使用 mex 命令,有关该命令的使用方法,读者可以参考 MATLAB 的帮助文件。下面的代码为需要进行 mex 编译的 C 文件:

```
#include <windows.h>
#include "mex.h"

/* MATLAB 与 C 语言接口 */
void mexFunction(int nlhs, mxArray *plhs[], int nrhs, const mxArray *prhs[])
{
    HWND hWnd; /* 窗口句柄 */
```

```c
    char * windowName;
    int nameLength;
    LPRECT lpRect, lpfRect;
    lpRect = (LPRECT)malloc(sizeof(RECT));

    /* 参数检验 */
    if (nlhs > 0)
        mexErrMsgTxt("Too many output parameters!");
    else
        if (nrhs != 1)
            mexErrMsgTxt("Only need one input parameters!");

    /* 获得窗口信息 */
    nameLength = mxGetN(prhs[0]) + 1;
    windowName = mxCalloc(nameLength, sizeof(char));
    mxGetString(prhs[0], windowName, nameLength);

    /* 根据窗口名称获得窗口句柄 */
    hWnd = FindWindow(NULL, windowName);
    if (IsWindow(hWnd))
    {
        /* 需要的操作 */
        /* 比如全屏,隐藏,置顶 */
        /* 获得用户区大小 */
        GetClientRect(NULL, lpRect);
        /* 调整窗口为全屏 */
        SetWindowPos(hWnd, HWND_NOTOPMOST, lpRect->left, lpRect->bottom, lpRect->right, lpRect->top, SWP_NOZORDER);
    }
    else
        mexErrMsgTxt("Not a valid Window!");
    free(lpRect);
}
```

将上述文件保存为 WinMax.c,使用 mex 命令编译后获得 WinMax.mexw32 文件。这是 MATLAB 的动态链接格式,当然也可以通过 mex 命令编译为 DLL 文件。mexw32 文件的优势在于可以直接使用,而不需要通过 DLL 文件的加载形式进行,大大节省了加载时间,提高了效率。比如上面的 WinMax.mexw32 文件,其输入参数为窗口名称,可以直接调用如下:

```
WinMax('windowname');
```

上述语句将名称为 windowname 的窗口全屏显示。例如,在命令窗口中输入 gcf,显示 Figure 1 窗口并将之最大化,代码如下:

```
>> gcf;
>> WinMax('Figure 1');
```

8.5 技巧98：MATLAB与Access数据库混合编程

8.5.1 技巧用途

MATLAB是功能强大、国际公认的计算软件，但其应用程序的使用却受到解释执行和体积庞大的制约；Access是界面友好、易于使用的桌面型数据库，但由于其不支持矩阵而在工程计算中难于应用。结合MATLAB与Access两者的优势，利用混合编程可开发应用数据库系统。该方法与其他方法相比，具有速度快、精度高、开发周期短、系统维护简单和二次开发便利的优点，应用前景广阔。

8.5.2 技巧实现

1. 配置数据源

（1）手工设置

单击"开始"→"设置"→"控制面板"→"管理工具"，双击数据源（ODBC）图标后弹出如图8.5-1所示的对话框。

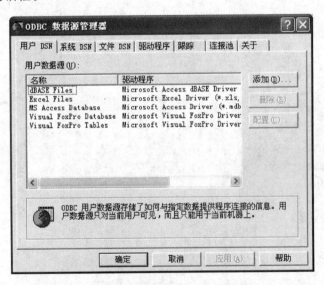

图8.5-1 "ODBC数据源管理器"对话框

单击右上角的"添加"按钮之后会弹出如图8.5-2所示的对话框。

在驱动程序中选择"Driver do Microsoft Access(*.mdb)"，然后单击"完成"按钮，弹出"ODBC Microsoft Access 安装"的对话框，如图8.5-3所示。

在图8.5-3中，输入创建的数据源名称（必填），单击"选择"按钮，弹出如图8.5-4所示对话框。选择一个Access数据库文件，单击"确定"按钮，回到"ODBC数据源管理器"对话框，此时在用户数据源中就多出了MY_ACCESS_DB数据源，如图8.5-5所示。这样，数据源就配置好了。

（2）动态设置

上面手工配置的数据源，其实就是在注册表项HKEY_CURRENT_USER\Software\

图 8.5-2 "创建新数据源"对话框

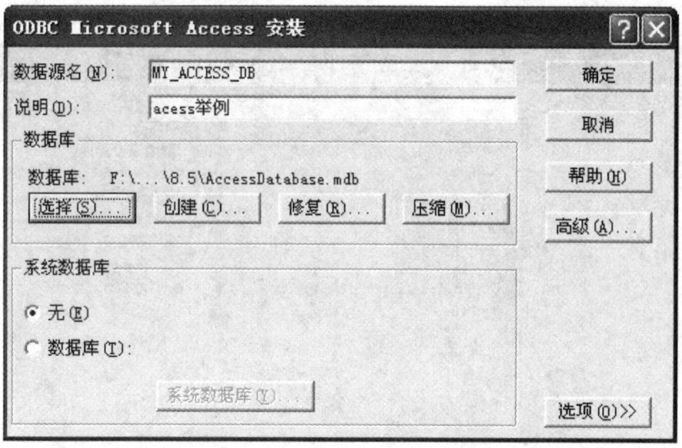

图 8.5-3 "ODBC Microsoft Access 安装"对话框

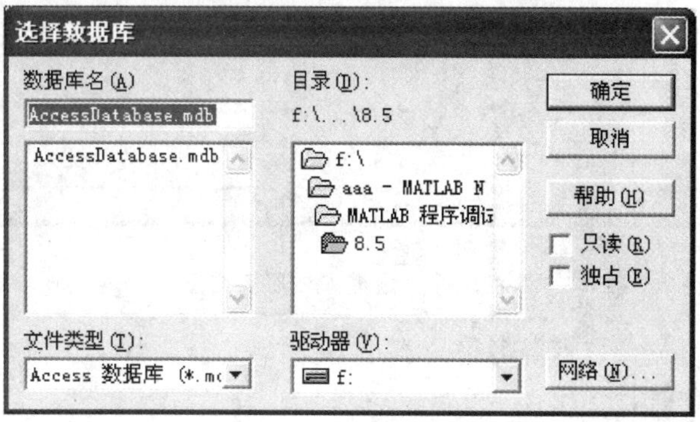

图 8.5-4 "选择数据源"对话框

ODBC 中添加相应的信息,如图 8.5-6 所示。

所以可以通过直接编写相应的函数来修改这些注册表信息,从而实现自动配置数据源。修改注册表信息的函数为 LinkDB。该函数有 3 个输入:

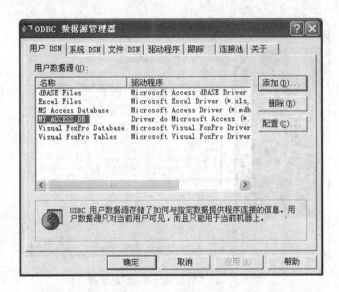

图 8.5-5　添加数据源后的"ODBC 数据源管理器"对话框

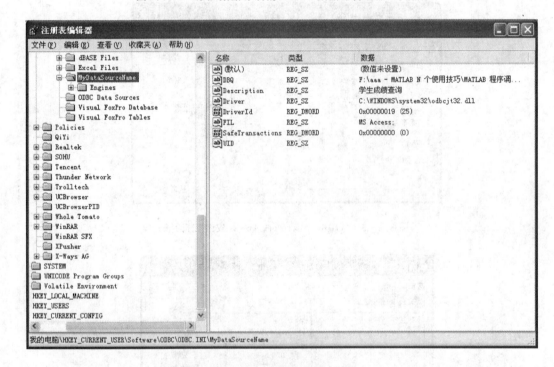

图 8.5-6　数据库注册表信息

① DB_sourcename——数据源名称。

② DB_path——数据源路径。

③ Index——是否删除创建的注册表 reg 文件,为 1,则删除;为 0,则不删除。

函数代码如下:

```
function f = LinkDB(DB_path,DB_sourcename,Index)
% 本函数用来自动配置数据库源文件,仅适用于配置 Access 数据源
% 调用格式
```

```
% linkDB(DB_path,DB_sourcename,1)
% DB_sourcename:数据源名称
% DB_path:数据源路径
% 函数运行后将产生文件 regedit_DB.reg
% Index = 1 时要删除 regedit_DB.reg,Index = 0 时不删除 regedit_DB.reg
% Godman 2009.4.3 tntuyh@163.com
TempStr1 = StrSpliteToCell(DB_path,'\');
TempStr2 = CellStrJoinWithSeparator(TempStr1,'\\\\');
DB_path = TempStr2.ans;
% 添加数据源名称
fid = fopen('regedit_DB.reg','wt');
String = 'Windows Registry Editor Version 5.00\n\n';
fprintf(fid,String);
String = '[HKEY_CURRENT_USER\\Software\\ODBC\\ODBC.INI\\ODBC Data Sources]\n';
fprintf(fid,String);
String = strcat(['"' DB_sourcename '"'],' = "Microsoft Access Driver ( * .mdb)"\n\n');
fprintf(fid,String);
% 添加数据源路径
String = ['[HKEY_CURRENT_USER\\Software\\ODBC\\ODBC.INI\\',DB_sourcename,']\n'];
fprintf(fid,String);
String = '"Driver" = "C:\\\\WINDOWS\\\\system32\\\\odbcjt32.dll"\n';
fprintf(fid,String);
String = ['"DBQ" = "',DB_path,'"\n'];
fprintf(fid,String);
String = '"DriverId" = dword:00000019\n';
fprintf(fid,String);
String = '"FIL" = "MS Access;"\n';
fprintf(fid,String);
String = '"SafeTransactions" = dword:00000000\n';
fprintf(fid,String);
String = '"UID" = ""\n\n';
fprintf(fid,String);
% 添加 jet 数据库引擎
String = ['[HKEY_CURRENT_USER\\Software\\ODBC\\ODBC.INI\\',DB_sourcename,'\\Engines]\n\n'];
fprintf(fid,String);
String = ['[HKEY_CURRENT_USER\\Software\\ODBC\\ODBC.INI\\',DB_sourcename,'\\Engines\\Jet]\n'];
fprintf(fid,String);
String = '"ImplicitCommitSync" = ""\n';
fprintf(fid,String);
String = '"MaxBufferSize" = dword:00000800\n';
fprintf(fid,String);
String = '"PageTimeout" = dword:00000005\n';
fprintf(fid,String);
String = '"Threads" = dword:00000003\n';
fprintf(fid,String);
String = '"UserCommitSync" = "Yes"\n';
```

```matlab
fprintf(fid,String);
%
fclose(fid);
% 打开regedit_DB.reg文件,将链接信息导入注册表中
dos('regedit_DB.reg');
if Index == 1
    delete('regedit_DB.reg');
end

% 将字符串分解为元胞数组
function f = StrSpliteToCell(Str1,Str2)
% DataPath = 'D:\Program Files\MATLAB71\work\data.txt'
% Str = '\'
% StrSpliteToCell(DataPath, Str)
% ans =
% 'D:'    'Program Files'    'MATLAB71'    'work'    'data.txt'
Len1 = length(Str1);
Len2 = length(Str2);
Temp = strfind(Str1,Str2);
Temp = [1 - Len2 Temp Len1 + 1];
CellLen = length(Temp) - 1;
TempCell = cell(1,CellLen);
for i = 1:CellLen
    TempCell(i) = {Str1(Temp(i) + Len2:Temp(i + 1) - 1)};
end
f = TempCell;

function f = CellStrJoinWithSeparator(Array,varargin)
% 本函数用来把元胞格式转换为字符串格式,函数的使用方法如下
% str = {'Godman','come','back!'};
% CellStrJoinWithSeparator(str,' ')
% ans =
%        Message: ''
%         ErrNum: 0
%            ans: 'Godman come back!'
f.Message = '';
f.ErrNum = 0;
f.ans = '';
if isempty(varargin)
    Str = ' ';
else
    Str = varargin{1};
end
if isempty(Array)
    f.Message = '第一个参数不能为空!';
elseif ~iscellstr(Array)
```

```
        f.Message = '第一个参数必须是 cellstr 数据类型!';
elseif ~ischar(Str)
        f.Message = '第二个参数必须是 str 数据类型!';
end
if isempty(Str)
    Str = '';
end
if f.Message
    f.ErrNum = 1;
    f.ans = '';
    return
end
len = length(Array);
temp = cell2mat(Array(1));
for i = 2:len
    temp = strcat(temp,[Str,cell2mat(Array(i))]);
end
f.ErrNum = 0;
f.ans = temp;
```

2. 与数据库相关的函数

(1) MATLAB 与 Access 数据库的连接——database 函数

MATLAB 的 Database ToolBox 工具箱提供了 MATLAB 与数据库进行连接和操作的相关函数。MATLAB 对数据库的操作，是通过先获得数据库的句柄，然后调用 MATLAB 函数来操作的。调用格式如下：

① 通过 ODBC 实现 MATLAB 与数据库的连接：

`conna = database('datasourcename','username','password')`

通过 database 语句获得数据库的句柄，它返回一个链接对象给 conn。其中，datasourcename 是创建的数据源名称；username 是数据库的用户名；password 是数据库的密码。例如：

`conna = database('SampleDB','','');`

其中，SampleDB 为创建的数据源名称。默认情况下，数据库文件的 username 和 password 为空。

② 通过特定的 JDBC 驱动程序实现 MATLAB 与数据库的连接

`conna = database('databasename','username','password','driver','databaseurl')`

其中，driver 是 JDBC 驱动程序名；databaseurl 是数据库地址。driver、databaseurl 参数对于不同的数据库有不同的形式，需要查阅驱动程序供应商的相关文档来确定。

关闭链接对象的语句如下：

`close(conna)`

(2) 建立并打开游标——exec 函数

调用格式如下：

`curs = exec(conna,'sqlquery')`

其中，conna 为数据库连接对象；sqlquery 为有效的 SQL 语句；curs 为返回的游标变量。

例如:

```
curs = exec(conna,'select * from database')
```

SQL 语句 select * from database 表示从表 database 中选择所有的数据。

关闭游标对象语句:

```
close(curs)
```

(3) 把数据库中的数据读取到 MATLAB——fetch 函数

调用格式如下:

- **curs = fetch(curs,RowLimit)**

其中,curs 是上文的游标;RowLimit 是每次读取数据的行数;返回的对象为 curs。

- **curs = fetch(curs)**

把所有的数据一次全部读取到 MATLAB 中,但是全部读取会很费时间。

把读取到的数据用变量 Data 保存,使用语句:

```
Data = curs.Data
```

(4) 添加数据到数据库表中——insert 函数

调用格式如下:

insert(conna,'tab',colnames,exdata)

其中,conna 是链接对象;tab 是数据库文件的表名;colnames 是数据库表的列名;exdata 是待插入的 MATLAB 变量。例如:

insert(conna,'students',{'a1', 'a2'},[45 65])

(5) 更新数据库中的数据——update 函数

调用格式如下:

update(conna, 'tab',colnames,exdata, 'whereclause')

其中,conna 是链接对象;tab 是数据库文件的表名;colnames 是数据库表的列名;exdata 是待插入的 MATLAB 变量;whereclause 是 SQL 的 where 子句。例如:

update(conna,'try',{'a1', 'a2'},[45 65], 'where 姓名 = ''student1''')

3. 应用实例

使用 MATLAB 中的 GUI 连接 Access 数据库,制作一个学生成绩查询系统。

▲【例 8.5-1】 如图 8.5-7 所示,创建一个学生成绩查询系统的 GUI,实现学生成绩的添加、删除、修改以及查询等功能。

GUI 中有 6 个按钮:

① "选择数据库文件"按钮,用来选择配置指定的数据库文件,内部采用修改注册表、自动配置数据源的方法,避免了烦琐的配置过程。本例是针对学生成绩系统的,包含学生的姓名、学号、学科 1、学科 2、学科 3……学科 8,共 10 个信息,所以用户可以自己创建一个这样的 Access 数据源。

② "添加新记录"按钮,用来添加新的学生记录(学生+成绩),单击后弹出输入窗口,如图 8.5-8(a)所示。添加后,更新 Access 数据库数据,并且更新 GUI 中的"姓名"列表。

如果新添加的记录的主键(姓名)与数据库中已存在的主键相同,则提示错误,重新弹出输入窗口。

图 8.5-7　学生成绩查询系统的 GUI

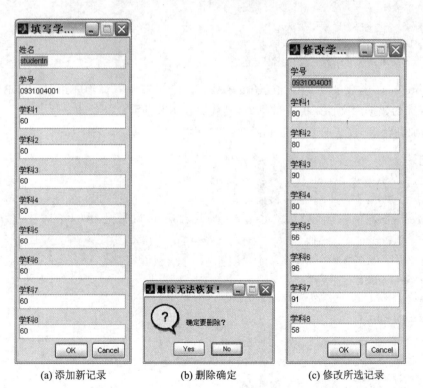

(a) 添加新记录　　　(b) 删除确定　　　(c) 修改所选记录

图 8.5-8　添加新记录、删除确定以及修改所选记录窗口

③ "删除选择记录"按钮,用来删除数据库中所选学生的信息,单击后弹出"确定要删除?"询问窗口,如图 8.5-8(b)所示,以免误操作。选择 Yes,删除所选学生信息,并且更新 GUI 中的"姓名"列表。

④ "修改选择记录"按钮,用来修改所选的学生信息,其中学生的姓名在数据库中是主键,

所以是不能修改的。单击后弹出输入窗口,如图8.5-8(c)所示。修改后更新Access数据库。

⑤ "查看已有记录"按钮,查看数据库中的所有记录,将记录显示在列表框中。

⑥ "退出"按钮,用来关闭GUI。

GUI中还有一个edit文本框用来显示学生的人数。

GUI中的主要代码如下:

① "选择数据库文件"按钮的Callback函数:

```
function pushbutton1_Callback(hObject, eventdata, handles)
% hObject    handle to pushbutton1 (see GCBO)
% eventdata  reserved - to be defined in a future version of MATLAB
% handles    structure with handles and user data (see GUIDATA)
[filename, pathname] = ...
    uigetfile_new({'*.mdb';'*.db';'*.*'},'选择数据库');
if isequal(filename,0)||isequal(pathname,0)
    return;
end
DB_path = [pathname filename];
DB_sourcename = 'DataSourceName';
LinkDB(DB_path,DB_sourcename,1);
%% 显示数据库路径 提示配置成功
set(handles.edit1,'string',DB_path)
msgbox('数据库源文件配置完成!','链接完成','help')
```

其中,uigetfile_new函数是改进的uigetfile函数,在4.11节中有详细介绍;LinkDB函数的功能是根据所选的数据库文件来配置数据库,其代码在本节前面已经给出。

② "添加新记录"按钮的Callback函数:

```
% 添加新记录
function pushbutton2_Callback(hObject, eventdata, handles)
% hObject    handle to pushbutton2 (see GCBO)
% eventdata  reserved - to be defined in a future version of MATLAB
% handles    structure with handles and user data (see GUIDATA)
% 连接数据库 读取数据库中的主键
conna = database('DataSourceName','','');  % 连接数据库
curs = exec(conna,'select 姓名 from students');
curs = fetch(curs);
olddata = curs.Data;
% 输入窗口
dlgTitle = '填写学生相关信息';
lineNo = 1;
prompt = {'姓名','学号','学科1','学科2','学科3','学科4','学科5','学科6','学科7','学科8'};
def = {'studentn','0931004001','60','60','60','60','60','60','60','60'};
flag = 1;
while flag
    answer = inputdlg(prompt,dlgTitle,lineNo,def);
```

```matlab
    if isempty(answer)
        return;            % 如果在输入窗口选择了【cancel】,则返回
    end
    exdata = answer';                       % 待添加的数据
    %% 判断数据库中是否存在该主键
    for i = 1:length(olddata)
        if strcmp(olddata{i},answer{1})
            h = errordlg(['数据库中已经存在姓名:',answer{1}],'错误提示!');
            waitfor(h)
            flag = 2;    % 该姓名已经存在
            break;
        end
    end
    if flag~ = 2;    % 姓名不存在退出while
        flag = 0;
    else            % 姓名存在 重新输入
        flag = 1;
    end
    def = answer;
end
% 把数据写入数据库中
colnames = prompt;    % 字段
insert(conna,'students',colnames,exdata)
% 更新 listbox1 中的学生姓名
curs = exec(conna,'select 姓名 from students');
curs = fetch(curs);
data = curs.Data;
close(curs)
close(conna)
set(handles.listbox1,'value',1);
set(handles.listbox1,'string',data);
set(handles.edit2,'string',length(data));
```

③ "删除选择记录"按钮的 Callback 函数:

```matlab
% 删除选择记录
function pushbutton3_Callback(hObject, eventdata, handles)
% hObject     handle to pushbutton3 (see GCBO)
% eventdata   reserved - to be defined in a future version of MATLAB
% handles     structure with handles and user data (see GUIDATA)
% 获取选择的选项
String = get(handles.listbox1,'string');
Select = get(handles.listbox1,'value');
Name_Str = cell2mat(String(Select));
choice = questdlg('确定要删除?','删除无法恢复!','Yes','No','No');
switch choice
    case 'No'
```

```matlab
        return;
end
% 执行删除SQL
SQL = ['delete from students where 姓名 = ''',Name_Str,''''];
conna = database('DataSourceName','','');
exec(conna,SQL);
% 更新listbox1中的学生姓名
curs = exec(conna,'select 姓名 from students');
curs = fetch(curs);
data = curs.Data;
close(conna)
set(handles.listbox1,'value',1);
set(handles.listbox1,'string',data);
set(handles.edit2,'string',length(data));
```

④ "修改选择记录"按钮的Callback函数：

```matlab
% 修改选择记录
function pushbutton4_Callback(hObject, eventdata, handles)
% hObject    handle to pushbutton4 (see GCBO)
% eventdata  reserved - to be defined in a future version of MATLAB
% handles    structure with handles and user data (see GUIDATA)
% 获取选择的选项
String = get(handles.listbox1,'string');
Select = get(handles.listbox1,'value');
Name_Str = cell2mat(String(Select));
% 在数据库中读取所选记录
SQL = ['select * from students where 姓名 = ''',Name_Str,''''];
conna = database('DataSourceName','','');
curs = exec(conna,SQL);
curs = fetch(curs);
data = curs.Data;
close(curs)
close(conna)
% 修改所选记录
dlgTitle = ['修改学生:',data{1},':相关信息'];
lineNo = 1;
prompt = {'姓名','学号','学科1','学科2','学科3','学科4','学科5','学科6','学科7','学科8'};
def = cell(size(data));
def(1:2) = data(1:2);
for i = 3:length(data)
    def{i} = num2str(data{i});
end
answer = inputdlg(prompt(2:end),dlgTitle,lineNo,def(2:end));
if isempty(answer)
    return;   % 如果在输入窗口选择了【cancel】,则返回
end
```

```
conna = database('DataSourceName','','');
update(conna,'students',prompt(2:end),answer',['where 姓名 = ''',Name_Str,''''])
close(conna)
```

⑤ "查看已有记录"按钮的 Callback 函数：

```
%% 查看所有的记录
function pushbutton5_Callback(hObject, eventdata, handles)
% hObject    handle to pushbutton5 (see GCBO)
% eventdata  reserved - to be defined in a future version of MATLAB
% handles    structure with handles and user data (see GUIDATA)
conna = database('DataSourceName','','');
curs = exec(conna,'select 姓名 from students');
curs = fetch(curs);
data = curs.Data;
close(curs)
close(conna)
set(handles.listbox1,'value',1);
set(handles.listbox1,'string',data);
set(handles.edit2,'string',length(data));
```

⑥ "退出"按钮的 Callback 函数：

```
function pushbutton6_Callback(hObject, eventdata, handles)
% hObject    handle to pushbutton6 (see GCBO)
% eventdata  reserved - to be defined in a future version of MATLAB
% handles    structure with handles and user data (see GUIDATA)
close(gcf)
```

该 GUI 实现了学生成绩的添加、删除、修改以及查询等简单功能。用户可以在此基础上添加所有 SQL 可以实现的功能，如查询平均成绩超过 80 分的学生名单等。

8.6 技巧 99：MATLAB 与 MySQL 数据库混合编程

8.6.1 技巧用途

MySQL 是一个小型关系数据库管理系统。由于其体积小、速度快、源码开放、总体拥有成本低，许多中小型网站为了降低网站总体成本而选择 MySQL 作为网站数据库。而 MATLAB 是个功能强大、国际公认的计算软件，易于实现复杂的工程应用。利用 MATLAB 与 MySQL 混合编程开发应用数据库系统，具有速度快精度高、开发周期短、系统维护简单和二次开发便利的优点，应用前景广阔。

8.6.2 技巧实现

1. 配置数据源

本节选择通过 ODBC 途径来连接 MySQL 数据库。MySQL 数据源的配置与 Access 数据源的配置差不多，但两者有以下区别。

(1) 手工设置

系统默认没有提供安装 MySQL 数据源的驱动程序,所以在配置前得先安装相应的驱动程序。本节安装使用的是 mysql-connector-odbc-3.51.27-win32 驱动程序,用户可以在网上下载安装。安装之后,如图 8.5-2 所示驱动程序列表中就会多出一项 MySQL ODBC 3.51 Driver,选中它后单击"完成"按钮,弹出如图 8.6-1 所示的 ODBC 连接器界面。

图 8.6-1 MySQL 数据源 ODBC 连接器界面

在 MySQL 数据源 ODBC 连接器界面输入表 8.6-1 所列信息。

表 8.6-1 MySQL 数据源 ODBC 连接器输入信息及其说明

输入信息项	说明
Data Source Name	数据源名称(自定义)
Description	描述数据源(可省略)
Server	数据源服务器,localhost 表示本地数据源
User	用户名,本地数据库用的是 root
Password	密码,没有就是置空
Database	如果 Server,User,Password 都正确,则该下拉列表中会列出可选的数据库,这里选择的是 StudentSystem

输入完毕,单击"Ok"按钮,ODBC 数据源管理器界面的用户数据源中就多出了相应的数据源。

(2) 动态设置

MySQL 数据源的 ODBC 配置实质上是修改了注册表,所以也可以使用修改注册表信息的方法来实现自动配置。这里编写的实现函数为 LinkDBMySQL。

函数代码如下：

```
function LinkDBMySQL(DB_sourcename,DATABASE,UID,PWD,SERVER)
% 本函数用来自动配置 MySQL 数据库源文件
% DB_sourcename:数据源名称
% DATABASE:
% UID:用户名
% PWD:密码
% SERVER:服务器
% 函数运行后将产生文件 regedit_DBMySQL.reg
fid = fopen('regedit_DBMySQL.reg','wt');
String = 'Windows Registry Editor Version 5.00\n\n';
fprintf(fid,String);
String = '[HKEY_CURRENT_USER\\Software\\ODBC\\ODBC.INI\\ODBC Data Sources]\n';
fprintf(fid,String);
String = strcat(['"' DB_sourcename '"'],' = "MySQL ODBC 3.51 Driver"\n\n');
fprintf(fid,String);
String = ['[HKEY_CURRENT_USER\\Software\\ODBC\\ODBC.INI\\',DB_sourcename,']\n'];
fprintf(fid,String);
String = ['"DATABASE" = "',DATABASE,'"\n'];
fprintf(fid,String);
String = '"Driver" = "C:\\\\WINDOWS\\\\system32\\\\myodbc3.dll"\n';
fprintf(fid,String);
String = ['"PWD" = "',PWD,'"\n'];
fprintf(fid,String);
String = ['"SERVER" = "',SERVER,'"\n'];
fprintf(fid,String);
String = ['"UID" = "',UID,'"\n\n'];
fprintf(fid,String);
fclose(fid);

% 打开 regedit_DB.reg 文件,将链接信息导入注册表中
dos('regedit_DBMySQL.reg');
delete('regedit_DBMySQL.reg');
```

2. 与数据库的相关函数

相关函数与 8.5 节中的一致,这里不再赘述。

3. 应用实例

下面使用 MATLAB 中的 GUI 连接 MySQL 数据库制作一个学生成绩查询系统。

▲【例 8.6-1】 如图 8.6-2 所示,功能与例 8.5-1 一致,创建一个学生成绩查询系统的 GUI,实现学生成绩的添加、删除、修改以及查询等功能。

GUI 中有 6 个 pushbutton 按钮,分别为:

图 8.6-2 学生成绩查询系统的 GUI

①"登录&选择数据源"按钮,用来配置 MySQL 数据源。单击该按钮,弹出配置窗口,如图 8.6-3 所示,填写信息前面已经介绍,其中本例的数据库是 StudentSystem。这个 MySQL 数据库是已经做好了的,如图 6.5-4 所示即为 MySQL 命令行客服窗口,在使用该 GUI 前用户得先创建一个这样的 MySQL 数据库。

②"添加新记录""删除选择记录""修改选择记录""查看已有记录"按钮的程序和功能与例 8.5-1 一致,这里不再赘述。

③"退出"按钮用来关闭 GUI,并且停止 MySQL 服务。

GUI 中的主要代码如下:

① "登录&选择数据源"按钮的 Callback 函数:

图 8.6-3 配置 MySQL 数据源

```
function pushbutton1_Callback(hObject, eventdata, handles)
% hObject      handle to pushbutton1 (see GCBO)
% eventdata    reserved - to be defined in a future version of MATLAB
% handles      structure with handles and user data (see GUIDATA)
%% 启动 MySQL 数据库
dos('net start mysql');
%% 选择数据库文件
dlgTitle = '选择 MySQL 数据库';
lineNo = 1;
prompt = {'数据源名:','数据库:','用户名:','密码:','服务器:'};
def = {'MySQL','StudentSystem','root','love','localhost'};
```

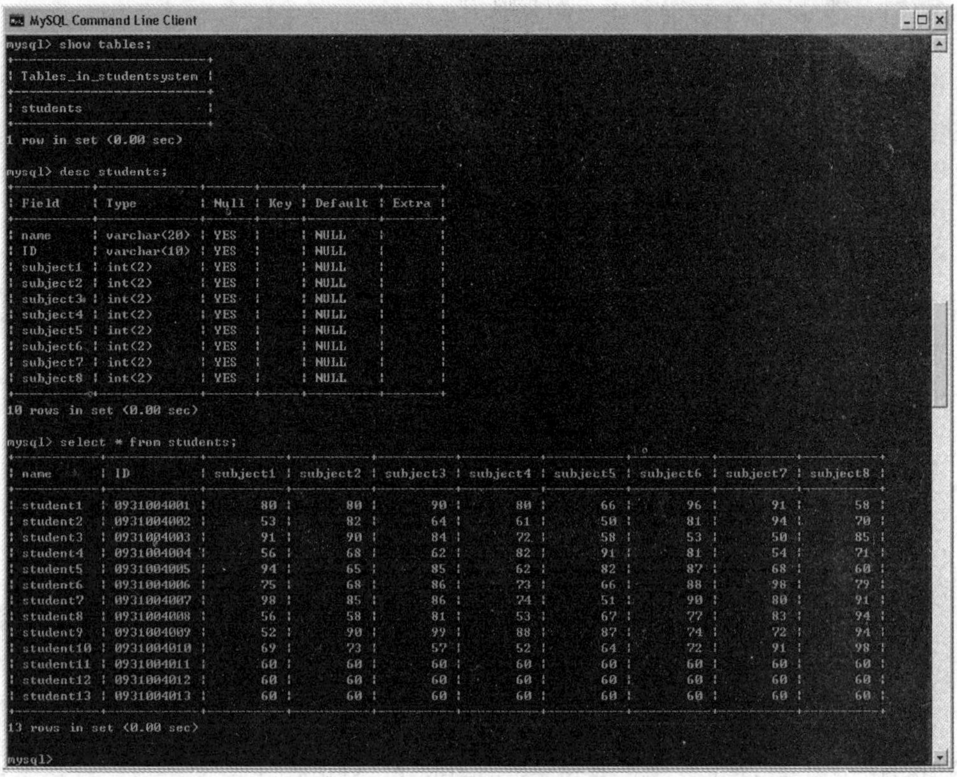

图 8.6-4 MySQL 命令行客服窗口

```
answer = inputdlg(prompt,dlgTitle,lineNo,def);
if isempty(answer)
    return;
end
setappdata(gcf,'DataSourceName',answer{1});
LinkDBMySQL(answer{:});
%% 显示数据库路径,提示配置成功
msgbox('数据库源文件配置完成!','链接完成','help')
```

其中,LinkDBMySQL 函数用来配置 MySQL 数据源,详细代码本节前面已给出。

② "添加新记录""删除选择记录""修改选择记录""查看已有记录"按钮的 Callback 函数与例 8.5-1一致,这里不再列出。

③ "退出"按钮的 Callback 函数:

```
function pushbutton6_Callback(hObject, eventdata, handles)
% hObject    handle to pushbutton6 (see GCBO)
% eventdata  reserved - to be defined in a future version of MATLAB
% handles    structure with handles and user data (see GUIDATA)
%% 关闭 GUI  关闭 MySQL 服务
close(gcf)
dos('net stop mysql');
```

使用本例中的 GUI 添加一个学生的信息,如图 8.6-5 所示,单击 OK 按钮后添加完成。

添加的学生信息即加入 StudentSystem 数据库中。

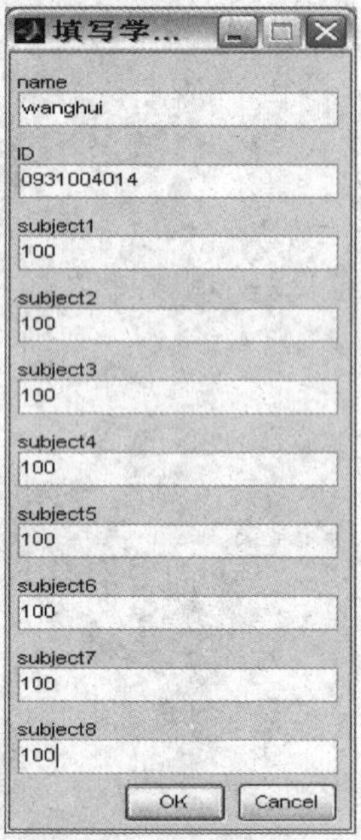

图 8.6-5　添加学生记录

添加之后，查看 StudentSystem 数据库中的 students 数据表信息，如图 8.6-6 所示，这时已经在图 8.6-4 的基础上增加了一个学生信息。

```
mysql> select * from students;
+-----------+------------+----------+----------+----------+----------+----------+----------+----------+----------+
| name      | ID         | subject1 | subject2 | subject3 | subject4 | subject5 | subject6 | subject7 | subject8 |
+-----------+------------+----------+----------+----------+----------+----------+----------+----------+----------+
| student1  | 0931004001 |       80 |       80 |       90 |       80 |       66 |       96 |       91 |       58 |
| student2  | 0931004002 |       53 |       82 |       64 |       61 |       50 |       81 |       94 |       70 |
| student3  | 0931004003 |       91 |       90 |       84 |       72 |       58 |       53 |       50 |       85 |
| student4  | 0931004004 |       56 |       68 |       62 |       82 |       91 |       81 |       54 |       71 |
| student5  | 0931004005 |       94 |       65 |       85 |       62 |       82 |       87 |       68 |       60 |
| student6  | 0931004006 |       75 |       68 |       86 |       73 |       66 |       88 |       98 |       79 |
| student7  | 0931004007 |       98 |       85 |       86 |       74 |       51 |       90 |       80 |       91 |
| student8  | 0931004008 |       56 |       58 |       81 |       53 |       67 |       77 |       83 |       94 |
| student9  | 0931004009 |       52 |       90 |       99 |       88 |       87 |       74 |       72 |       94 |
| student10 | 0931004010 |       69 |       73 |       57 |       52 |       64 |       72 |       91 |       98 |
| student11 | 0931004011 |       60 |       60 |       60 |       60 |       60 |       60 |       60 |       60 |
| student12 | 0931004012 |       60 |       60 |       60 |       60 |       60 |       60 |       60 |       60 |
| student13 | 0931004013 |       60 |       60 |       60 |       60 |       60 |       60 |       60 |       60 |
+-----------+------------+----------+----------+----------+----------+----------+----------+----------+----------+
13 rows in set (0.00 sec)

mysql> select * from students;
+-----------+------------+----------+----------+----------+----------+----------+----------+----------+----------+
| name      | ID         | subject1 | subject2 | subject3 | subject4 | subject5 | subject6 | subject7 | subject8 |
+-----------+------------+----------+----------+----------+----------+----------+----------+----------+----------+
| student1  | 0931004001 |       80 |       80 |       90 |       80 |       66 |       96 |       91 |       58 |
| student2  | 0931004002 |       53 |       82 |       64 |       61 |       50 |       81 |       94 |       70 |
| student3  | 0931004003 |       91 |       90 |       84 |       72 |       58 |       53 |       50 |       85 |
| student4  | 0931004004 |       56 |       68 |       62 |       82 |       91 |       81 |       54 |       71 |
| student5  | 0931004005 |       94 |       65 |       85 |       62 |       82 |       87 |       68 |       60 |
| student6  | 0931004006 |       75 |       68 |       86 |       73 |       66 |       88 |       98 |       79 |
| student7  | 0931004007 |       98 |       85 |       86 |       74 |       51 |       90 |       80 |       91 |
| student8  | 0931004008 |       56 |       58 |       81 |       53 |       67 |       77 |       83 |       94 |
| student9  | 0931004009 |       52 |       90 |       99 |       88 |       87 |       74 |       72 |       94 |
| student10 | 0931004010 |       69 |       73 |       57 |       52 |       64 |       72 |       91 |       98 |
| student11 | 0931004011 |       60 |       60 |       60 |       60 |       60 |       60 |       60 |       60 |
| student12 | 0931004012 |       60 |       60 |       60 |       60 |       60 |       60 |       60 |       60 |
| student13 | 0931004013 |       60 |       60 |       60 |       60 |       60 |       60 |       60 |       60 |
| wanghui   | 0931004014 |      100 |      100 |      100 |      100 |      100 |      100 |      100 |      100 |
+-----------+------------+----------+----------+----------+----------+----------+----------+----------+----------+
14 rows in set (0.00 sec)

mysql> _
```

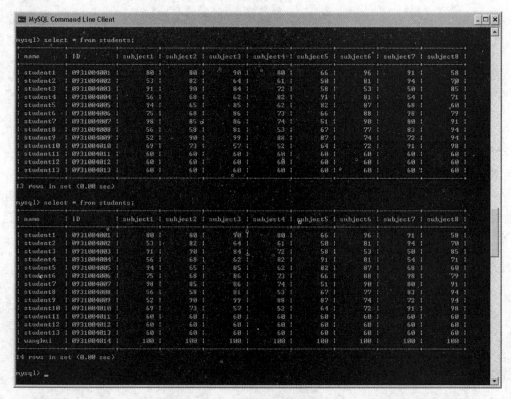

图 8.6-6　数据库中学生信息发生变化

8.7 技巧 100：MATLAB 与 LabVIEW 混合编程

8.7.1 技巧用途

LabVIEW 是美国国家仪器公司(National Instruments，NI)开发的图形化语言开发环境。它广泛地被工业测量、研究实验室所接受，并被视为一个标准的数据采集和仪器控制软件。其内部集成了与 GPIB、VXI、RS-232 和 RS-485 等协议的硬件和数据采集卡通信的全部功能，并且内置了便于应用 TCP/IP、ActiveX 等软件标准的库函数，在操作硬件方面具有得天独厚的优势。MATLAB 作为工程科学领域广泛应用的软件，其优势在于涵盖了不同学科的工具箱，可以使开发者集中精力于功能的实现，而不是算法的编写，大大节省了开发时间。

LabVIEW 提供了与 MATLAB 互联的方法，这使得用户既可以方便地操作硬件，又可以避免枯燥复杂的算法程序的编写工作，真正实现"软硬通吃"。

LabVIEW 和 MATLAB 互联的方法主要有 3 种：使用 MathScript 窗口、使用 MATLAB Script Node、使用 COM 技术。本书采用的 LabVIEW 版本为 LabVIEW 2014 专业版。

8.7.2 技巧实现

1. 通过 MathScript 运行 MATLAB 程序

LabVIEW 提供了类似于 MATLAB 环境的 MathScript 窗口，如图 8.7-1 所示。

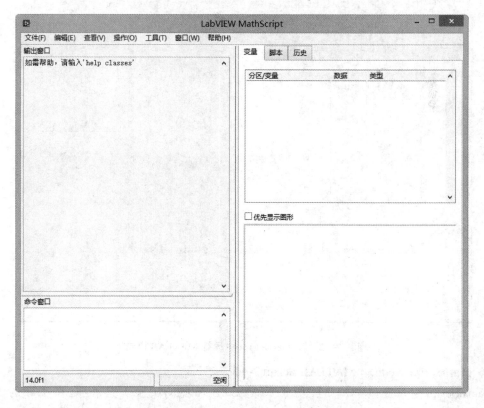

图 8.7-1 MathScript 窗口

该窗口和 MATLAB 主界面非常类似,包括命令窗口、输出窗口以及变量显示和历史命令等窗口,可以通过在 LabVIEW 主界面"工具"菜单下选择"MathScript 窗口"进入。在该窗口中可以进行简单的 MATLAB 程序试验和演示,给熟悉 MATLAB 的用户提供了一个亲和的界面,在 LabVIEW 中实现和 MATLAB 一致的数学运算,并且操作与 MATLAB 类似,上手简单。

【注】 由于 MATLAB 工具箱非常庞大,LabVIEW 提供的 MathScript 功能无法支持所有的 MATLAB 函数,因此实际使用时,使用 MATLAB 编写的程序有的可能无法在 MathScript 窗口中正确运行。

【例 8.7 - 1】 使用 MathScript 窗口运行 MATLAB 语句。

在 MathScript 窗口中输入如下语句:

```
t = -pi:0.1:pi;
y = sin(t);
plot(t, y)
```

其运行结果如图 8.7 - 2 所示。由 plot 函数弹出的图形界面和 MATLAB 的 figure 也很类似,与 LabVIEW 本身的图形输出控件有明显的区别。

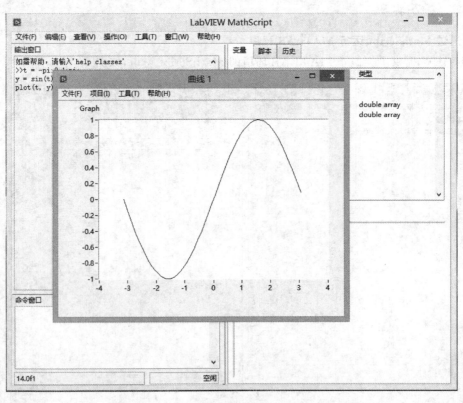

图 8.7 - 2 在 MathScript 中运行 MATLAB 语句

2. MathScript Node 和 MATLAB Script Node

MathScript 窗口提供了一个类似于 MATLAB 环境的实验工具,但是在实际的 LabVIEW 编程中,不可能在程序运行时打开 MathScript 窗口。为此,LabVIEW 提供了和 MathScript 窗口一致的 MathScript Node,用来支持在 LabVIEW 的程序中直接输入 MATLAB

代码。

实际上,在 LabVIEW 后面板中提供了 MathScript Node 和 MATLAB Script Node 两种节点,均可以用来支持 MATLAB 语句。其区别为:MathScript Node 和前面介绍的 MathScript 窗口一致,运行时直接给出结果,不打开 MathScript 窗口;MATLAB Script Node 类似于自动化功能,在运行时,LabVIEW 自动打开 MATLAB 命令窗口,并以 MATLAB 格式输出图形结果,由于需要 MATLAB 作为自动化服务器的支持,使用 MATLAB Script Node 的前提是所使用的计算机中应该装有 MATLAB 软件环境。

【例 8.7 - 2】 MathScript Node 和 MATLAB Script Node 的使用。

① 打开 LabVIEW 开发环境,在后面板中选择 MathScript Node 节点,并输入和 8.5.2 节中一致的 MATLAB 程序,如图 8.7 - 3 所示,其运行结果如图 8.7 - 4 所示。

② 新建 VI,使用 MATLAB Script Node,输入同样的 MATLAB 语句,如图 8.7 - 5 所示。

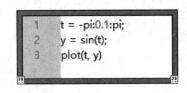

图 8.7 - 3 使用后面板中的 MathScript Node

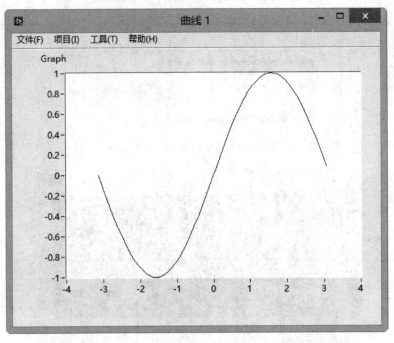

图 8.7 - 4 使用 MathScript Node 运行 MATLAB 语句结果

运行该 LabVIEW 程序,可以发现,LabVIEW 自动弹出了 MATLAB 命令窗口,并以 MATLAB 的格式输出图形结果,如图 8.7 - 6 所示。

当然,也可以选择使用 LabVIEW 的图形控件显示运行结果,其方法如下:

在 MATLAB Script Node 或者 MathScript Node 边缘右击,在弹出的快捷菜单中选择"添加输出",LabVIEW 会自动在方框边缘产生输出变量、输入变量名称;右击该变量,从弹出的快捷菜单选项

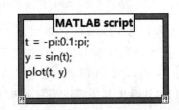

图 8.7 - 5 使用后面板中的 MATLAB Script Node

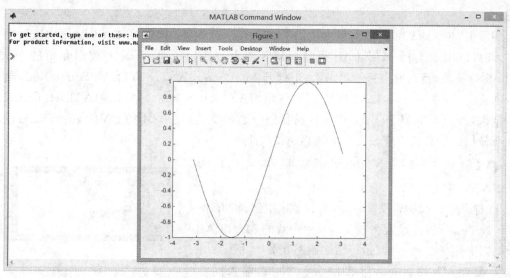

图 8.7-6 使用 MATLAB Script Node 的输出结果

"选择数据类型"中选择合适的数据类型即可。比如在例 8.7-2 中使用 LabVIEW 的图形控件显示输出结果,其程序如图 8.7-7 所示,运行结果如图 8.7-8 所示。

图 8.7-7 使用 LabVIEW 的图形控件显示运行的程序

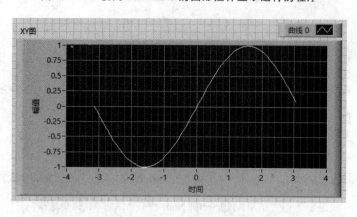

图 8.7-8 使用 LabVIEW 的图形控件显示运行的结果

MATLAB Script Node 实际上是调用了 MATLAB 服务器,运行需要 MATLAB 环境的支持,在实际的工程开发时往往受到限制,可能并不会被用户所接受。而前面也说过,MathScript Node 对 MATLAB 语句的支持非常有限,很多工具箱函数不被支持,这样一来,使用 MATLAB 避免复杂算法编写的初衷并不能实现。这促使我们寻找新的混合编程方法。

3. 通过 COM 实现 LabVIEW 与 MATLAB 混合编程

COM 技术在前面已经给出了详细的讲解,这里不再赘述。通过 MATLAB 编译 COM 组件的方式可以参考 8.1 节的内容。

LabVIEW 环境支持 COM 组件自动化技术，在后面板中提供了"互连接口"，其中的 ActiveX 功能可以实现与自动化服务器的通信，并使用服务器的函数，如图 8.7-9 所示。

图 8.7-9　LabVIEW 提供的互连接口

这里通过一个例子来说明如何通过 COM 技术实现 LabVIEW 和 MATLAB 的混合编程。

▲【例 8.7-3】　通过 COM 技术实现 LabVIEW 和 MATLAB 的混合编程。

首先，通过 MATLAB 编译器将以下程序编译为 COM 组件，组件的名称为 wtdebase。然后通过 LabVIEW 调用该 COM 组件，实现 LabVIEW 和 MATLAB 的混合编程。该程序要完成的是对一维信号通过小波分解的方法去除基线漂移。

```
function output = wtdebase(input, N)
[c, l] = wavedec(input, N, 'db4');
c(1:l(1)) = mean(input);
output = waverec(c, l, 'db4');
```

通过 LabVIEW 编写程序的界面如图 8.7-10 所示。

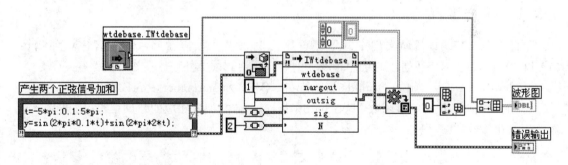

图 8.7-10　通过 LabVIEW 调用 MATLAB 编写的 COM 组件

上述例子中，首先通过 MATLAB 编译了 COM 组件 wtdebase.dll，然后在 LabVIEW 中编写程序调用该 COM 组件。在 LabVIEW 程序中，通过 MathScript Node 生成两个正弦信号的加和，其中频率较低的一个正弦信号模拟基线漂移，通过调用 wtdebase，实现去除基线漂移。上述程序的运行结果如图 8.7-11 所示。其中，白色曲线为原始两个正弦加和信号；红色为去除基线漂移之后的信号。

需要注意的是，COM 组件以变体(Variant)类型表示输入和输出变量；LabVIEW 提供了数据转换为变体的控件 To Variant 和变体转换为数据的控件 Variant To Data，可以方便地控制数据和变体类型。

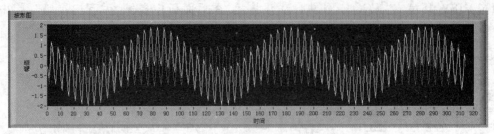

图 8.7-11　例 8.7-3 的输出结果

8.8　技巧 101：MATLAB 与 C♯ 混合编程

8.8.1　技巧用途

C♯是一种简洁、安全的面向对象的语言，开发人员可以使用它来构建在.NET Framework 上运行的各种安全、可靠的应用程序。

MATLAB Builder NE 是 MATLAB Compiler（MATLAB 编译器）的一个扩展产品。.NET 程序员可以使用任何支持公共语言规范（CLS）的语言（如 C♯、VB.NET 等）开发的程序来访问 MATLAB Builder NE 编译的 MATLAB 函数。

MATLAB Builder NE 将 MATLAB 函数转换为封装了 MATLAB 代码的.NET 方法。每一个 MATLAB Builder NE 组件包含一个或多个类，每一个类提供了指向 M 函数的接口。.NET 组件提供了符合 CLS 规范的、封装了 M 代码的一类方法。

本技巧介绍在 C♯程序中调用 MATLAB 函数的方法。

8.8.2　技巧实现

下面以 MATLAB 帮助文件中的示例程序为例来说明如何在 C♯应用程序中使用由 MATLAB Builder NE 所创建的组件。该示例程序所用到的文件存放在如下的路径：

matlabroot\toolbox\dotnetbuilder\Examples\VSversionnumber\PlotExample

① 在 MATLAB 中编写函数 M 文件 drawgraph.m，并加入相应的帮助信息，用于解释函数的用途和参数，其代码如下：

```
function drawgraph(coords)
% DRAWGRAPH Plot a curve from the specified x and y coordinates contained in the coords array.
% DRAWGRAPH (coords) Plots a curve from the specified coordinate values
% in a MATLAB figure window.
% This file is used as an example for the MATLAB Builder NE product.

% Copyright 2001 - 2006 The MathWorks, Inc.
%  $ Revision: 1.1.6.3 $    $ Date: 2007/12/03 22:07:24 $
% 使用输入的 2xN 的数组来绘制图形
plot(coords(1,:), coords(2,:));
```

② 打开 MATLAB 的部署工具（Deploy Tool），以便编译 M 文件。

在命令窗口中输入 deploytool 命令,即可打开 MATLAB Compiler 对话框;或者单击"应用程序"导航栏右侧的下拉箭头,在下拉列表中选择"库编译器",如图 8.8-1 所示。打开的 MATLAB Compiler 窗口如图 8.8-2 所示。

图 8.8-1 从导航栏打开 MATLAB Compiler

图 8.8-2 MATLAB Compiler 窗口

③ 选择编译类型。在"应用程序类型"选择框中选择.NET Assembly,表示使用 MATLAB Builder NE 编译器产品来编译.NET 组件。

④ 向项目中添加要编译的 M 文件。在图 8.8-2 所示的对话框中,单击"导入的函数"右侧的"＋"按钮,添加要编译的 M 文件 drawgraph.m。

⑤ 输入库的名称、类的名称等信息。在"库的名称"输入框中输入 PlotComp 作为库的名称,即编译出来的库为 PlotComp.dll;在"组件的命名空间的名称"输入框中输入 PlotComp;重命名类名为 plotter,方法的名称为 drawgraph.m。

⑥ 编译选项设置。单击图 8.8-2 所示 MATLAB Compiler 界面上方的 Settings 按钮,打开 Settings 对话框,如图 8.8-3 所示,用户可以设置输出文件夹等信息。在此选择默认值。

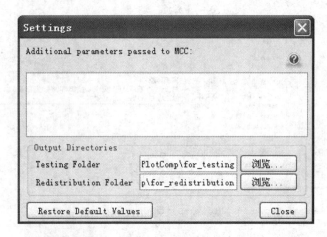

图 8.8-3 部署设置对话框

【注】 所有文件名以及路径名称都不能带有中文字符;否则,编译将出错。

⑦ 编译。单击图 8.8-2 所示窗口中的 Package 按钮,开始编译,并显示如图 8.8-4 所示的打包提示对话框。

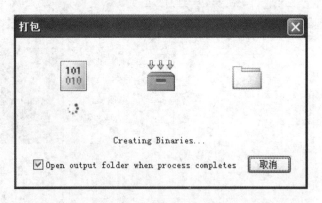

图 8.8-4 "打包"对话框

编译完成后,在输出文件夹下创建 3 个子文件夹:for_testing(用于测试)、for_redistribution_files_only(只包含发布的文件)和 for_redistributionsrc(包含打包的安装程序)。其中,for_redistribution_files_only 文件夹中的 PlotComp.dll 为生成的动态链接库文件,其封装了 Plotter 类。可以在 for_testing 文件夹中的 Plotter.cs 文件中查看 Plotter 类的代码。

⑧ 编写访问.NET 组件的 C♯应用程序。在 Microsoft Visual Studio 2008 中创建基于 C♯的控制台应用程序。解决方案的名称为 ConsoleApplication1，工程的名称为 matlabcsharp，Visual Studio 2008 自动生成应用程序的框架，代码如下：

```
using System;
using System.Collections.Generic;
using System.Text;

namespace ConsoleApplication1
{
    class Program
    {
        static void Main(string[] args)
        {
        }
    }
}
```

⑨ 添加对所需组件的引用。右击工程名称 matlabcsharp，在弹出的快捷菜单中选择 Add Reference，弹出 Add Reference 对话框，如图 8.8-5 所示。单击.NET 选项卡，添加对 MathWorks.NET MWArray API 组件的引用。该组件所在的文件默认的路径为：matlabroot\toolbox\dotnetbuilder\bin\win32\v2.0\MWArray.dll。

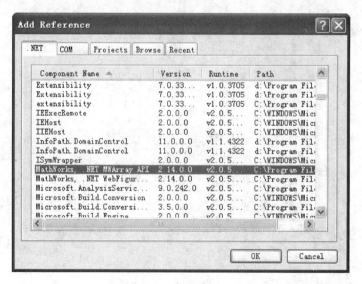

图 8.8-5　添加 MathWorks 的.NET MWArray API 组件

同时，单击 Browse 选项卡，添加对由 MATLAB Builder NE 所编译创建的 PlotComp 组件的引用，如图 8.8-6 所示。该组件所在的文件默认的路径为：MATLAB 当前目录下的 PlotComp\for_redistribution_files_only\PlotComp.dll。

⑩ 添加调用.NET 组件的代码以及所需要的命名空间。应用程序的名称为 Program.cs，其代码如下：

图 8.8-6 添加对由部署工具创建的组件的引用

```
using System;
using System.Collections.Generic;
using System.Text;

% 指定组件所在的命名空间
using MathWorks.MATLAB.NET.Arrays;
using MathWorks.MATLAB.NET.Utility;
using PlotComp

namespace ConsoleApplication1
{
    class Program
    {
        static void Main(string[] args)
        {
            try
            {
                // 定义绘图的点数
                const int numPoints = 10;

                // 为绘图数据分配本地数组
                double[,] plotValues = new double[2, numPoints];

                // 绘制 5x 对 x² 的曲线
                for (int x = 1; x <= numPoints; x++)
                {
                    plotValues[0, x - 1] = x * 5;
                    plotValues[1, x - 1] = x * x;
                }
```

```
            //创建一个新的 plotter 对象
            plotter plotter = new Plotter();

            //绘制图形,调用 MWNumericArray 将 C# 本地数组
            //转换为 MATLAB 数值数组
            plotter.drawgraph((MWNumericArray)plotValues);
            //等待用户退出程序。若不加改行代码,则应用程序窗口会一闪而过
            Console.ReadLine();
        }

        catch(Exception exception)
        {
            Console.WriteLine("Error:{0}", exception);
        }
    }
}
```

编译并运行程序,结果如图 8.8-7 所示。

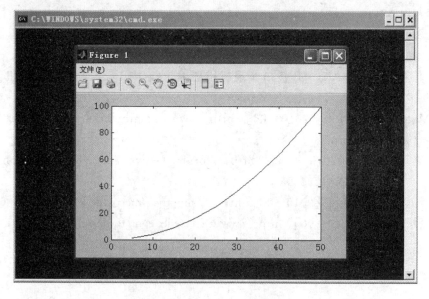

图 8.8-7　程序运行结果

参考文献

[1] 施晓红,周佳. 精通 GUI 图形界面编程[M]. 北京:北京大学出版社,2003.

[2] 张德丰. MATLAB 语言高级编程[M]. 北京:机械工业出版社,2010.

[3] 飞思科技产品研发中心. MATLAB 7 基础与提高[M]. 北京:电子工业出版社,2005.

[4] 刘卫国. MATLAB 程序设计与应用[M]. 2 版. 北京:高等教育出版社,2006.

[5] 罗华飞. MATLAB GUI 设计学习手记[M]. 3 版. 北京:北京航空航天大学出版社,2014.

[6] 赵书兰. MATLAB R2008 接口技术程序设计实例教程[M]. 北京:化学工业出版社,2009.

[7] 薛定宇,陈阳泉. 高等应用数学问题的 MATLAB 求解[M]. 北京:清华大学出版社,2004.

[8] 张志涌. 精通 MATLAB 6.5[M]. 北京:北京航空航天大学出版社[M]. 2003.

[9] 陈耀东. VB 应用程序与 MATLAB 接口技术的实现[J]. 新余高专学报,2004,9(2):11-13.

[10] 谢楠,陈汉良. Visual Basic 与 MATLAB 的几种接口编程技术[J]. 仪器仪表学报,2004,25(4):571-574.

[11] 热岛,林大钧,白彦. Visual Basic 与 MATLAB 接口技术在曲线拟合中的应用. 工程图学学报,2005,(04):141-145.

[12] 赵虎. 基于 VB 与 MATLAB 接口实现三维图输出技术[J]. 工业控制计算机,2009,22(8):66-67.

[13] The MathWorks[OL]. [2010-06]. http://www.mathworks.com/support/contact_us/dev/javaframe.html.

[14] 仿真论坛[OL]. [2010-06]. http://forum.simwe.com/viewthread.php?tid=880867&page=1#pid1824705.

[15] 微软帮助和支持[OL]. [2010-07]. http://support.microsoft.com/kb/815065/zh-cn.

[16] 振动论坛[OL]. [2010-06]. http://www.chinavib.com/forum/thread-70921-1-1.html.